刘济美　林大楷　马静华　等著

中国出版集团
中译出版社

图书在版编目（CIP）数据

中国高度 / 刘济美等著 . -- 北京 : 中译出版社，2023.6

ISBN 978-7-5001-7214-7

Ⅰ．①中… Ⅱ．①刘… Ⅲ．①航空航天工业－工业发展－概况－中国 Ⅳ．① F426.5

中国版本图书馆 CIP 数据核字（2022）第 195651 号

中国高度　ZHONGGUO GAODU

出版发行：中译出版社
地　　址：北京市西城区新街口外大街 28 号普天德胜大厦主楼 4 层
电　　话：（010）68359376，68359827（发行部）68357328（编辑部）
传　　真：（010）68357870
邮　　编：100088
电子邮箱：book@ctph.com.cn
网　　址：http://www.ctph.com.cn

出 版 人：乔卫兵
责任编辑：郭宇佳
策划编辑：郭宇佳　马雨晨
文字编辑：郭宇佳　邓　薇　马雨晨
营销编辑：张　晴　徐　也
封面设计：潘　峰

排　　版：北京杰瑞腾达科技发展有限公司
印　　刷：北京中科印刷有限公司
经　　销：新华书店

规　　格：710 mm×1000 mm　1/16
印　　张：25.5
字　　数：318 千字
版　　次：2023 年 6 月第 1 版
印　　次：2023 年 10 月第 2 次印刷

ISBN 978-7-5001-7214-7　　定价：99.00 元

版权所有　侵权必究
中 译 出 版 社

序
奋进的航空强国建设正当时

孙 聪[①]

飞行是人类与生俱来的梦想，勤劳勇敢的中华民族很早就开始了对飞行的探索，发明了竹蜻蜓、火箭等飞行器具，为人类实现航空梦做出了重要的贡献。

1903年，美国的莱特兄弟"飞行者1号"成功飞行，把人类带进了航空时代。1909年，年仅25岁的冯如驾驶着自己设计的"冯如1号"试飞成功，这是中国人首次驾驶自行研制的飞机飞上蓝天。1911年2月，冯如拒绝了国外公司的邀请，带着自制的两架飞机和飞行器材回国建立了广东飞行器公司，开始飞机的研制工作。1912年，冯如因飞行事故而牺牲，年仅28岁，他的遗体被安放在广州黄花岗七十二烈士陵园，人们为其纪念立碑，并尊他为"中国始创飞行大家"。

中华人民共和国成立初期，百废待兴，以毛泽东、周恩来为代表的老一辈无产阶级革命家高瞻远瞩，拿出60亿斤小米开展航空建设，体现了党和国家对发展航空工业的高度重视和坚定决心。

1995年，中国共产党第十四届中央委员会第五次全体会议通过了

[①] 孙聪，1961年2月出生于辽宁省沈阳市，飞行器设计领域专家，中国工程院院士，中国"新世纪百千万人才工程"国家级人选。

《中共中央关于制定国民经济和社会发展"九五"计划和2010年远景目标的建议》，将航空列入高技术领域。航空高技术是国家战略定位的重新确立，对航空工业科技创新和行业发展意义十分重大。

党的十八大以来，中国特色社会主义进入新时代，以习近平同志为核心的党中央高度重视航空工业发展，习近平总书记站在实现"两个一百年"奋斗目标的战略全局，发出了建设航空强国的伟大号召，亲自擘画航空工业跨越发展的宏伟蓝图，开启了航空强国建设的伟大征程。

目前，中国航空装备形成体系化、网络化、数字化发展格局，民机形成"两干"（C919和CR929）、"两支"（ARJ21和"新舟"700）以及AG系列通用飞机、AC系列民用直升机整体腾飞之势；全行业研发能力水平大幅提升，迈上自主创新之路；在全面深化改革中聚焦主业、完善治理、提升管理，迈上了高质量发展之路。

航空技术创新是国家创新的重要组成部分，是提升航空装备功能、性能和市场竞争力的关键；航空工业是综合性、战略性、高技术产业；航空科技创新具有综合性强、研发周期长、高风险、高投入、高社会效益等主要特点。美国曾统计，每向航空工业投资1万美元，10年后航空工业会产出80万美元的产值。航空技术创新必须不断引入新的技术元素，以新能源、新材料、新工艺、人工智能、网电、量子技术、大数据、VR/AR（虚拟现实/增强现实）等为代表的新技术迅猛发展，这些技术的突破和其在航空界的应用，会对我国航空装备的发展产生颠覆性的影响。近些年来，世界能源和航空界开发新能源的步伐明显加快，如正在发展的氢燃料电池、太阳能电池等新能源；效能核动力装置等革命性设想也被不断提出。

电动飞机、太阳能飞机等新能源飞机蓬勃发展，以超材料、石墨烯、智能材料为代表的航空材料技术，为航空装备效能提升开辟了广阔的应用前景。以自主控制、脑机接口、智能无人系统等为主题的人工智能技术迎来了"第三个春天",会对航空装备发展产生重大的影响;增材制造颠覆了现有的设计理念和制造模式,大幅降低研制成本和周期,实现了现场按需制造的后勤保障变革。

智能制造是一个数据感知与分析、信息处理与推送、知识共享与重用、智慧创造与升华的过程,数字化、网络化、信息化、自动化和知识化进一步升维模型化。互联、互感、互通、互知,自主和智慧,以涉流控制主动变形等离子体为代表的主流控制技术,以技艺融合为代表的气动布局,以层流为代表的减阻放热技术,已成为航空空气动力学重要的创新方向。这些技术的应用使得我们的飞行器产生了质的飞跃,纳米材料、智能材料、功能梯度材料、仿生材料等新材料不断涌现,区别于传统结构的多功能结构形式不断涌现,并用于飞行器的结构设计。多功能一体化、大尺寸整体结构、变体结构将成为航空结构新技术的发展方向。在控制方面,自主式和非自主式的导航系统、先进的探测技术、能量优化技术、基于航迹飞行等成为机载新技术的发展方向。随着生态问题的日趋严重,温室效应、气候变暖已影响到人们的生存和环境,抑制环境进一步恶化,将成为全人类共同的责任。近年来,航空运输产业迅猛发展,其对环境的影响程度也日益加深,绿色航空已成为世界航空界关注的焦点,正对航空产业竞争和新技术的发展产生革命性的影响。

航空人的奋斗目标需要在实现"两个一百年"和建设航空强国的大蓝图中去定位,聚焦建设航空强国的发展需求。航空人要树立强烈的紧迫感和危机意识,强化基础研究,提升原始创新力;要充分发挥高校、研究院、企业各方优势,建设具有核心竞争力的科技力量,会聚海内外创新人才,打造具有国际竞争力的航空科技创新平台;带动新材料、新能源、信息技术、生物、人工智能等探索的先进技术与航空技术交叉融合的发展,开辟航空创新技术的源泉;要加快成果的应用转化速度,确保有价值的科研成果能够快速、顺利地实现工程应用;要及时发现具有颠覆性潜力的新技术,开发原创性的飞行器。

  一代人有一代人的长征,中国航空事业仍需跋山涉水,希望航空人不断激发荣誉感、使命感,"不忘初心、牢记使命",焕发新时代的风采,有新担当、新作为,再创航空百年的纪录。我们既要满怀雄心壮志,更要脚踏实地,为建设航空强国砥砺奋进;永不懈怠,坚持创新驱动,勇于跨越技术鸿沟,为航空事业的未来寻找发展新动力,为建设创新型国家做出我们新的、更大的贡献!

开篇语

那些正在悄然重塑天空的事件

一些事件，正在悄然重塑着我们所熟悉的天空。

人类探索的新边疆

"机智号" 美国东部时间2021年4月19日3：34（北京时间19日15：34），美国国家航空航天局（NASA）研发的直升机"机智号"（Ingenuity）在火星起飞。3个多小时后，NASA由传回地球的数据确认并宣布"机智号"首飞成功。至此，它成了历史上第一架在另一个星球上进行动力控制飞行的飞机。

对于"机智号"的成功首飞，NASA副局长托马斯·泽布臣表示："在莱特兄弟成功进行地球上第一次飞行的117年后，NASA的直升机也成功地在另一个星球上实现了这一壮举。"

"天问一号" 2020年7月23日12时41分，长征五号遥四运载火箭搭载"天问一号"探测器发射升空，飞行2000多秒后，成功将探测器送入预定轨道，开启火星探测之旅，迈出了中国自主开展行星探测的第一步。2021年2月，"天问一号"到达火星附近，实施火星捕获。2021年5月，"天问一号"择机实施降轨，着陆巡视器与环绕器分离，软着陆火星表面，火星车驶离着陆平台，开展巡视探测等工作，对火星的表面形貌、土壤特性、物质成分、水冰、大气、电离层、磁场等进行科学探测，实现了中国在深空探测领域的技术跨越。2022 年 9 月 20 日，国际宇航联合会将 2022 年度世界航天奖颁给中国"天问一号"团队。

"机智号""天问一号"带给世界的影响在于，深空探测将推动空间科学、空间技术、空间应用全面发展，为推进人类火星探索事业做出更大贡献。

产业竞争的新赛道

一箭十发射十回收火箭 美国东部时间 2021 年 5 月 9 日 2：42，太空探索技术公司（SpaceX）第 27 批专项组网发射的 60 颗"星链"卫星搭乘"猎鹰 9 号"火箭从美国佛罗里达州卡纳维拉尔角空军基地升空。这是世界上首枚一箭十发射十回收的火箭。

中国商业航天加速发展 在以长征系列运载火箭为主的中国航天运输系统中，新型重复使用运载火箭可逐步承担 2025 年后更大规模的发射任务。2022 年 2 月 27 日 11 时 06 分，长征八号运载火箭在海南文昌成功将 22 颗卫星发射升空，创造了中国"一箭多星"的新纪录。同年 5 月 6 日，深蓝航天自主研发的"星云 –M"1 号试验箭完成了 1 公里级垂直起飞及降落（VTVL）飞行试验，火箭在爬升和下落的过程中同时进行了横向移动，最后降落至着陆场"靶心"位置不足 0.5 米的点位，"星云 –M"试验箭成功回收。深蓝航天也成为全球第二家完成液氧煤油火箭垂直回收复用全部低空工程试验的公司。

把一颗承接互联网功能的卫星镶嵌到太空，天地两端需要哪些技术支撑？全球 2021 年实施的发射任务次数、航天器发射总数量均为历史最高。然而专家认为，这些发射密度尚未达到峰值，现在还只是世界各国诸多星座天基组网计划大规模实施的前夜。通过卫星提供互联网接入服务的卫星互联网建设，已不存在难以逾越的技术瓶颈，低轨道、高带宽卫星星座建设正在步入快车道。

也许在未来，在雪山、沙漠上徒步，在大海上漂流，在荒山野岭中探险，一部普通手机就足够让你与这个世界永不失联。在遥远的太空织网筑梦，也许远非一代人的使命。抬首问天，星河灿烂。征途漫漫，未有穷期……

能源替代的新途径

零排放飞行 法国当地时间2020年9月22日，欧洲飞机制造商空中客车公司（简称"空客"）公布了全球首款零排放民用飞机的三种概念机型，并计划于2035年投入使用。据空客方面介绍，这些概念机各自代表了实现零排放飞行的不同方法，探索各种技术途径和空气动力学构型，所有这些概念飞机都依靠氢能源作为主要动力。空客认为，氢能源作为一种清洁的航空燃料具有广阔的前景，并很可能是航空航天以及许多其他行业实现其气候中立目标的解决方案。空客首席执行官傅里表示："对于整个民用航空业来说，这是一个历史性的时刻。我们准备在业界迄今为止最重要的转型中发挥领导作用。我们发布的概念飞机向世界展示了我们实现未来零排放飞行这一大胆愿景的雄心壮志。我坚信，无论是在合成燃料中还是作为民用飞机的主要动力来源，氢能源的使用都有可能显著减少航空对气候的影响。"

英国零排放飞行技术路线图 英国航空航天技术研究所（ATI）于2022年3月发布了"零排放飞行"（FlyZero）项目的多个技术路线图，覆盖了空气动力学、载荷、气动弹性、轻量结构设计、机身优化、制造和装配等领域，确定了一系列具有提高气动性能、改善油耗并减轻重量的潜力并有望于2030年代实现商业应用的技术。"零排放飞行"还将不断探索新的概念和技术，在2030年前进一步挖掘可改善气动性能、油耗或减重的新技术，在21世纪30年代提供可用的零碳排飞机。

在全球减少碳排放的大趋势下，航空业要实现在 2050 年前减少污染至净零排放的目标，将面临越来越大的压力。同时，这也引发了一轮令人兴奋的创新浪潮，一些观察人士将其描述为航空业的"第三次革命"。不可否认，未来零排放飞行，不仅是世界商用飞机制造商的大胆愿景，也是必然挑战。

前沿技术应用的新标准

首个采用虚拟现实（VR）的飞行模拟训练装置（FSTD）证书 欧盟航空安全局（EASA）网站 2021 年 4 月 26 日公告，该局颁发了首个采用虚拟现实（VR）的飞行模拟训练装置（FSTD）证书。该装置由瑞士虚拟现实运动有限公司（VRM）开发生产，可为旋翼机飞行员提供在虚拟环境中进行危险操作的可能，从而提高安全性。统计数据显示，约 20% 的事故发生在飞行培训期间。EASA 飞行标准主管杰斯珀·拉斯穆森认为，这是 FSTD 发展的一个重要里程碑。该培训设备的能力与技术进步可用于补充全飞行模拟器，满足对新的垂直起降（VTOL）飞行器的培训需求。同时，审查关键培训场景，并使模拟器用于高风险培训操作，这也符合 EASA 旋翼机安全路线图中的安全目标。

美国联邦航空管理局（FAA）接受先进导航和自动飞行系统适航认证 2022 年 8 月，自动驾驶飞机系统开发商可靠机器人（Reliable Robotics）表示，FAA 已接受其导航和自动飞行系统的认证基础。这为该系统在塞斯纳 208 Caravan 的补充型号合格证（STC）的获取铺平了道路。该系统可在飞机滑行、起飞、巡航、降落、刹车和启动的所有阶段提供持续的自动驾驶，并配备一名飞行员在飞机上处理异常程序。该系统将有助于减少飞行事故中的受控飞行进入地形和失去控制，这是小型飞机致命事故的两大原因。Reliable Robotics 认证总监马克·蒙特说："该认证基础是与 FAA 多年合作的成果，代表着将先进导航和自动飞行系统引入普通飞机的关键一步。我们期待着在进入认证过程的下一阶段继续共同努力。"

确保航空安全，永远是民航监管部门和相关企业最优先级的关切和任务。对安全的高度关注，使得民航业对新技术的应用十分谨慎，甚至滞后。然而近年来在安全的基础上，追求更高的空域容量和运行效率，也成为民航监管部门和相关企业的重要任务。相较于运输航空，在通用航空、无人机这些领域，人工智能、机器学习、VR 等新技术应用尤其活跃。欧美作为航空技术的引领者再一次开拓了新的疆域。实现跨领域的融合应用，是需要中国民航从业人员迎接的挑战。

技术融合的新图景

人工智能（AI）工程化 2020 年，顾能公司（Gartner）发布《2021 年重要战略技术趋势》，认为 AI 工程化（AI Engineering）将是"需要深挖的趋势"，人工智能工程化是一种实现人工智能模型操作化的综合方法。到了 2021 年年底，在 Gartner 的《2022 年十二大重要战略技术趋势》中，AI 工程化又被进一步明确为未来 3—5 年"企业数字业务创新的加速器"。

工业元宇宙 2021 年 12 月，航天航空器制造商巨头波音公司对外宣布，希望在元宇宙中构建下一代飞机。在波音公司的未来工厂里，全球各地的机械师会通过 3500 个全息透镜头戴式显示设备（HoloLens）进行交互，沉浸式 3D 工程设计将与相互交流的机器人配对。波音公司已计划在元宇宙中打造虚拟三维"数字孪生"飞机，并且开发一个能够运行模拟飞行环境的生产系统。根据波音公司的数字化战略，未来两年将会在元宇宙数字生态系统下实现设计、生产和航空服务运营。

多国航空战略实施规划都更加看好技术融合对未来航空变革发挥积极作用的趋势，称技术融合有望在现有和新兴的航空市场中扩大新概念和技术的收益。互联网的发展及其应用、新材料在飞行器上的应用、全球定位系统及其在导航和空中交通管制中的应用融合已为人类展示了新的图景，相信这些跨界技术和标准在许多领域的快速发展，以及这些技术的融合所带来的新兴运营理念，必将为未来航空业面临的挑战开发革命性的解决方案。

科技往往关乎未来，而未来社会的萌芽往往就隐藏在我们今天遭遇的痛苦、面对的疑惑、迎来的突破和无尽的遐想中。

对人类而言，预测未来最好的办法就是创造未来。

下一个百年，人类将如何利用天空？我们是否已经掌握了重塑未来天空的技术？这正是我们书中 35 位科研人执着探索与追求的事情。改变未来航空产业的技术与事件一定不止这些，但未来的航空产业必然会从这些实践者的经历中汲取灵感。不断弥合认知上的差距，创造那些还未出现的技术，相信下一个航空百年一定灿烂，中国航空一定异彩纷呈……

林大楷

目 录

第一章 "航迹"高度：俯瞰时代的馈赠 …………………………………… 001
    探路人与攀登者：ARJ21的探索创新 …………………………… 003
    乘风破浪：水陆两栖飞机发展与应用挑战 ……………………… 012
    飞进孤岛：我国航空应急救援系统的展望 ……………………… 020
    穿越"热潮"：无人机的百年历程 ………………………………… 028
    仰望"天空之境"：UAM飞行器与未来城市空中交通 ………… 037

第二章 技术高度：破解百年飞行谜题 …………………………………… 047
    急流勇进：湍流与超级计算的百年难题之路 …………………… 049
    高效飞行：超临界机翼优化设计 ………………………………… 060
    履霜知冰：做攻克结冰安全技术的领路人 ……………………… 073
    强而有度：飞机的强度验证 ……………………………………… 085
    智联共生：面向机载座舱的多通道人机交互 …………………… 094
    精益求精：民用飞机大气数据系统的研发 ……………………… 107

第三章 材料高度：重新定义创新边界 …………………………………… 119
    神奇之翼：碳纤维复合材料的创新应用 ………………………… 121
    超高强度钢：托举起飞的力量 …………………………………… 133
    随机智变：电子皮肤与飞行器气动性能感知 …………………… 142

未来可期：中国的飞机与中国的材料 ······ 155

材料之王：石墨烯陶瓷及其在航空航天领域的应用 ······ 168

第四章 "控制"高度：重塑未来飞行 179

泛在星河：航行指路参北斗 ······ 181

第三个飞行员：商用飞机控制律的发展与挑战 ······ 191

虚拟试飞总师：人工智能模拟器 ······ 201

智胜未来：飞行器智能决策与自主控制 ······ 212

超级大脑：民用飞机航电系统的"三驾马车" ······ 225

"简单"飞行：飞控系统的安全性 ······ 236

第五章 动力高度：远方已在身旁 245

纳米能源：自供能技术的"从0到1" ······ 247

朝出夕回：高超声速飞行动力的梦想与实践 ······ 255

从"核"而来：超导技术与"人造太阳" ······ 267

绿色能源：让地球气候更安全 ······ 277

绿色未来：国际民航组织的碳减排措施 ······ 288

"大气层卫星"：驭光飞行的太阳能无人机 ······ 299

第六章 安全高度：为生命护航 311

十的负九次方：航空安全与人为因素 ······ 313

安全之桥：航空器适航评审 ······ 327

安全与效率：适航管理展望 ······ 335

向险而生：试飞工程师与适航高标准 ······ 346

百炼成钢：航空发动机适航验证 ······ 355

飞行员+工程师：试飞员与试飞技能 …………………………… 366

局方试飞员：筑造飞行安全基石 ……………………………… 376

后记：我心澎湃 ……………………………………………… 385

致　谢 ………………………………………………………… 389

第一章

Chapter 1

"航迹"高度：
俯瞰时代的馈赠

著名的意大利历史哲学家克罗齐曾说，一切历史都是当代史；而英国历史学家柯林伍德则认为，一切历史都是思想史。这两种观点在飞机发展史上得到了高度的统一，产品研发者苦心追求的，一是用历史来证明所研发产品的成功性；二是从历史中汲取前人产品研发的经验、教训并产生更先进的设计思想，以指导设计出更优秀的下一代飞机。

纵观中国航空史，1909年9月21日，"冯如1号"首飞成功，这是中国人首次驾驶自制的飞机飞上蓝天，由此开启了中国人探索航空事业的伟大征程。几代中国航空业的先行者们，在不同的时代里不懈探究、奋勇前行，奠定了中国航空事业的基石，激励着全体航空人的责任担当，振奋精神，报效祖国，履行使命。

探路人与攀登者：
ARJ21 的探索创新[①]

> ARJ21团队积极开展人工智能辅助驾驶技术、基于信息技术的飞机健康监控技术、电动化和氢能源技术、高升阻比桁架支撑翼技术、新材料新工艺复合防冰技术等研究探索。我们会务力将ARJ21飞机打造为中国最好的支线飞机，打造为世界上有竞争力的支线飞机，争取在未来不断扩大的国际航空市场以及中国这个未来最大的航空运输市场中获取更大的份额。
>
> ——陈勇

[①] 本文作者为陈勇。

陈勇,我国喷气客机设计领军人才,34年来始终扎根军、民机研制一线,一直从事飞机总体气动和航电系统设计工作。主持研制了我国首款拥有自主知识产权的商用客机ARJ21-700型飞机,为后续商用飞机系列发展奠定了技术基础。曾获国家科技进步一等奖1项,省部级科技进步特等奖1项、一等奖5项;获发明专利2项;出版专著5部;享受国务院政府特殊津贴,荣膺国家五一劳动奖章、首批国家"万人计划"科技创业领军人才,获第五届"中国航空学会冯如航空科技精英奖"。

截至2022年7月21日,ARJ21已经安全运送旅客突破500万人次,ARJ21飞机进入规模化运营的加速发展期。中国商用飞机有限责任公司(简称"中国商飞")ARJ21飞机型号总设计师陈勇与第100架ARJ21-700飞机合影。

第一章 "航迹"高度：俯瞰时代的馈赠

中国是全球第二大航空运输市场，长期以来喷气客机主要依赖进口。喷气客机产业是现代工业的皇冠，研制喷气客机是国家实力的体现、现代强国的标志性工程，全球只有少数国家和地区具备这种能力。喷气客机也是战略性产品，除了承担航空客货运输任务，还可以改装为多种国家急需的特种飞机。研制喷气客机难度巨大，涉及几乎所有的基础学科、技术领域和产业能力。

自20世纪70年代以来，老一辈航空人一直奋斗拼搏，在国产民机的创新之路上，进行着一次又一次艰难困苦的探索，屡败屡战，却从不放弃。从20世纪70年代独立自主研制运−10飞机、80年代国际联合生产MD90飞机合作中止，到90年代国际合作研制AE100飞机未能进入实质阶段……所有这些历史事件说明，攻克喷气客机难关，必须依靠自主研制。

我国航空人始终没有放弃研制喷气客机的梦想。进入新世纪，研制喷气客机的创新之路再次开启，就像一位航空工业领域的老领导所说，这是国产喷气客机最后的机会。扮演新世纪国产喷气客机"探路人与攀登者"角色的飞机，就是 ARJ21-700 喷气支线客机。而这架飞机的研制过程，我们却走了 20 年。

喷气客机安全性、可靠性要求高，要求百万飞行小时不能有机毁人亡等安全事故；产品复杂系统集成难度大，一架喷气客机通常由上百万个零件组成；运行场景严酷，要考虑各种极端气象环境、各种严重故障组合，受各环节人为因素影响；机体结构寿命长，多循环考核。以 ARJ21 飞机设计运行指标为例：20 年日历寿命，6 万飞行小时，6 万次飞行起落，每天 8 小时飞行时长。喷气客机国际市场竞争激烈，安全性和经济性权衡压力大，已经形成双寡头的残酷竞争局面。波音 737 MAX 设计缺陷导致两次坠机事故就是这种恶性竞争下，安全性和经济性失衡造成的严重后果。所以，研制一款喷气客机技术难度巨大，需要国家的长期支持和研发团队数十年的奋斗。

ARJ21 飞机是我国航空人和民航人的智慧结晶，是我国几代航空人和民航人的奋斗成果。

当年，为了解决研制力量不足的问题，国家整合了西安和上海两地的飞机设计力量，我本人就是 2002 年整合后从事 ARJ21 飞机设计工作的。同时，为了解决适航审查力量不足的问题，民航局整合了全国民航系统适航审定处力量，成立了适航审查国家队。更为可贵的是，为了解决技术经验不足的问题，国家专门请顾诵芬院士任组长，成立了由国内航空界院士和专家组成的专家组，在项目面临重大技术难题的关键时刻，由他们为技术团队把关。这些举措，都成为 ARJ21 飞机能一路攻克难关并最终取得研制成功的重要保证。

ARJ21 飞机的定位就是喷气客机道路上的"攀登者"，是"中国民机产业的探路人"。它带领我们探索的，是一条前所未有的"全寿命周期投入市场运营"式喷气客机的研制道路。ARJ21 飞机是我国第一款

第一章 "航迹"高度：俯瞰时代的馈赠

自主设计与自主集成，第一次走完国产喷气客机研制、取证、运营全过程并投入商业运营的喷气客机。投入商业运营，意味着它可以和国外同类喷气客机在同一个机场里降落与起飞，竞争支线客机市场。

ARJ21喷气支线客机于2002年正式立项研制，2008年11月28日首飞，2014年底取证，2015年交付首家客户成都航空。经过3年示范运营优化设计、3年精品工程优化设计，实现了顺畅运行和规模化运营。截至2022年9月，交付航线飞机77架，安全飞行16万飞行小时，载客超过600万人次，运行区域分布全国110多个城市，开辟航线220多条。ARJ21飞机已交付包括国航、东航、南航在内的9家客户，2022年底，交付首家海外用户。回顾一路走来的点点滴滴，曾经面临的一道道技术难关依然历历在目。

在设计阶段，研制团队经历了飞机超重、阻力超标等重大问题和应急出口设置、进气道畸变、深失速、驾驶舱碰撞等重大技术关键。在顾诵芬院士为组长的专家组指导下，研制团队经过一年时间开展方案优化设计，最终攻克了上述难关。在取证阶段，ARJ21飞机项目开展了393项适航条款的验证，进行了600多项地面验证试验和5000小时的飞行试验，攻克了结冰、大侧风、高低温、高原高温、污染跑道等气象环境验证，并远赴加拿大和冰岛开展自然结冰和大侧风试飞。同时，ARJ21飞机项目攻克了鸟撞、转子爆破、轮胎爆破等离散源撞击的安全性分析和验证试验；攻克了自然失速、失速保护、最小离地速度、最小操纵速度等高风险低速特性验证试验和试飞；攻克了长寿命结构设计、疲劳和损伤容限设计和验证试验技术，满足飞机安全性和适航性的要求，通过了中国民航适航审查组和美国联邦航空管理局（FAA）影子审查组的严格审查，为后期大型客机的研制和取证积累了技术经验，培养锻炼了研制队伍。

在航空界，适航要求是由上百年来世界民航事故总结而来，也可以说是用鲜血的教训换来的。ARJ21飞机的研制和适航取证，采用了当时最新的适航条款。以飞机结冰条件运行为例，我国民用客机在巡航、待机、降落时，不可避免会遇到结冰气象，此时必须采取必要的机翼前缘防冰措施。在结冰条件下，飞机性能下降，和干空气飞行相比失速会提前发生，必须采取性能提前保护；而这些结冰防护措施需要发动机引气的供给，同时性能提前保护会造成飞机进场速度增大。为了保证ARJ21结冰气象运行的安全性，设计团队开展了大量结冰仿真计算和冰风洞试验来获取所有结冰条件下的临界冰型。随后研制团队在飞机上贴上模拟冰条，进行干空气条件下的失速试飞和高低速操稳试飞，验证飞机在临界冰型下是安全的。最后将ARJ21飞机飞到结冰云里，验证飞机在真实结冰条件下的飞行安全性并进行飞机操稳检查。这就是项目团队提出的结冰双重临界性验证方法。

为了"寻冰"，ARJ21飞机曾经7次飞往中国新疆地区，但是没有找到符合条款的结冰气象条件。最后远赴万里，去世界上结冰天气最为严酷的地方——加拿大的五大湖地区，在那里见识了"最严重的结冰"情况，圆满完成了结冰适航取证。

故事并未到此结束，为了提高结冰运行条件下ARJ21飞机运行的经济性，设计团队在验证后又采取了一系列设计优化措施。例如当飞机离开结冰云时，在什么条件下可以退出性能保护模式，降低飞机的进场速度。对此，团队开展了翼面融冰分析和试验，提出了翼面融冰的机理和时间判定准则。为了降低发动机引气防冰的能耗，团队研究了新型防冰涂层和电热防冰技术，使得飞机起飞和着陆关键飞行阶段短时穿越结冰云可以不开防冰系统。随着全球对结冰现象认识的不断深化，以及1994年美利坚鹰航空ATR-72飞机结冰空难的发生，结冰适航标准也有了新的提高——FAR-25部140号修正案，即过冷大水滴的结冰适航要求。项目团队也开展了过冷大水滴的结冰计算分析和冰风洞试验，未来新的项目可以满足新的条款要求。

喷气客机的高安全性是进入商业运行的必要条件，而要想取得商业成功，还需具备良好的经济性。

波音737客机是一个非常成功的案例：1967年首飞，现在已经是经验丰富的"老爷爷"，一共经历了4次大规模的升级优化，仍旧是窄体干线机家族的常青树，在经济性上不输给空客A320neo客机。其成功秘诀在于不断地优化设计，追求最佳的安全性和经济性的平衡。

ARJ21飞机要想成为一款商业成功的飞机，也必须探索从安全运行到经济运营的全生命周期的经济运营模式，要度过"出生期"的安全风险，走过"成长期"的经济风险，最终进入规模化健康稳步发展。这就要求项目团队持续优化，解决飞机的性能优化问题，不断降低直接成本，增加航线运行适应性；并且需要解决飞机的可靠性和维修问题，培育国内产业链和供应链，不断降低航材价格和维修成本；同时，探索支线飞机的发展模式，走出一条适合中国民航特点的支线飞机盈利模式，最终实现ARJ21飞机全生命周期和全产业链的健康稳步发展。

在批产运营阶段，为满足内蒙古等西部大风乱流机场的运行要求，需要扩展大侧风包线，使其远高于适航条款的要求。我国高高原机场占全球一半以上，广大西部地区地面交通不发达，为满足高高原和高原机场的运营要求，ARJ21飞机三次奔赴高高原机场验证，满足了全球最高民航机场稻城亚丁（海拔4411米）的起降要求。据统计，全球70%的空难与驾驶舱操作不当有关，这就使得降低飞行员在关键飞行阶段的工作负荷成为设计师的永恒目标之一。ARJ21飞机设计团队和飞行团队一起，全面优化了飞机驾驶舱显示告警系统，在支线客机上首次实现了根故障告警和衍生故障抑制的智能告警，大幅提高飞行员对多重警告信息的辨识速度，降低飞行员工作负荷率达25%。经模拟机试飞比较，ARJ21飞机在该方面的性能优于同类飞机，故从满足适航条款、能运营，上升到具有独特优点、在支线航线上好运营。

安全性和经济性平衡是喷气客机设计的终极目标，也是最大的难点。全球一共研制了200多款民用客机，最终大获成功的仅仅不到20款。即便是喷气客机领域常青树波音公司，也在经济性和安全性权衡问题上栽了跟头。ARJ21飞机作为一款商用飞机，同样不可回避这一矛盾。自研制以来，提升性能、降低成本，一直是设计师努力的方向。支线机场环境苛刻，跑道条件有限，为了提升飞机在支线机场的起降能力，设计团队研究了多种方案，对机翼低速构型进行优化并局部修型，改善了失速流场分离的特性，实现可用迎角增大和升力增加；降低了高原起飞距离；提高了爬升能力；降低了飞机着陆进场速度。此外，减重减阻一直在路上：自取证以来，设计团队对飞机重量充分挖潜，实现飞机减重800多千克；提高飞机制造质量，改善飞机巡航构型气动密封性，优化飞机巡航构型，精细化气动参数辨识，累计实现减阻5%。

平台系列化和衍生型发展道路，是"探路人"ARJ21飞机在研制初期就制定的发展规划。系列化和衍生型可以扩大机队规模，增加老旧飞机的残值，降低飞机的全生命周期的成本。项目团队已经完成ARJ21改公务机的研制和取证；ARJ21改医疗飞机完成研制；ARJ21改货机正在研制，2022年底交付；ARJ21改灭火机正在研制……

当前，一场新能源、信息化、人工智能的革命已经席卷全球各行各业，航空制造业的新材料、新工艺也层出不穷。我国在上述相关领域，已经具有独特的优势。国际上，无论是传统航空制造商还是初创新兴企业，都在开展新能源、新构型飞机的论证和研发，预计在2030年前后，50—100座级支线客机将实现电动化和氢能源化动力。随着我国"双碳"目标的确定，民用航空运输业升级已经提上日程，这为国产喷气支线客机开辟了一条新的赛道，有望实现换道超车。ARJ21团队也在积极开展人工智能辅助驾驶技术、基于信息技术的飞机健康监控技术、电动化和氢能源技术、高升阻比桁架支撑翼技术、新材料新工艺复合防冰技术等的研究探索。我们会努力将ARJ21飞机打造为中国最好的支线飞机，打造为世界上有竞争力的支线飞机，争取在未来不断扩大的国际航空市场以及中国这个未来最大的航空运输市场获取更大的份额。

"探路人与攀登者"ARJ21飞机的使命和担当，还远远没有结束，实现国产民机健康稳步发展，飞向中国和世界的更广阔的天空，是它前进征途中的下一个目标，探索之路的终点还在远方。

乘风破浪：
水陆两栖飞机发展与应用挑战[①]

> 在一些特殊的领域，水上飞机依然发挥着其他机种无法替代的作用。因此，我们有必要深入研究水上飞机，让其尽快在应急救援体系和自然灾害防治体系建设中发挥作用。
>
> ——黄领才

---

① 本文根据"致未来·C-Talk"公益性科技演讲大会第5期内容整理而成，作者为黄领才。

黄领才，中航通飞华南飞机工业有限公司总工程师，"鲲龙"AG600总设计师，带领研制团队攻克了多项关键技术，实现了AG600飞机陆上和水上首飞，填补了国内大型水陆两栖飞机的空白。享受国务院政府特殊津贴专家，航空工业特级专家，珠海高层次人才一级专家，曾荣获"航空报国突出贡献奖""中国好设计金奖"等荣誉。

2022年9月27日，由我国自主研制的"鲲龙"AG600M灭火机以全新消防涂装在湖北荆门漳河机场成功完成12吨投汲水试验。"鲲龙"AG600总设计师黄领才在"鲲龙"AG600M投水试飞现场。

"**鲲**龙"AG600水陆两栖飞机,既能如鲲一般化羽垂天,又能如游龙一般击水三千。在百年航空史上,水上飞机虽然不如陆基飞机发展得那般生机盎然,也曾拥有自己的辉煌。这个古老的机种和现代科技会擦出怎样的火花?百年前的荣耀是否能够再现?本文将聚焦水陆两栖飞机的发展与应用挑战。

我们通常把能在水面飞行的飞机统称为"水上飞机"。水上飞机船体分为船身式和浮筒式,随着技术的进步,由纯水上型发展为水陆两栖。在莱特兄弟发明飞机之后,1910年出现了第一架水上飞机。水上飞机百年发展历史伴随着航空发展历史而来,经历了探索、发展到巅峰又逐渐衰退的过程。当前,水上飞机在一些特殊领域的使用,使其步入了创新复兴阶段。

早在1898年,澳大利亚的威廉·克雷斯就设计制造了一个具有水上飞行特征的飞行器,但飞不起来。直到1903年,莱特兄弟的"飞行者1号"真正实现了人类飞行的梦想。1905年,法国的加布里埃尔·瓦赞驾驶滑翔机,在水上通过牵引滑翔的方式实现了升空。后来他和路易斯·布莱里奥合作开发了两款水上飞机，但由于技术不成熟，均以失败告终。

1910 年，法国的亨利·法布尔在总结前人工作的基础上，真正实现了水上飞机离水升空，第一次飞行了 500 米，第二次飞行了 6000 米。第二年他又改装了一架瓦赞式双翼机，加上了浮筒，用一架陆上飞机实现了水陆两栖。随着技术的进步，水动力的理论也在进步，真正有实用意义的水上飞机由美国人格伦·寇蒂斯率先研制出来。他先于 1911 年研制出一个浮筒式水上飞机并取得了首飞成功，后续又逐渐进行了 E 型、S 型等相关机型的改进，使水上飞机的性能不断提升。1914 年，美国海军购置了 120 余架 H 型双发船身水上飞机，这才使水上飞机真正进入实用阶段。

在水上飞机发展的初期，中国一些航空先驱同样做出了积极的贡献，中国第一架水上飞机的发明人是美籍华人谭根（谭德根）。他出生在美国旧金山，早年受冯如和寇蒂斯的影响，自行设计了一款水上飞机，参加万国飞机制造比赛并获得了银奖。他还创造了当时水上飞机飞行高度的世界纪录。

巴玉藻和王助是同时期的另外两位著名人物。他们一起从国内赴英国留学，1915 年转到美国麻省理工学院进行学习，获得了航空工程硕士学位。其中巴玉藻先后被寇蒂斯聘为设计师，被美国通用飞机聘任为第一位总工程师。1917 年，巴玉藻回国，在福建马尾飞机制造厂担任主任，王助担任副主任，他们组织国内相关人员研制出第一架水上飞机，该飞机在 1918 年首飞成功。王助毕业之后担任了波音公司第一任总工程师，当年就设计出了一款新型水上飞机并实现了首飞，美国海军购买了 50 架。这款飞机为波音公司后续的经济发展和技术发展奠定了基础，波音公司后来还专门为王助设立了纪念馆。

在水上飞机的早期发展过程中，一大批有志之士致力于水上飞机事业的发展。法国人雅克·施耐德设立了水上飞机比赛，在十几年的"施耐德杯"水上飞机竞赛中，水上飞机速度从70千米/小时发展到700多千米/小时。

1919年，寇蒂斯亲自驾驶自己设计的水上飞机，实现了分段跨越大西洋，由此，水上飞机进入了快速发展阶段。

20世纪初，诞生了第一支装备了水上飞机的海军航空部队、第一艘具有现代航母雏形的水上飞机母舰。在这期间，水上飞机得到了前所未有的发展和展示，作战任务和方式也渐渐成型，即通过"舰上起飞、水面降落、吊装回舰"的模式，进行远距离侦察和为舰炮射击提供目标定位，同时担负部分反潜、护航、沿海巡逻与轰炸等任务。

20世纪三四十年代，水上飞机已成为世界主要国家海军的常规装备，从日本到美国再到欧洲各国，世界主要国家所有重型水面舰艇都搭载了水上飞机，水上飞机母舰达数百艘，水上飞机跃上发展巅峰，让海军插上了翅膀，成为当时当之无愧的"海上利剑"。

在这期间，水上飞机逐渐由小型向中型、大型发展，欧美各国研发了大批水上飞机，这些水上飞机在各个领域发挥作用。20世纪二三十年代，洲际航线逐渐为水上飞机所垄断，美国泛美航空公司利用"飞剪"水上飞机开辟了从美国跨洋到中国香港的航线。

水上飞机由此进入快速发展时期，逐渐达到巅峰。欧美航空投入大量资源用于远程水上飞机的研制。随着水上飞机设计技术日趋成熟，其金属材料性能、配置的发动机功率与大型飞机的制造能力均有所增强，但在大型起落架制造方面仍有欠缺，因此当时的大型陆基飞机还比较少。客观来讲，水上飞机能够利用水上的天然优势，水上机场也能免于被破坏。由于缺乏大型的工程机械，加之陆基机场建设工程及投资巨大，整体而言，大型陆基机场的建设非常困难。

由于新技术、新概念的出现，各种中小型的水上飞机仍层出不穷，推陈出新，但也主要在灭火、救援、旅游、观光、训练等领域少量应用。

随着航空技术的进步，陆基飞机性能快速提升，加之舰载机性能的提升，水上飞机诸如结构重量大、耐腐蚀性差等劣势逐渐暴露，性能逐渐被陆基飞机超越。以当年美国海军为例，一些新产品的出现导致其对水上飞机再无兴趣。各个国家发展情况与此类似，水上飞机就此逐步走向衰落。

20世纪30年代前后，世界上先后开发的各类水上飞机达650余种，但这一黄金时代只持续了二三十年时间。到七八十年代，水上飞机则更多应用于消防救援等民用领域。

尽管水上飞机不再"热门"，但世界上仍然有少数国家坚持在水上飞机领域发展，如中国、加拿大、俄罗斯及日本。我国在1952年就成立了相应的部门，从苏联引进了6架别-6。经过持续改进，1976年，水轰-5首飞成功，直至2013年退役。2009年，我国AG600大型水陆两栖飞机项目研制立项。

纵观水上飞机的艰辛发展历程，技术的进步与战争的推动使水上飞机得到了快速发展，形成了传统水上飞机的构型模式。当前，水上飞机正向水陆两栖以及一机多型系列化方向发展，各种新技术都得到了不断的运用。人类不会只在陆地上活动，必然会走向广阔的海洋，因此，水陆两栖飞机必然有其应用价值。

现代的水陆两栖飞机主要用于政府公共用途和私人商业用途。受整体市场及成本的影响，只有少量水上飞机得到了应用，大型水上飞机的发展较为缓慢。当前全球的水上飞机约有1.5万架，以2.5吨以下的轻型为主；大型水上飞机约有300架，主要分布在欧美部分发达国家的细分市场，应用于如灭火，海军、海岸警卫队巡逻救援以及部分运输市场等。

水上飞机的发展尚未达到饱和，还有十分广阔的开发空间。我国拥有丰富的水上资源，有 8 万多座水库和众多的湖泊，这为我们建造水上和陆基航空交通网奠定了良好基础。

近年来，大型火灾频发，森林火灾过火面积大、损失惨重。我国对水陆两栖飞机的研究方向目前以森林灭火和救援为主。我国主要防火林区是东北和西南林区，它们发生火灾的次数占到火灾总次数的 45%，受灾林区面积达到了全国 75%。水上飞机灭火始于 1919 年，1930 年实现了真正的空中投水。水上飞机可以通过汲水来进行灭火，也可以通过机场注水进行灭火；可以单机作业，也可以进行多机协同作业。大型水陆两栖飞机低空低速性能好、航时长，除了可以灭火之外，还起到了灭火通信中继、指挥协调的作用，将各种信息收集起来传递到指挥部。我国有漫长的海岸线，近年来，海上、海洋开发活动逐步增加，由于我国初步构建了航空救援体系，每年伤亡人数在逐步减少。在大型灾难救助方面，大型水陆两栖飞机也会发挥通信中枢和指挥协调的作用，同时还发挥着海上公共事件应急处理、环境保护、远程救助支援等功能。

我们充分研究了国家在森林灭火领域的相关信息，包括西南和东北林区森林的分布、水资源和机场的分布。针对东北林区，我们提供"以注水和汲水相互匹配"的灭火使用模式；对于水域较为丰富的西南林区，则以汲水辅助机场注水方式进行灭火。

我国目前已逐步建立起较为有效的灭火组织机构和近海救援组织机构。近年来的大型火灾案例均能得到有效控制，海上救援伤亡人数也在逐渐减少，近海救援效率非常高。当然，这个体系随着整体装备的发展和体系研究的深化，将会逐步完善。

我国海上救援目前以舰船和直升机为主，已经初步形成了一个构架体系，在近海 300 千米内效果显著，但对中远海还缺乏较为有效的手段。未来我们希望水陆两栖飞机和直升机能协调配合，与舰船形成综合救援体系，在不同的场景下发挥特有的优势。

水陆两栖飞机的研制在当前仍然具有重要的意义。一方面通过AG600的研制，部分关键技术取得了突破，形成了自主知识产权，推动了国内民机配套能力的提升；另一方面，也初步建立了水陆两栖飞机适航审定基础和方法，提升了民机机载设备的适航能力，培养了一支水陆两栖飞机研制队伍。

我国水陆两栖飞机刚刚起步，在部分基础领域能力相对薄弱，比如水气交混数值模拟、水面运动的水动弹性、多发涡桨飞机在水面的振动设计和噪声控制，以及在火场和海面救援等复杂场景中飞机控制律设计问题，还有待我们进一步加强研究。

水上飞机的发展经历了从顶峰到衰退再到逐步恢复的艰辛历程，在一些特殊的领域，发挥着其他机种无法替代的作用。因此，我们有必要深入研究水上飞机，让其尽快在应急救援体系和自然灾害防治体系建设中发挥作用，挽救更多的生命和财产。水上飞机事业的发展"道阻且长，唯行致远"。

飞进孤岛：
我国航空应急救援系统的展望[①]

> "招之即来、快速反应"是应对突发事件最安全、最有效的手段，有时甚至是唯一的手段。我们需要着力推进智能化、无人化、精准化等关键技术发展，从而为我国加强航空应急救援体系打下坚实的基础。
>
> ——吴希明

[①] 本文根据"致未来·C-Talk"公益性科技演讲大会第5期内容整理而成，作者为吴希明。

吴希明，中国航空工业集团有限公司科技委副主任、中国航空研究院副院长，先后担任多个直升机型号副总设计师和总设计师，航空工业首席技术专家，曾荣获国家科技进步一等奖和多项省部级奖项，以及"高技术装备发展建设重大贡献奖"金奖和"国防科技工业杰出人才奖"。

我国的航空应急救援体系建设，到目前基本形成了国家主导、民间参与的应急救援模式。作为航空应急救援的一部分，航空应急救援装备是重要的基础。图为吴希明与其设计的直升机模型。

我国国土辽阔，地形复杂，山地众多，大量高原地区自然环境恶劣。这些地区经济发展滞后、交通不便，可以说我国是世界上自然灾害较为严重且应急救援手段相对不足的国家之一。

近10年来，平均每年我国由自然灾害、事故灾难、公共卫生和社会安全事件等原因造成的非自然死亡人员逾20万人，伤残人员逾200万人。如果航空应急救援装备充足，伤亡数字可以降至最低。航空应急救援作为应急救援的重要组成部分，发挥着至关重要的作用。"招之即来、快速反应"是应对突发事件最安全、最有效的手段，有时甚至是唯一的手段。

以直升机为例，如"米-26"在汶川大地震堰塞湖疏通中发挥的巨大作用一样，直升机在我国地震、水灾、火灾的应急救援中可以做到随时起降、快速到达，可以执行灾情侦察、救灾指挥、救援人员运输和物资运输、受灾受困人员转移，以及大型救援设备的吊运、消防灭火、卫生防疫等各种任务，保证我们国家及人民生命安全。

随着国家经济高速发展,人民对航空救援的需求也相应扩大。按照国际航空通行标准,预计到2030年左右,我国航空救援飞行器的需求量近2000架。截至2019年底,我国通用航空企业已经增加了464家,各种飞行器超过3300架。打牢航空应急救援产业的坚实基础,可为我国社会高水平发展、保障人民利益提供重要支撑。

截至2019年底,我国人均国内生产总值(GDP)达到9915美元,远远高于世界通航产业发展均值标准(6000美元)。我国通航产业的坚实基础,有望成为牵引、推动通航产业自主发展的重要力量和主要动力。

突发事件一般包括自然灾害、事故灾难、公共卫生事件和公共安全事件4个类别,具有突发性、危险性、急迫性、公开性和不确定性5个因素。其中,面对自然灾害,空中应急救援系统主要执行勘测、指挥调度、消防灭火、紧急输送、搜寻救援、特殊吊载装卸和应急救援任务,有3个核心要素。

第一,需要数量巨大、水平先进的航空装备。以美国国内的航空应急救援手段为例,现有飞行器3300架左右,包括直升机2800架左右。

第二,需要强大的技术保障设施。所谓技术保障设施,就是机场设施,一般要求其分布广、密度高。航空救援一般要求在30—60分钟内到达救援现场,以德国为例,其航空应急救援体系的建立目标是覆盖全德国的15分钟内应急救援半径。目前德国航空救援基地约有75个,在有紧急需求时,可在2分钟内起飞,能够在其国土面积98%的范围内做到15分钟的应急响应。

第三,需要强大的应急救援队伍。以美国联邦应急管理局为例,其下辖人员2500名,配有健全的航空应急救援法律法规。一些国家制定了一系列航空应急救援法律法规,主要明确了管理机构、医院、通航产业等参与应急救援的每个组成部分职责与权利的关系，这样可以充分保证高效安全地实施救援。

相对而言，我们国家还存在较多方面的差距，体现在救援装备方面，航空装备只有300架左右，大部分集中在东部地区。装备中的直升机大部分都是从国外进口，国产直升机则只占10%左右。另外，我们国家应急救援机场数量较少，约有530个，密度较低，基本集中于国家的东部地区，西部地区相当少，这相当于我国平均每百万人口只拥有0.75架救援直升机。对比他国，美国可达到38.63架，日本8.06架，俄罗斯2.74架，德国3.61架。

世界航空应急救援体系建设是从20世纪六七十年代开始建立、运营并逐步完善起来的，目前应急救援主要有3种模式：政府直接参与模式，即政府组织军队、国家航空救援队以及非营利组织实施航空应急救援任务，由国家统一调配；政府购买航空救援服务模式，即政府通过一定的形式调动国家、民间的通航产业去支援或完成应急救援任务（所谓一定的形式，即购买或签订长期合同）；通航企业救援模式，即通航企业面向国家、面向个人，采用对方支付的方式进行救援，比如医疗救护等。

总体说来，应急救援在这些模式下表现出几大特点：一是一体化救援机制；二是政府运作为主；三是民间救援队充分参与。国际上先进的应急救援模式是政府主导、民间参与、商业运作，这种组合的模式既保证了应急救援的高效，也最大限度地降低了成本。

我国应急救援起步比较晚，在2008年汶川地震之后才得到社会关注。航空领域的一些专家、学者，包括政府工作人员针对汶川地震暴露的问题和需求开始进行充分调研和研究。自2010年起，我国开始进行航空应急救援体系建设，到目前为止基本形成了国家主导、民间参与的应急救援模式，此模式在我国现阶段应急救援中发挥了巨大作用。

但由于民间通航企业参与较少、发挥的作用有限，其参与时的组织协调关系也很难处理。在2017年九寨沟地震期间，民间通航企业积极调集了几十架直升机，但由于管理制度尚未完善，实际上未能成功进入现场进行应急救援。

在直升机的使用费用问题上，我们也需要进一步完善相关制度。美国航空医疗救援每年运营收入大约在40亿美元以上，这些收入主要有几种来源方式，包括医疗保险和商业保险，其中相当大一部分源于政府资助、社会慈善捐赠以及个人支付。北京曾经派出一架空中ICU（重症监护室）应急救援直升机到美国得克萨斯州紧急救援一名危重病人回到北京，往返费用共计20万元，这对于大部分普通人来说负担较大。医疗救援都靠国家支付，既不现实，也不能长久发展。

总体而言，我国航空应急救援能力和体系建设均相对滞后。作为航空应急救援的一部分，航空应急救援装备是重要的基础。我国应大力扶持自有的航空应急救援产业，发展航空应急救援装备。

中国航空工业集团有限公司（简称"中航"）可以说是我国唯一具备飞行平台、任务系统和综合保障服务"一条龙"式航空救援能力的供应企业，具备成为我国各种航空应急救援完整体系解决方案供应商的基础。

目前我国直升机的系列产品，特别是4个民机产品——2吨的AC311、4吨的AC312、7吨的AC352、13吨的AC313以及正在研制的40吨重型直升机，组成了我国完整且类别齐全的产品线。

在中航的通用飞机类别中，有航空大型飞机"三剑客"之一的AG600水陆两栖飞机，以及运-12、小鹰500和运-5B等经典飞机；海鸥300水陆两用飞机适航取证工作已正式进入收官阶段；AC352刚刚取证；AC2超轻型水上飞机已批量生产。中航具有完整的通用飞机产品体系以及产品生产线，可为我国航空应急救援做出贡献。

在运输机系列上，中航拥有运-7（即"新舟"系列）、运-8、运-9、运-20，起飞重量分别从22吨、61吨、65吨到220吨不等。其中"新舟"系列可容纳60人，目前中航在全球共有260个支线航线运行"新舟"系列，共计飞行超过20万小时，在进行适当改装之后就可以完全应用于我国航空救援里的物资运输、人员运输、巡海等工作。

中航有非常完整的、型号最多的、生产能力最全的、产品性能可靠性最佳的无人机系列，可以为航空应急救援提供各种服务。同时，中航具备各种任务系统，包括救援通信、指挥控制、训练评估等。

在应急救援体系规划、机场建设、飞行员培训等方面，中航旗下的飞龙公司，现已成为森林防护、海上巡检等方面的主力。

为满足国家对航空工业装备特别是直升机的需求，中航组织昌河飞机工业（集团）有限责任公司、哈尔滨飞机工业集团有限责任公司和航空工业直升机设计研究所（602所），以市场需求为牵引、以国家航空应急救援体系需求为目标，开展了一系列直升机产品研发工作：如AC313系列，后续会加快推进换装发动机工作，完成适航取证，投入运营；AC352会加快推进基本型适航取证，于2023年左右完成客户化构型工作，具备进入市场的条件；AC311系列会根据客户需求加改装任务设备，加大针对警用、医疗、农业、森林消防等市场的推广，目标是在2025年前后实现10余架机的市场销售；AC312E系列，后续会做好批次生产工作，重点开发医疗救护型直升机。

2009年，有27位院士针对我国航空应急救援体系的后续发展提出了"规划、机构、队伍、设备、设施、空域"的方针，即加快我国航空应急救援体系总体规划的制定，建立我国航空应急救援集中管控机构，建设我国航空应急救援专业人才队伍，发展我国航空应急救援装备、航空应急救援设施以及开放低空领域。

我曾作为第一提案人在全国政协常委会会议上就"发展我国应急

救援产业"提出建议。

第一，建设习近平新时代中国特色航空应急救援体系，从我国现状和现代化治理需求出发，组建我国分级应急响应机制，由国家统一进行应急救援组织实施。面向我国重大灾害的抢险、重大突发事件的处置、重大搜索任务，由国家统一指挥、调动资源，完成突发事件的处置；针对我国广大地区"发展不均衡、需求不一样"的特性来分别处置：一是针对我国西部、边疆等地区，从森林草原消防等角度，以我国森林救援基地、森林护林站等能力建设为重点，发展以基地为中心的应急救援网络；二是针对我国东部地区人口密集、发展繁荣的区域，针对灾害救援、应急救援、事故急救，以40分钟为半径，建立我国应急救援保障中心网络，使我国应急救援体系能够充分发挥效果。

第二，自主自强，提升我国航空应急救援装备国产化水平。按照国家发展水平和世界通用标准，到2030年，我们国家需要约2000架应急救援航空器。

迄今为止，我国各种民用航空器已有1237架，但只有70架为国产，整体国产比例仅约为5.6%，航空应急救援发展受制于人。因此，我们在此呼吁：

首先，要强化国家在发展航空应急救援装备方面的主导地位。其次，统筹国家航空应急救援产业发展战略，充分发挥央企骨干作用，提升自主保障能力，同时牵引地方企业和各类社会资源，打造国家级的应急救援产业平台。最后，努力提升、重点突破我国航空应急救援装备制造能力，优先发展重载，固定翼内载40吨，直升机内载10吨，远程固定翼4000千米，直升机600千米，高原、高温地区能够起降以及多用途救援飞机平台；同时着力推进智能化、无人化、精准化等关键技术发展，从而为我国加强航空应急救援体系打下坚实的基础。

穿越"热潮"：
无人机的百年历程①

受到人工智能等新技术的影响，各国都正聚焦于新技术的发展、探索和储备，关注无人机的融入体系、应用拓展以及整个产业链的发展，只是目前尚未进行大规模产品研制的投入。同时，随着无人机的广泛应用，无人机的管制和反制将成为一个新兴的产业。

——李屹东

---

① 本文根据"致未来·C-Talk"公益性科技演讲大会第9期内容整理而成，作者为李屹东。

第一章 "航迹"高度：俯瞰时代的馈赠

李屹东，中航（成都）无人机系统股份有限公司副总经理、总设计师，某型无人机总设计师，研究员级高级工程师，中国无人机代表人物之一。长期从事先进无人机研制工作，在飞行器总体气动等方面经验丰富，获得多项成果和表彰。主持研制的某型无人机批量装备国内外用户，经受了高强度实用检验，获得高度评价。

2021年1月6日，航空工业自主研制的人工影响天气无人机"甘霖-Ⅰ"在甘肃金昌成功首飞，成为全球首款大型人工影响天气无人机。图为中航（成都）无人机系统股份有限公司副总经理、总设计师李屹东在金昌工作现场。

无人机是近年来引人瞩目的热议话题，究竟何为无人机？这个问题有许多答案，其含义也各不相同。

　　美国国防部2002年的《军事与相关术语词典》中对无人机是如下定义的："无人机（UAV）是无人航空器（Unmanned Aerial Vehicle）的简称，是一种不载操作人员、用空气动力产生运载工具升力、能够自主或遥控飞行、能够一次使用或回收并且载有杀伤或非杀伤有效载荷的有动力航空器（航空运载工具——大气层飞行器）。弹道或半弹道航空器、巡航导弹和炮弹不被认为是无人机。在很多情况下，遥控航空器、靶机、机器人飞机和无人驾驶航空器也被归入无人机。"

　　我们可以从以下5方面加以理解：第一，无人机利用无线电遥控或者程序指令来进行自主飞行。第二，无人机依据空气动力即通过有机翼升力保持飞行。第三，无人机可重复使用。第四，没有飞行员。目前已经出现了载人的无人机，但他们是乘客，而不是参与操作、控制的飞行员。第五，无人机具备完成指定任务的能力。

这里需要区分两个概念,即"无人机"和"无人机系统"。

无人机,一般是指离开地面升空飞行的部分,主要包括无人机平台和无人机搭载的支持任务完成的任务载荷。无人机系统,是无人机、地面控制设备/系统、数据链路和地面保障设备/协同的统称,俗称"机、站、链"。只有在无人机系统上述部分的支持下,无人机才能稳定地飞行并完成相关任务。

无人机的外延范畴十分广阔,分类非常多,种类丰富,有多种分类方式。我们试图从多个维度对无人机进行分类。

从尺度、规模和飞行范围角度来看,无人机的讨论范畴可能比有人机还宽广。从尺度、规模来看,小的无人机可以是手掌般大小,例如四旋翼无人机,未来还可能出现昆虫般大小的迷你无人机;大的无人机可以与大型客机一样大。从飞行范围来看,无人机飞行高度低至人的周边,高至大气层边沿,即临近空间无人机。至于无人机的速度,可低至悬停在空中,高至高超声速(马赫数 Ma 达到十几)。甚至也有人认为,无人的轨道飞行器 X-37B 也是一种无人机,符合无人机定义的一些特征。

无人机按用途来划分,除军事领域外,在其余领域也有多种形式的应用。在工业、农业、应急部门、环保部门、测绘部门、交通运输部门等行业,都能见到无人机的身影。目前,在电力巡线、石油管道巡线以及农业、植保等领域可用各类型的无人机,来提高其作业效率。目前,应用量最大的微小型个人消费、娱乐、摄影无人机,例如大家熟悉的"大疆"系列无人机,也占据了个人消费无人机的主要市场。

无人机按飞行方式来划分,可以包括传统的固定翼、旋翼、结合固定翼和旋翼的混合飞行器,另外也有把浮空器、空间飞行器等归为无人机的。

按起降方式的不同来划分,则包括跑道滑跑起降、使用弹射器弹射起飞、使用拦阻器拦阻回收、使用旋翼等垂直起降、大飞行空中发射、人力手抛起飞、伞降回收等方式。

丰富的无人机种类促使各行各业出台了不同的管理模式。各国相关管理部门均出台了对无人机的分级标准，以便按不同技术特点进行管理。例如美国根据尺度重量、飞行速度、飞行高度等维度划分出5个级别，进行分类管理。由此可见，不同的无人机具有不同的特征和技术要求，也具有不同的适用场景。

无人机发展至今已走过百年历程。第一架无人机诞生于1917年，由英国制造，此后进入了漫长的早期探索阶段。20世纪三四十年代，无人机主要作为靶机来使用，用于打靶训练。"冷战"时期，随着技术的发展，无人机性能逐渐提升，走向成熟，这个时期无人机的主要用途是环境侦察，例如在越南战争中大量使用的美国"火蜂"无人侦察机。我国的无人机也是从这个时期开始起步的。20世纪80年代，无人机真正引起了世人的重视。在1982年的贝卡谷地之战中，以色列的无人机起到了电子侦察、诱饵佯动的作用，配合战斗机在短时间内大量摧毁了叙利亚的防空系统，引起了各国的高度重视。为此，美国从以色列引进了无人机的相关技术，为无人机在20世纪90年代海湾战争中的扩大应用打下了基础。随着各国加大投入，无人机技术有了快速的成长，2000年以后出现了一批具有更高性能、更广用途的无人机产品，从而给无人机市场带来了空前繁荣。由此可见，无人机的发展是以需求为牵引的。此外，2000年后，随着技术的日新月异和全球供应链的完备，消费级无人机也呈爆发式增长，进入了发展的快车道。

目前，无人机已经得到各国的高度重视，应用于多个领域。

美国在无人机应用领域走在了国际的最前列，几乎覆盖了所有无人机类别，有数百上千架的无人机在侦察情报、信息中继等任务中发挥作用。另外，美国海岸巡逻队、国土安全部等也使用无人机进行边境、海域的巡逻和守护。同时，美国国家航空航天局（NASA）等研究机构也使用无人机进行科学研究、气象探测等活动。

欧洲多国也越来越多地在多领域使用无人机，其大型无人机目前以采购美国、以色列的产品为主，同时更加注重对先进无人机的探索及其商业化应用的拓展。由于严格的适航管理，无人机在欧盟上空的飞行仍受限制，随着无人机适航技术的推进，其使用量正在快速上升。

20世纪80年代，以色列最先关注到无人机具备的巨大潜能，迄今为止已经在无人机多个方向进行全方位的发展，其无人机产品涵盖大、中、小等多种型号，更多是面向多种特殊需求来拓展应用范围。以色列的无人机产品销往全世界多个国家，并在各种场合大量使用，积累了丰富的运作经验。

俄罗斯早些年由于经济、技术等原因，无人机发展较慢。但近年来随着其综合国力的提升和技术的发展，在各类型号无人机的研发以及最先进的无人作战、协同作战等领域都进行了探索。

土耳其是近年来在无人机领域异军突起的一支力量，快速研发和制造了大量大、中、小型无人机，而且通过军贸等方式，取得了丰富的数据与经验。

随着我国综合国力的提升，经过长期的努力，中国的无人机已经站在了世界第一阵营。但在此之前，中国无人机产业跨过了三大阶段。第一阶段自20世纪70年代始，研究主阵地集中在航空院校。第二阶段即21世纪前10年，各大军工集团开始进入无人机领域，这一阶段随着数字电传飞控的发展，数字控制、惯性导航、数字化综合航空电子、数据链通信等技术突破，中国无人机日趋成熟，多个系列的无人机产品陆续推出，逐渐扩大了用途。2010年后，中国无人机进入了第三阶段的"热潮"，除了在传统应用领域的高速发展，特别是消费类的无人机进入爆发式增长，例如"大疆"系列无人机。这意味着无人也能在行业应用以及消费类应用发挥作用，无人机的发展也带动了更多新技术的快速增长。

在中国的众多无人机中，"大疆"系列无人机成为消费级小型无人机的代表。它不但在全球同类无人机市场占据统治地位，而且塑造了同类无人机的产业模式，同时也在军用领域中发挥了全新的作用。在大中型无人机领域中，中国的"彩虹""翼龙"系列无人机成了中国无人机的名片，占据了同类无人机市场的显著地位。例如"翼龙"系列无人机出口多个国家，经受了高强度复杂战场环境的考验，取得大量战果。此外，"翼龙"系列无人机还积极拓展了大型无人机在多个领域的应用。2021年初，推出的翼龙-2人工增雨（雪）型无人机，为人工影响天气作业提供了新质手段。2021年7月，在河南暴雨救灾中，翼龙-2应急救援型无人机发挥了独到作用，引起广泛关注。

总体而言，经历了百年发展，无人机已成为多个领域的新质力量，为这些领域提供了全新的应用模式，无人机已经成功建立了新的产业生态，成为新兴技术的代表之一。

无人机的发展在被广泛关注的同时，其应用也受到了一些制约，人们对无人机提出了更多的希望。例如无人机如何更加安全、可被管理？无人机的使用如何更加智能化？如何减少对操作者的依赖？行业应用的无人机如何更加高效地服务于各项作业？无人机如何更好地融入各领域的运行模式？……

目前，各国都聚焦于无人机新的应用概念和先进技术的探索。总体而言，无人机的发展主要围绕着更丰富的飞行平台、更多样化的应用、更智能的系统、更强大的体系协同能力四大趋势。

第一，更丰富的飞行平台。无人机将更多用于高威胁和更加复杂的环境，同时还要面向多用途、低成本的需求，需要不同档次的适用平台。尤其在民用方面，无人机一方面要求全生命周期的低成本，另一方面也要求面向复杂环境的高可靠、高安全的适航性，要能够融入整体的空域运行。民用无人机既要适应各种场景的不同类型的无人机飞行平台，还要特别关注无人机飞行平台的适航体系建设。因此，必须为未来开发更多的无人机飞行平台技术和更加多样化的无人机飞行平台，这涉及无人机的总体气动、结构强度、动力推进、导航制导、飞行控制、能源管理等。

第二，更多样化的应用。无人机将不仅在侦察、情报、打击、辅助作战等领域继续增强能力，同时还将不断拓展反潜、电子战等新的应用场景。而在民用方面，从科学研究到公共安全、灾害应对、气象服务等领域，无人机需要发挥自身安全性强、长时长、全寿命费用低以及通用性好、使用灵活等方面的优势特点，扩展至更多行业；依托新的传感器、作业设备，数据处理、大数据服务等相关技术领域也将助力无人机的行业应用发展。消费级无人机也将拓展出更加具有吸引力的产业模式，例如"大疆"系列无人机已经将摄像机、视频服务等作为产业发展的新方向，而无人机只是产业的一个平台。

第三，更智能的系统。这里的"智能"可以超脱出原有的飞行概念，一是指将飞行交予更加智能的计算机系统，实现适应复杂场景的智能化飞行；二是指通过更加智能的感知算法，将多种传感器信息进行综合处理，实现无人机对周边环境和战场、目标的智能感知；三是指基于智能感知结果，通过智能、博弈的算法完成复杂场景下的任务规划、规避决策等，实现智能化任务；四是指通过对无人机运行参数的深度挖掘，支持高效的无人机维护活动，实现智能化运维。

第四，更强大的体系协同能力。这一能力更多体现在与各平台的协同，既要融入用户体系，还要与各种应用平台、各个节点以及无人机和蜂群进行结合，更多融入用户的系统，推动无人机服务融入行业运行。例如在电力巡线、管路巡线时，飞行不是目的，为客户提供线路的安全评价才是需要实现的目标,将无人机系统融入其管路维护与监护系统才是关注重点。

为推动和实现上述愿景,各国仍在不断向前探索。其探索主要从3个方向出发:首先,是对现有无人机产品的持续改进,特别是用先进的信息技术、电子技术不断改进,扩展其用途;其次,是对已经有明确目标图像的产品抓紧工程研发,例如美国在加大MQ-25A无人加油机的研制工作;最后,是持续进行新技术、新概念的研究、验证,例如美国加紧推进忠诚僚机、小型蜂群无人机等的研究、验证工作。

随着无人机应用越来越广泛,无人机的反制也引起了高度关注。近几年,经常出现无人机干扰空管系统从而延误航班、耽误乘客行程的事件;而在中东的局部冲突中,廉价无人机数次成功偷袭关键的石油设施,引起全球油价的剧烈波动。无人机反制技术正在迅速发展。

无人机反制可以分成两大类别:第一类,对大中型无人机的反制和管理,因其平台飞行特征与有人机相近,应该与现有的空防体系、空中管制体系融为一体;另一类,对于"低、慢、小"无人机,即低空飞行、慢速飞行、小尺度外形,其主要难点在于发现、感知、确认并制止,这些方面的技术是需要关注和提升的领域。目前各国都在发展一系列小型无人机的发现、识别和反制技术,但目前对"低、慢、小"无人机的反制技术并不充分,尚未探索出一套有效的反制手段。

回望无人机的发展之路,我们经历过一轮基于多种新兴技术的无人机发展高潮,这一轮高潮对于当前社会、经济等领域的发展和变革都具有推动性作用,当前我国无人机仍处于高速发展时期。受到人工智能等新技术的影响,各国都正聚焦于新技术的发展、探索和储备,关注无人机的融入体系、应用拓展以及整个产业链的发展,只是目前尚未进行大规模产品研制的投入。同时,随着无人机的广泛应用,无人机的管制和反制将成为一个新兴的产业。

仰望"天空之境"：
UAM 飞行器与未来城市空中交通[①]

> 业界普遍认为，2035年，自动驾驶汽车或将实现应用；也许航空自动飞行将先于汽车的自动驾驶实现。无论怎样，我们愿朝着这个方向不断努力、迈进。
>
> ——杨志刚

[①] 本文根据"致未来·C-Talk"公益性科技演讲大会第5期内容整理而成，作者为杨志刚。

杨志刚，中国商飞预研总师，同济大学上海地面交通风洞中心主任。美国康奈尔大学机械航空工程与空气动力学专业博士、美国印第安纳大学凯利商学院工商管理硕士。曾任美国NASA高级研究员和项目组负责人，在美国通用汽车公司整车技术中心和通用研究院担任高级分析师和主任工程师。同济大学特聘教授，博士生导师。

UAM飞行器是一款可以实现快速迭代的飞行器产品，通过其架构设计来实现安全性，通过非定制化方法达到低成本，通过软件升级来定义飞机的能力以及飞行器不同研制的阶段。图为杨志刚在"致未来·C-Talk"公益性科技演讲大会上演讲。

改革开放以来，中国经历了人类历史上最为波澜壮阔的城市化进程。据联合国有关数据预计，2050 年，世界发达国家的城市化率将达到 86%，我国的城市化率将超过 71%。在这一过程中，国际上形成了伦敦、巴黎、纽约、东京等全球城市，中国的上海和北京也正在迈向全球城市的路上。

城市化是不变的发展趋势。500 年前，人们多是从安全角度思考城市化；而在过去的 120 年里，中国和西方的城市迅速发展得益于经济的驱动。社会由以农业（第一产业）为主的传统乡村型社会，向以工业（第二产业）和服务业（第三产业）等非农产业为主的现代城市型社会逐渐转变，相关活动都是以城市为主来完成的。

城市化不仅为经济的高速发展提供了有利平台，还满足了人们高质量生活所需的基本要素。你可以在全球城市中结识各个国家的朋友，领略各国文明，在博物馆、音乐厅等文化场所中体验丰富的精神活动，在各类高校、科研院所中增长学识，几乎所有创新的元素都在城市中得以聚集。

同时，城市为居民提供了完备的设施，每一个居住在城市的居民都可以享受到便利的生活条件，城市是未来人类生活的主要场所，城市化发展成为人类发展的趋势。

然而，城市作为生态体也面临挑战，交通拥堵问题是最为严重的挑战之一。在北京、上海、洛杉矶等大城市，人们从家到工作单位的单程通勤时间平均在 1 小时 15 分钟以上，时间消耗较长。就出行方式而言，乘坐公交、地铁、大型商用飞机、游轮属于集体化的形式；骑自行车、开私家车属于个体出行的形式。为了出行更加便捷，人们更喜欢个性化的方式，而开私家车恰恰是今天城市道路拥堵的原因之一，也是亟待解决的世界性难题之一。

我们该如何破解这一难题？发展立体交通是一种比较直观的思路。空客和其他一些企业已经在着手考虑向高空发展。我们在居住方面已经向空中发展，北京、上海的新建筑平均超过 20 层。地铁、高架桥/路等也符合"交通多层级发展"的规划，但如何让空间在出行方面得到更好的利用，仍是我们需要探索的难题。

我们希望有一种飞行器能够运用于城市的空中出行，不仅可以解决通勤和城际之间的交通，还可以为我们的旅游、观光、娱乐等提供各式各样的服务，甚至像自行车、摩托车一样发展成某类竞赛项目或者爱好者娱乐项目。据悉，NASA 联合 FAA 根据个体空中交通出行的相关需求提出了"UAM"（Urban Air Mobility）这一创新性概念，即"城市空中交通"。

UAM 的实际应用场景非常广泛，可作为城市出租车、空中巴士，可用来货运、旅游观光以及运输病人、医生或医疗器械，还可作为城市管理的空中平台。针对其丰富的应用前景，不同的咨询公司得出了不同的预测结论。摩根士丹利的预测较为乐观，认为到 2050 年，UAM 将有约 1.5 万亿美元的市场规模［2021 年，摩根士丹利在一份报告中调整了此前较为激进的预期：将 1.5 万亿美元变为 1 万亿美元，将 2030 年的总可用服务（TAM）从 4500 万美元降为 1200 万美元］，前提是每英里（1 英里 =1.61 千米）的运输成本需要控制在 2 美元左右。

目前全球有 200 多家企业正在开展 UAM 相关研发，试图实现满足市场需求并引领未来市场的产品及服务，但最终能存活下来的企业或许只有 10%。

企业存活的要素有哪些呢？我们可以将 UAM 视为一条产业链，既包括飞行器的研制、维护与维修，也包括空中飞行程序的管理、相关空管部门的介入以及地面相关设施的支持。与传统商用飞机不同，UAM 可以面向企业（To B）也可以面向终端客户（To C），也就意味着 UAM 飞行器的最终使用用户可能是私人使用者，因此相关的人机界面设计也需要考虑在内。对于一台这样的飞行器，除了要满足传统商用飞机所考虑的安全可靠、乘坐舒适、运行高效、绿色环保、成本经济等需求以外，还要考虑其对起飞和着陆有无特殊需求，是否可以在城市的生态环境下自由地飞行；UAM 的操控程序需简单易用，即使用者经过简单的培训即可快速上手使用；作为未来在城市飞行的一款创新飞行器，其在城市上空的噪声也将成为能否商用的关键要素。

自 UAM 概念诞生以来，很多企业都对"理想的 UAM 飞行器"提出了各式各样的方案。电动垂直起降飞行器正在成为国内外轻小型飞行器研发的热点方向，国内外定牌生产（又称原始设备制造，OEM）厂商已有数百家之多。较为著名的企业包括美国的 Joby、Archer、Beta 等，以及欧洲的 Lilium 和巴西的 Eve。其中最出名的是 Joby S4，即一款倾转旋翼垂直起降飞机，可载 5 人（含 1 名飞行员），单次充电的目标航程可达 150 英里（241 千米），速度可达 200 英里 / 小时（321 千米 / 小时）。

我认为，未来最理想、最适用 UAM 的飞行器是 i-eVTOL（intelligence-Electric Vertical Takeoff and Landing），即自主智能电动垂直起降飞行器，亦称作"自主智能飞行器"。

首先，垂直起降是 UAM 飞行器必须具备的能力，在城市日益拥挤的空间内，UAM 飞行器应能随时起降，且在最终降落后的占用面积越小越好，以有效地运用城市空间。除需要特定的 UAM 飞行器乘坐站外，写字楼、公园都可能是 UAM 飞行器未来可行的起降点。在现有的技术框架下，垂直起降意味着飞行器需要一套旋翼系统。虽然现在多旋翼飞行器既可以支持垂直起降，也可以实现平飞，但旋翼飞行模式相较于传统设计的固定翼飞行模式效率低，一般而言使用旋翼模式巡航的能耗是固定翼巡航能耗的 4 倍以上。受限于当前的电池能量密度水平，普遍的纯旋翼 UAM 飞行器单次飞行时间约为 30 分钟，飞行速度和飞行航程均受到了极大限制，在电池能量没有跨越式发展之前，纯旋翼 UAM 飞行器的可应用场景是非常受限的，当然也有一些特殊的场景可以满足需求。在我们的设计理念中，UAM 飞行器除了优秀的垂直起降能力之外，还应具有良好的平飞性能，能够充分发挥固定翼飞行器优秀的巡航能力，同时具备旋翼机的良好起降机动性能。为此，我们正在研究采用复合翼构型和倾转旋翼构型的 UAM 飞行器。这两种构型最大的相似点就是都有传统固定翼飞机所具备的高效气动特性的机身与机翼。当然这两种构型都会导致控制难度增加，尤其是倾转旋翼构型，由于其还增加了倾转机构，飞行控制和机械控制的难度将显著增大，而由于良好的飞行性能，其在技术上也更为先进。这两种构型是当前 UAM 创业公司主流设计的 UAM 飞行器构型。

其次，在动力方面，UAM 飞行器应采用电驱动技术。电力驱动的特点之一是控制灵活：电动机响应快、控制简单，能够满足多变的功率需求。UAM 飞行器在城市上空飞行时，遇到多变场景的概率和频率将远高于商用飞机。因此 UAM 飞行器的空中飞行状态会不断变化，传统的发动机很难满足这一要求。此外，电驱动的转化效率远高于发动机的转化效率，优良的电动机和控制器转化效率通常在 92% 以上，远高于发动机的 45%；电驱动的灵活性还表现在电动机的尺度无关性上，我们可以通过分布式推进技术，将飞机所需的大功率分散到多个小功率电动机上，通过小功率电动机和螺旋桨的组合，打造创新高效的飞机构型。提升飞行效率的同时，还可以降低噪声，这是 UAM 飞行器的核心技术指标之一。除了采用多能源架构的电驱动之外，纯锂电池的特点是可以实现大功率输出，但相对能量密度较小，飞行器的里程会受到制约。燃料电池则正好相反，燃料电池的能源采用氢气，纯氢气的单位热值是航空煤油的 3 倍。35 兆帕和 70 兆帕的高压氢气拥有远高于锂电池的能量密度，但当前燃料电池的功率密度只能做到约 0.8 千瓦/千克，远小于高放电倍率的锂电池。这两种能源的输出特性恰好和我们所提倡的复合翼或者倾转旋翼构型飞机的飞行特性相匹配。UAM 飞行器在起飞和降落时的功率需求大，此时可以利用高功率的锂电池作为其能量来源，在巡航平飞时所需功率小，可采用燃料电池作为其能量来源，两者的优势互补，可创造出"1+1>2"的效果。目前中国商飞已经制订了一套"电－电混合"的能量架构方案，即燃料电池和锂电池混合方案：通过燃料电池令飞机实现长航时飞行，通过锂电池得到较大的瞬时输出功率。当然这个方案的难度也很大，我们不仅要匹配好两者的能量输出特性，如电压电流匹配，在切换过程中的安全性和顺滑性也是我们必须突破的难点。采用"电－电混合"的能量架构，则必须配置一套能量综合管理系统，最大限度提升能量利用效率。此外电动机与电池的匹配性、线缆的配置、能源输出混合的方式都是需要突破的难点。

最后，非常重要的一点是"i-eVTOL"的前缀"i"（intelligence）——智能化。智能化是 UAM 飞行器大规模商业化的前提。UAM 的智能化包含两个维度，即单机智能化和多机智能化。

首先，UAM 的智能化体现在单机智能化。UAM 飞行器的单机智能和我们现在在汽车里所提到的 L4 和 L5 自动驾驶能力相当。UAM 飞行器具备自主飞行能力，可以"一键"完成从 A 点到 B 点的飞行全过程，可以识别飞行过程中的各类风险，并按照我们所设定的规则和程序做出正确的响应；可以应对特定的飞行器故障和问题，做出正确的处理动作，以确保飞行安全。在设计单机智能化功能时，我们考虑到在商用飞机领域里飞行驾驶的理念（人为最终决策者），区别于通航和商用飞机复杂的飞行驾驶过程，因此在现阶段我们虽要求飞行员需要具备驾驶操控 UAM 飞行器的能力，但也尽可能简化 UAM 飞行器的操控方法，确保 UAM 的驾驶者只需通过类似于汽车驾照取证学习的过程，即可以轻松掌握 UAM 的操控。这是 UAM 未来可以商用普及的必要条件，因为 UAM 飞行器如果需要等同于通航飞行员的驾驶资质，那么一次 UAM 商业飞行 70% 的成本将花费在飞行员成本上。这对于 UAM 飞行器每英里成本降至 2 美元的目标，显然是不可能实现的。就像我们假设一个人从北京市区坐出租车到中国商飞北京民用飞机技术研究中心（简称"北研中心"）需花费 150 元，其中约 25% 的费用用于购车和保险、汽油费用，75% 的费用用于驾驶员培养及相关平台维护。想要实现 UAM 大规模的商用，高昂的费用是推广的难点。在单机智能化方面，我们还需具备一项非常重要的功能——紧急着陆。当飞行器发生故障或飞行场景出现风险时，飞行器可以自动寻至安全着陆区域并完成自主着陆，这项功能对于城市飞行尤为重要。因为 UAM 飞行器在城市上空飞行，其风险不仅是对机上乘客，对于地面行人也是同样的，因此可靠安全的紧急着陆功能是 UAM 飞行器必须具备的能力，类比于自动驾驶汽车的 L4 级功能。

其次，UAM 飞行器的智能化还体现在多机智能化。未来城市的上空会有很多的UAM飞行器，正如马路上有许多汽车一样，汽车在地面有红绿灯和标志线道路。飞机在空中则有航路和空中交通管制台。商用飞机数量远少于汽车数量，商用飞机的空中交通管理（ATM）更为严苛，严格按照流量管理，使得商用飞机的空域利用和效率都较低，不能适用于大规模UAM飞行器的管理。因此，UAM飞行器的管理与协同以及如何进行航空规划和飞行避让，成为UAM商业运行的另一个关键。目前可解决的方式是智能网联，NASA和FAA已经开始在无人机上尝试网联管理。UAM的智能网联是基于新一代通信与网络技术（5G、北斗、低轨高通量卫星），通过机载加装先进的传感器与通信设备和地面互联网及WEB管理平台，实现UAM飞行器与飞行器、飞行器与运控中心、飞行器与管制中心、飞机与云、飞机与维护中心、飞机与运行公司的万物互联，支持各类大数据和人工智能应用，所有信息无缝交换、共享。基于云服务架构和WEB互联网管理模式，实现UAM飞行器网联监管与云化服务，降低飞行器运行对地面控制终端的依赖度，消除当前ATM分区域分级管理所带来的低效信息传输影响。利用智能网联所具备的大数据存储与分析能力，通过数据驱动研发多种算法模型，可实现飞行运行优化、状态监控、故障预测，提升运行效能，满足飞行高效、绿色运行要求。智能网联是5G、人工智能、移动智能终端、WEB、先进传感器等新兴技术与UAM飞行过程深度融合的创新技术，将带来空中交通运行体系的深刻变化。智能网联的关键是要建立一张"空—天—地"一体化的互联网，充分利用不同通信技术的能力，按照"空、天、地、端、边、云"来相应地分配任务。中国在网络基础设施建设方面具有独特优势，正因如此，行业一致认为中国很有可能在未来的UAM市场处于世界领先的位置。

不过，i-eVTOL的发展还需要分层级、分阶段地推进。基于运营和不同成熟情况的考虑，我们认为，i-eVTOL将走过一个固定航线或隧道般的运营,在固定航线附近可以有一定的变化,进而自主飞行,直至完全自由地飞行。在此过程中,我们可以根据它所处的环境(乡村的环境、城乡交界处、城市中央区以及受控区的环境等)来考虑如何分配运营。在逐步发展、逐步放开的过程中,一方面,我们可以不断改进飞机和系统,完善其功能以适应更加广阔的场景;另一方面,我们需要确保UAM飞行器的安全,因为每当新事物出现,其安全性总是被格外关注,UAM飞行器如果在行业初期造成过多的飞行事故,对这个行业的发展是致命的。

最后,我想谈谈对UAM飞行器定位的看法。我们可以假想一下把各种产品放到一个谱系的场景:谱系的一端是航天产品,例如我们国家的"天问"系列;谱系的另一端是我们每个人都有一部或以上的智能手机。基于这两种极端,我们需要思考i-eVTOL应该处于谱系中的什么位置?或许它更像一部智能手机,而不是"天问一号"。如此一来,它的设计指导思想将会更多地借鉴相关领域的发展情况。

这是一款可以实现快速迭代的飞行器产品,我们希望通过它的架构设计来实现安全性,通过非定制化方法(购买工业产品)来实现更低的成本,通过软件不断升级的方式来定义飞机的能力以及飞行器不同研制的阶段。如果上述目标能够实现,那它对航空产业而言会具有非常重要的意义。

回顾历史,人类发明了很多交通工具。1886年,德国人奔驰发明了第一辆汽车;1903年,莱特兄弟发明了飞机。而在未来,针对城市交通出行问题的解决,i-eVTOL会是非常重要的组成部分。

业界普遍认为,2035年,自动驾驶汽车或将实现应用;也许航空自动飞行将先于汽车的自动驾驶实现。无论怎样,我们愿朝着这个方向不断努力、迈进。

第二章

Chapter 2

技术高度：
破解百年飞行谜题

美国著名科学家、著名科学工作管理者、"二战"后美国科技创新体系的奠基人范内瓦·布什曾说过这样一段话："一切新产品和新工艺都不是突如其来、自我发育和自我生长起来的，它们皆源自新的科学原理和科学概念。新科学原理和科学概念则必须来自最纯粹科学领域持续不懈的艰难探索。如果一个国家最基础的前沿科学知识依赖他人，其产业进步必然异常缓慢，其产业和世界贸易竞争力必然极其孱弱。"

航空基础技术研究在整个航空产业发展中占据先行性、基础性地位，直接关系到型号性能指标的实现，每一次飞机型号跨越发展的背后都有基础技术的发展和突破作为坚实的支撑。用科学、严谨、准确、可靠的研究成果支撑航空装备的研发与运营，是航空基础技术研究的重要使命。

急流勇进：
湍流与超级计算的百年难题之路[①]

> 无论在工程应用还是在理论方面，湍流都是具有重要意义的研究主题。直接数值模拟是研究湍流的重要工具，它被认为是通向解决湍流这一百年难题的重要路径。直接数值模拟严重依赖于计算资源：一代超算、一代湍流直接数值模拟。
>
> ——李新亮

[①] 本文根据"致未来·C-Talk"公益性科技演讲大会第4期内容整理而成，作者为李新亮。

李新亮，中国科学院力学研究所高温气体动力学国家重点实验室研究员。担任中国空气动力学会理事、物理气体动力学专业委员会副主任委员，中国力学学会流体力学专业委员会委员、计算流体力学专业组长，《计算机和流体》（Computers & Fluids）杂志副主编，《空气动力学报》及《计算物理》杂志编委等职。主要从事湍流高精度计算、计算流体力学以及大规模并行计算研究。

科研工作者利用超级计算机"神威·太湖之光"实现了三维机翼百亿网格级湍流高分辨模拟。图为李新亮在国家超级计算无锡中心留影。

湍流研究是一个百年理论难题，19世纪雷诺通过实验开展湍流研究，距今已有近140年。量子力学主要创始人之一海森堡曾说，当他见到"上帝"时会问两个问题，一个问题关于相对论，另一个则关于湍流。他相信"上帝"会给出第一个问题的答案，但恐怕很难给出后者的答案。同为诺贝尔物理学奖得主的费曼也曾表示，湍流是物理界最后一个尚未解决的理论难题，甚至是科学史上罕见的难题。湍流问题一旦解决，必将大幅促进数学、物理的研究水平。

究竟什么是湍流？我们通常将湍流描述为：当雷诺数高到一定的程度时所呈现出复杂的、非定常的、多尺度的流动状态。湍流是一种非常复杂的流体流动状态，广泛存在于航空航天、工业生产与自然界。大型飞机、导弹、火箭的表面和发动机内的流动基本上以湍流状态而存在，河流、海洋、大气以及宇宙空间内的流动，也通常表现为湍流状态。但这些表述是模糊的，这种多尺度、非线性、非定常的复杂流动，至今尚未有严格、明确的数学定义。

湍流的控制方程是一个非线性的偏微分方程组。如果湍流问题得到解决，偏微分方程的存在性、唯一性、解的特性等问题必将得到深入的认识，这会带来重大的数学理论进展。

更为关键的是，湍流研究具有极为重要的实际应用价值。大飞机空气动力学经常需要考虑减阻降噪的问题。飞机在空中飞行时，所受到的大部分阻力来自其与空气之间的摩擦阻力，而流动从层流转变成湍流以后，摩擦阻力将大幅提高，单位面积的摩擦阻力会扩大至原先的数倍。如果研究者对湍流的流动机理有更深入的认识，就可以对湍流进行控制，进而大幅降低湍流阻力，大幅提高飞机的燃油经济性。此外，飞机的相当一部分噪声来自空气的湍流噪声，如果我们能对湍流有更加准确的认识，必将在降噪问题上取得突破。

高超声速的航天飞行器涉及气动热问题，流动和空气的摩擦会产生非常剧烈的气动加热。如果处于层流，气动热比较低；如果达到湍流，单位面积的气动加热会急剧升高为原先的数倍。所以航天空气动力学领域非常关注转捩①的预测，如果我们能够对转捩进行精确的预测——飞行器飞行时的哪些部分是层流、哪些部分是湍流，就可以更有针对性地进行热防护的设计，大大降低热防护的重量。

NASA曾通过大量的飞行试验绘制出一个数据表格，以马赫数为横轴，以转捩的位置、转捩雷诺数为纵轴，表中的每一个测点都是通过一发飞行试验测出来的。一发飞行试验很昂贵，需要花费几千万甚至上亿美元，可见空气动力学对此领域的重视。现在的新型高超声速飞行器对湍流和转捩也都更为关注。超燃冲压飞行器会遇到激波边界层干扰的问题，激波打在边界层上，会形成大的分离涡。怎么克服分离

---

① 转捩，流体力学名词，即从层流到湍流的过渡，表征一种流动现象，英文为transition。转捩点的计算和预估是设计飞行器的关键前提。——作者注

涡，防止出现气动阻塞？利用湍流就是一个解决办法。

更为关键的是超燃冲压发动机内部的燃烧问题，气流以超声速吹过发动机，滞留时间很短，通常为毫秒量级。在毫秒量级的时间内，燃料必须喷注进发动机里实现雾化、蒸发并与空气混合，利用湍流能够有效地提高混合的效率。

气动光学问题也与湍流有关。目标红外线或可见光要穿过飞行器的气动舷窗，才能被内部的镜头探测到。由于湍流脉动密度剧烈变化，光线的折射率也会随之剧烈变化，一旦光线穿过气动舷窗外面的湍流边界层，就会产生偏折、抖动、模糊等现象，成像质量非常差。如果我们对飞行器外舷窗周围的湍流特性有深入了解，就可以有效地反演，形成更清晰的图像，或者控制湍流以减弱气动光学现象。

此外，湍流也是计算流体力学中的重要模型之一。湍流模型和网格、数值方法都影响着流体力学流动问题的计算结果。只是相较于后两者，湍流模型的发展仍难以完全满足工程需求，目前很难找到一个完美的、普适的湍流模型，我们还需要为之进一步努力探索。

总而言之，湍流是航空航天领域尤为关注的空气动力学问题之一，具有极为重要的理论意义与实际应用价值。理论、实验和数值计算，是研究湍流的主要手段。其中数值模拟通常分为以下 3 类：

第一类方法是雷诺平均方法，它是工程上常用的方法。湍流的复杂程度之高、旋涡尺度之混乱，使得模拟起来难度很大。雷诺平均方法可以求解长时间平均后的湍流场，原先复杂的流动变得"光滑"了许多。但是平均后多出的雷诺应力给数学建模带来了挑战，目前学界尚未建立出一个完美的湍流模型，这也是我们面临的巨大挑战之一。

第二类方法是大涡模拟。大涡模拟是指对流动进行滤波处理，过滤掉小尺度的物理量，只保留大尺度的物理量，从而对其进行求解。在这一过程中，小尺度量对大尺度量的影响，可以通过模型体现出来。

第三类方法是直接数值模拟（DNS，见图2.1）。这种方法不需要对湍流建立任何新的模型，而是直接求解流动本身的控制方程——纳维-斯托克斯方程组（Navier-Stokes equations），用最密集的网格，分辨出多尺度、非定常的湍流中所有尺度的流场，具有非常好的普适性，计算的可靠度和流场的分辨率都是最高的。直接数值模拟不仅是研究湍流机理、进行湍流模型研究、进行湍流流动控制的一种非常有效的手段。此外，直接数值模拟还具有另外一个重要的使命——我们认为它是通向解决湍流这个百年难题的一条重要途径。除了寻求数学上的精确解、构造完美的湍流模型之外，我们还可以通过高分辨率的计算，来公开湍流所有的尺度细节，探寻湍流的终极"秘密"。

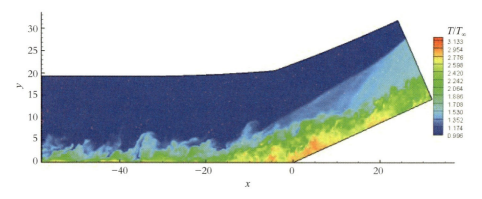

图2.1　激波/边界层干扰DNS图像

　　不过，也正因为这种计算量之大，进行直接数值模拟同样并非易事。对于飞行器湍流，其直接数值模拟网格分辨率需达到微米量级，可想而知，其网格数目将是一个天文数字。美国的流体力学家斯帕拉特（P. Spalart）在21世纪初进行了估算，按照当时计算机的摩尔定律发展，若对整架飞机进行直接数值模拟，要到2080年才能够完成计算。当然，如今的直接数值模拟技术以及大型计算机的发展速度，都已经超出了他的估算，因此对整架飞机的直接数值模拟会比他预测的更早实现。尽管对于整架飞机的直接数值模拟还有较大实现难度，但对于部件级的直接数值模拟，现在已经成功地在湍流研究中发挥了重要作用。

计算机的快速发展伴随了湍流模拟的一路进步。1997年，作者用当时国家计算速度最快的机器之一——Power Challenge（每秒可以进行 10 亿次计算）进行了一个槽道流动的直接数值模拟。流体从两块平板中间的槽道中流过形成湍流，这个看似简单的算例，是直接数值模拟最经典、也是最早的范例之一。20 多年来，计算机的性能得到了突飞猛进的"亿倍"发展，湍流模拟的规模也从毫米量级左右扩大到了更大的范围（见图 2.2）。

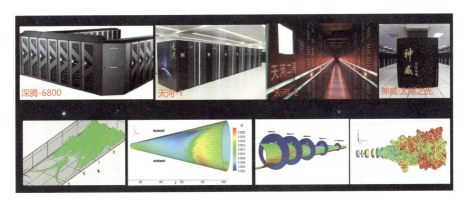

图 2.2　作者使用超级计算机进行的直接数值模拟算例

我们开发出了一套高精度的 OpenCFD 开源程序，除了常规 CPU（中央处理器）系统，这一程序在图形处理器（GPU）、众核等系统上也能很好地发挥性能。它还具有较好的并行可扩展性，在 24 万纯 CPU 核，以及接近 400 万个核的异构众核系统上进行过超大规模的并行计算。

2000 年，我国开始发展并行计算的集群（cluster）。中国科学院数学与系统科学研究院的张林波研究员建立了我国第 1 个 PC cluster（个人计算机集群），通过若干 PC 机上的局域网串连成一个大机器，现在主要的并行机都是以那个时代发展起来的 cluster 构架为基础。彼时我在清华大学任博士后，也建过 1 台 cluster（见图 2.3），可达到每秒百亿次，可以进行一个厘米量级小立方体内湍流的直接数值模拟。这是一种最简单的理想化湍流——各向同性湍流，是研究湍流深层次机理的一类典型模型。当流动离壁面足够远时，流动接近各向同性湍流，我们可以用最密的网格对其进行分辨，进而研究更深层次的能谱、标度律、拟序结构等机理。

图 2.3　李新亮建立的个人计算机集群（PC Cluster）

2000 年后，我国的"神威 1"计算机系统正式向社会开放，峰值运算速度为每秒 3840 亿次，可以计算千万级的网格、厘米级的槽道宽度，它标志着我国继美国、日本之后成为世界上第 3 个具备研制高性能计算机能力的国家。

2002—2005 年，我国研发了每秒可达万亿次计算量级的联想"深腾 6800"超级计算机，并提出了"网格计算"这一新概念，也就是将我国建立的若干个超算中心作为全国超算网格的若干节点进行统合。

网格计算实际上就是如今云计算的雏形。作者在该计算机上进行了平板湍流的直接数值模拟，流体流过一个十几厘米的平板形成了边界层，并逐渐转变成湍流，这个看似简单的模型实际上就是飞行器大范围平直段的模型。无论是弯曲的还是平直的飞行器，在平直段边界层内的流动都可以用这样尺度的平板进行直接数值模拟，基本上贴近工业应用领域的尺度。通过平板湍流涡结构的模拟，我们对湍流的机理和湍流涡的生成演化都有了更深入的认识：起初平直的旋涡因为受到湍流里无处不在的三维扰动而开始局部变形，形成弯曲的涡结构，并且会以自身作为诱导，生成更多弯曲的涡；涡从壁面上飘起来后受到边界层外层高速流体的冲刷，进而被拉伸，得到加强，因此在其下游诱导出一系列新的涡团并形成"湍流斑"，进而产生一大片湍流。如果拿一个放大镜来观察这个复杂湍流里的小尺度旋涡，就会发现它的运动形态和层流里旋涡的运动形态规律是相同的。所以，如果我们能够认识湍流里旋涡的运动规律，也就可以大幅提升我们对湍流的理解。目前，国家自然科学基金委员会已经设立相关重大研究计划，重点研究湍流里的湍流结构及其生成演化机理。

2005—2008 年，我国超级计算机取得了飞速发展，研发出了每秒 10 万亿次运算速度的"曙光 4000A"。作者在该系统上尝试进行了高超声速钝锥转捩的直接数值模拟。钝锥是高速飞行器的典型头部模型，呈现为锥体，飞行器在空中飞行时，边界层会经历从层流转捩到湍流的过程，这是空气动力学领域重点关注的主题。作者进行了这一过程的直接数值模拟，这也是国际上最早进行的钝锥体高超声速转捩的直接数值模拟。但是受制于计算能力，这次模拟只算出了锥表面 1 个 45 度角小窗口周围的流场，计算了近一亿个网格。

2009—2012 年，我国建立了每秒百万亿次计算的"深腾 7000"，在该系统上作者进行了完整钝锥的直接数值模拟。模拟的锥长达一米，直接数值模拟的网格达到 4 亿—5 亿量级，获得了整个锥体边界层内层流转捩到湍流的全部流动细节。

随后，我国又研制出了性能更高的中国首台千万亿次超级计算机"天河一号"，可以模拟更复杂的流动现象。作者在该系统上进行了压缩折角激波／边界层干扰的直接数值模拟。激波／边界层干扰是飞行器及发动机的关键空气动力学问题，该模拟为研究激波／边界层干扰中的关键流动结构及非定常机理提供了重要数据。除了这些数值模拟，在"天河一号"上还实现了湍流控制的模拟。为了抑制湍流，我们在平板的右侧布上若干条纹，风吹过平板的条纹区域时，湍流就会被抑制，旋涡只发生在平板的光滑区域，从而实现大幅减阻。

从"天河一号"开始，中国的超级计算机已经在世界处于领先位置。"天河一号"位列 2010 年全球超级计算机第一名，"天河二号"成为 2013 年全球最快超级计算机。后者性能更高，可以探测更加复杂的旋涡结构，例如了解燃烧的流动：当一个圆孔喷出超声速的氢气来点燃周围的流场时，对于它的化学反应产物、水的分布、温度的分布以及旋涡的动态结构等（见图 2.4），我们都可以通过"天河二号"的精

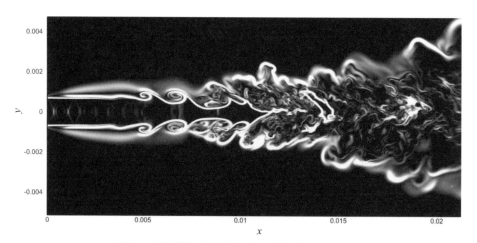

图 2.4　射流燃烧形成的精细流场结构（数值纹影图）

细模拟来进一步认识。随后,"神威·太湖之光"超级计算机更是达到了 10 亿亿次级的性能,排在当时的世界第一位。利用"神威·太湖之光",我国首次实现了百亿网格级的机翼湍流数值模拟,将复杂的结构分辨得非常详细。

无论在工程应用还是在理论方面,湍流都是具有重要意义的研究主题。直接数值模拟是研究湍流的重要工具,它被认为是通向解决湍流这一百年难题的重要路径。直接数值模拟严重依赖于计算资源:一代超算、一代湍流直接数值模拟。面对湍流研究的百年难题,相信我国的研究团队会急流勇进,再攀高峰。

高效飞行：
超临界机翼优化设计[1]

让"机器人"参与调控，是对"人在回路"的一个"升级"。我们是否可以设计出一个机器人，让它来代替设计师参与计算机循环执行的优化工作？机器人是否可以在这一优化循环过程中观察研判流场结构，像人一样改进设计，抑或我们是否可以尝试让优化设计拟人？

——陈海昕

---

[1] 本文根据"致未来·C-Talk"公益性科技演讲大会第4期内容整理而成，作者为陈海昕。

陈海昕，清华大学航天航空学院教授，担任美国机械工程师协会（ASME）《燃气轮机与动力工程杂志》(Journal of Engineering for Gas Turbine and Power) 副主编，《中国航空杂志》(Chinese Journal of Aeronautics) 和《航空学报》编委。美国航空航天学会（AIAA）副会士、进气道喷管推进系统集成（INPSI）技术委员会委员、美国机械工程师协会（ASME）会员。他参与主持自然科学基金等多项科学研究项目，并参与或主持了与通用电气、空客、西门子等企业的国际合作。

陈海昕利用航模给学生讲解空气动力学和飞行原理。作为清华大学航天航空学院的一名教师，他喜欢将深奥的理论形象生动地向学生传递。

飞机在空中飞行时需要维持和空气的相对运动速度，使机翼产生升力，从而平衡重力，保持飞行状态。维持飞行速度需要动力，需要发动机消耗燃油来产生推力克服阻力。这就要求我们在进行空气动力学设计时，既要产生足够的升力，又要让阻力足够小，这样才能减少耗油量，提升飞机的经济性。

飞机在飞行过程中会受到许多来自空气的复杂干扰，例如因黏性作用产生的摩擦力、翼尖和翼面产生的旋涡所造成的诱导阻力以及分离产生的分离阻力等。一架飞机如果能够减掉百分之一甚至百分之零点几的阻力，可以带来多大的效益呢？我曾经在一次访问时听过一位空气动力学设计师的报告，他说如果有人能够把阻力减掉7个阻力单位（count），就是一个很了不起的贡献。因为飞机经过这么多年的发展、打磨，其所受阻力早已减无可减，这7个"count"确实已经非常难得。

现在的客机大部分都在跨声速飞行的速度范围内工作。当飞行速度接近声速，比如马赫数为

0.8—0.9时飞机就处于跨声速飞行状态。当飞行速度逐渐加快到某一马赫数（称为"临界马赫数"）时，虽然还没有达到声速，但是机翼表面的某些部分的气流速度已经超过了声速，这是因为飞机产生升力的原理是要利用机翼使它上表面的气流加速，这一加速就有可能在局部造成一些超声速区。

如果气流速度超过声速会发生什么呢？简单地说，超过声速时，空气中就会形成激波。然而由于飞机本身没有达到超声速，激波会附着在机翼的上表面，与附面层发生"激波/附面层相互干扰"现象。这种干扰可能导致附面层分离（见图2.5），而附面层的分离又会使激波变得更强，从而使跨声速的机翼出现一种"阻力发散"现象，即阻力在飞行达到某一马赫数时，阻力会突然增高，因此这一马赫数被称为"阻力发散马赫数"。阻力发散与"声障"密切相关，使飞机很难再加速，在航空史上还造成过许多重大事故，阻碍了人们超越声速的进程。

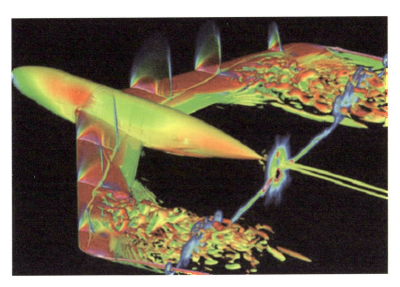

图 2.5 跨声速流场中的激波及激波诱导的附面层分离

激波的威力不容小觑。当飞机"扛着"激波在空气中飞行时，仿佛身处一个"携光带电"的场景，空气在飞机的周围形成很复杂的波系，甚至对下方的水面都可以施加很强烈的扰动。足以见得，激波会为飞机带来多么严重的阻力，这就需要我们在进行飞机设计的时候尽量避免激波的出现或其不利的影响。实际上，对于客机，推迟激波出现是可以实现的。如果想避免激波出现且保持高速飞行，就需要尽量减少气流加速，例如增大机翼的后掠角、减小机翼的厚度或者把机翼的头部半径减小，都可以起到一定的效果。

早期的飞机设计也用到了这些办法，但是付出的代价很大。如果减小厚度，机翼的结构就会更重，因为结构的受力状况不好，要用更多的材料去抵抗受力。机翼里要容纳燃油和各种管路设备，如果机翼太薄，这些设备就更难安装。机翼的后掠角若太大，也会带来很多问题，如机翼的翼尖容易失速。如果单侧翼尖失速而失去升力，飞机就会骤然失去平衡，导致事故的发生。

如果不采用增大后掠角的方法，还有其他更好的办法吗？经过大量的研究，人们从20世纪30年代开始提出相关概念，50年代形成了关于"超临界机翼"的设想，直至20世纪70年代才将其用在飞机上。这是一种为提高阻力发散马赫数而采取的特殊翼型，能够使机翼在接近声速时阻力剧增现象推迟发生，采用了一种"超临界翼型"的剖面形状（见图2.6）。前文提到，在飞机表面开始出现超声速区时的来流马赫数叫作临界马赫数，此后飞机进入超临界状态。而超临界翼型的作用就是让飞机在出现超声速区、出现激波之后仍然距离阻力发散马赫数有较大的裕度，能够保持较小阻力，从而维持高效的巡航飞行。波音747飞机在1969年首飞时没有采用超临界翼型，2010年波音则对其进行了改型，研制的波音747-8机型换用了超临界翼型（见图2.7）。

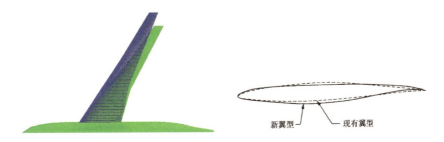

图 2.6　增大后掠角以降低激波阻力会带来很大代价,超临界翼型可有效解决

图 2.7　波音 747 及其改进型波音 747-8

超临界翼型就是让飞机"扛着"激波高效飞行,既允许激波的存在,又降低激波的阻力。超临界翼型是如何实现这一特性的?与普通翼型相比,超临界翼型拉长了激波从出现到变强的过程,也就是推迟阻力剧增现象的发生,这样飞机可以在较大范围内选择飞行工况,从而获得较高的速度、较小的阻力和稳定的性能。

设计超临界翼型时首要考虑的是稳定性和鲁棒性,这涉及许多方面(见图 2.8)。例如:升力稳定性,要拓宽可用攻角的范围;速度稳定性,要改善阻力随马赫数变化的稳定性;力矩特性,要考虑阻力、力矩、尾翼配平等。与此同时,还要考虑许多实际问题,例如:如果低速特性不好,高速巡航的效率很高;但是低速起降时,驾驶员不小心一拉杆就可能导致飞机失速。因此还要照顾低速的特性。此外,厚度要足够大,要考虑结构的容积和增升装置有没有地方安装布置;要考虑气动弹性和容冰问题,一旦飞机结冰,如果防除冰设备失效,飞机会不会很不安全;要考虑噪声问题;还要考虑一些新技术的采用,例如若引入湍流抑制技术,摩阻就会降低,飞机该如何设计才能充分利用这个改进……

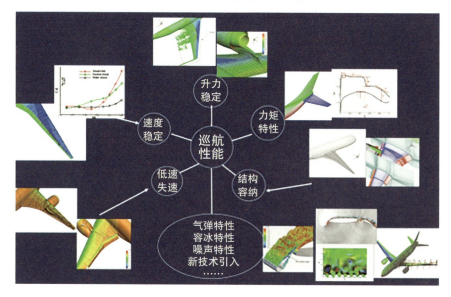

图 2.8　超临界机翼的综合性能

设计一个机翼需要考虑如此多方面，激波又非常敏感且不稳定，一旦处理不慎，设计可能就会宣告失败。俗话说："凡遇纠结，优化解决。"在有优化设计之前，设计师的工作实际上是在执行一个循环：首先，设计师用计算流体力学（CFD）方法生成一个网格，针对现有基础外型进行计算，判断升力、阻力、力矩是否合适；如果不合适，设计师会说"哪不合适？根据我的经验，我觉得这应该削薄一点，那应该加厚一点"；然后，在产生一个新的构型以后，再借助计算流体力学方法分析改进是否有效果；如果效果依旧不好，就继续去改进……这样的过程称为手动的"修型设计"。但是如果要同时面对很多设计点、设计约束和设计目标，考虑各种问题，人的能力就会碰到瓶颈和天花板，因此必须借助先进的数学工具，比如寻优算法。

如果用一个优化算法取代设计师，上述循环就成了所谓的优化设计。寻优算法有很多种，有进化类和梯度类之分。总体上，梯度类算法非常快，进化类算法相对更慢一些，但是后者号称"启发式算法"，全局寻优能力比较强，实现多目标、多约束的能力也相对更强。

优化算法也有其局限性。优化算法经常本身无法设定具体设计过程中的许多约束和目标，除非它们能被表达为数学形式。但很多情况下，约束和目标只可意会，无法进行量化和数学化表达，这时优化算法就没有办法实现设计师的想法。

另外，优化设计与设计师的思路和习惯也有很大差异。优化设计是一个完全自动的过程，虽然速度快，但也经常产生一些令人哭笑不得的结果。设想一下，假如优化设计返回的结果是一副像土豆片一样的机翼，并且告诉设计师"不好意思，这已经是升阻比最高、性能最好的结果了"，设计师该如何面对这种情况呢？

回顾我们以往的设计过程，依靠 CFD 方法进行手动修型十分困难，因此必须进行优化设计。我们将优化设计需要解决的矛盾依次罗列出来，并经过长期大量艰苦卓绝的工作一条条加以解决，使优化设计能够获得工程实用性。例如：某总师系统提出的目标是突出巡航特性、重视鲁棒性、重视设计的稳定性；要求机翼设计较同类飞机减阻 2%，最终通过风洞试验、试飞，满足预期的目标。为此，我们提出了"人在回路"和"压力分布形态约束"等办法和手段。

"人在回路"是指，当优化算法无法满足设计需求时，可以部分借助人的力量，通过人来干预优化设计以及由人来选择最终的结果等。这就好比：当人们发现一个遗传种群里有一些明显不对的样本时，与其继续花费不必要的时间计算下去，不如及时止损；面对一颗实在没有任何优势和希望的杂交水稻种苗，可以选择拔掉。同理，如果某一位设计师手动修型出来的方案非常出色，我们可以把它引入种群，让它所携带的"基因"影响种群的发展（见图 2.9）。这就是"人在回路"的干预作用。

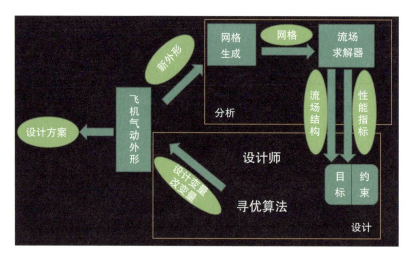

图 2.9　设计师和寻优算法协同工作的"人在回路"设计

"人在回路"的优势还体现在,不以量化的数字为唯一指标。例如压力分布(见图 2.10)是一种流动的结构表征,计算机很难"看懂"压力分布的好坏,而设计师能够看懂压力分布,就能够在设计循环里帮助优化设计。同理,设计师还可以看懂其他流场结构,确认涡、分离、激波的位置,判断压力恢复的速度和前缘峰值是否合理等。人可以通过调控上述流场结构来改变设计进程和结果,这就使得优化设计不但要去优化指标,还要改善流动结构。实际上,很多战斗机的设计工作都是调整流动结构,例如调整旋涡,以防它打到垂尾上等。

图 2.10　压力分布形态是综合性能的物理承载

优化压力分布，是设计超临界机翼的根本出发点。激波让压力恢复变得更轻松和从容。如果想让机翼表面有更多的层流区域，减少湍流造成的摩擦阻力，那么可以控制压力分布，如控制吸力平台的压力梯度，让它保持顺压，从而使层流保持得更长。但同时也要注意，当顺压梯度太大，激波会变得很强，激波阻力也会相应增加。为了寻找一个合适的梯度，设计师始终在纠结、妥协与调整，优化算法"看不懂"的压力分布，恰恰是设计师尤为重视的东西。我们应该把压力分布作为优化设计的一个抓手，通过研判、控制（或调控）压力分布来获得满意的设计。并且，我们不能只凭数字指标来判断是否满意，还需要让压力分布达到最为合理。要知道一个带有弱激波的压力分布，恰恰是超临界机翼的核心本质。

让"机器人"参与调控，是对"人在回路"的一个"升级"。我们是否可以设计出一个机器人，让它来代替设计师参与计算机循环执行的优化工作（见图2.11）？机器人是否可以在这一优化循环过程中观察研判流场结构，像人一样改进设计，抑或我们是否可以尝试让优化设计拟人？

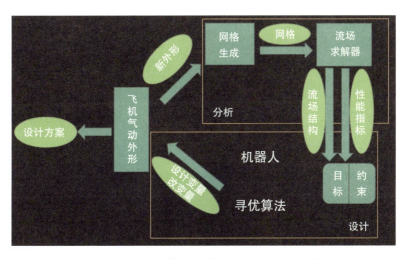

图2.11 让人工智能取代设计师的"拟人"设计方法

基于这些创新的构想，我们迈出了属于"攀登者"的第一步。首先，我们提出了一种优化的算法，用所有算过的样本，形成一个响应面。以前的进化类优化算法只是从上一代走到下一代，上一代的结果到下一代基本就不会再用了；而响应面可以理解为一个数据库，等到进行下一步设计时，可以从这个数据库里寻找有可能出现更优秀样本的地方，建议优化算法分析该样本来进行自主探索，从而加速设计循环。

如果想调控流动分布，在设计当中采用的办法是"约束"，也可以理解为"惩罚"：如果激波偏后，就把这个样本去掉；如果吸力峰值太高，就降低它的遗传概率……但在任何事物的管理中，只有惩罚是行不通的，因此，我们尝试了另一种方法："奖励"。例如在已有的种群里面进行观察，如果发现某一个样本有激波位置靠后的基因，满足期望，即使该样本的阻力可能"一塌糊涂"，我们也愿意将其权重加大，放大该样本的遗传可能性。就这样，经过几轮的调节和优化，我们真的获得了满意的设计方案，无论是激波位置，还是升阻比、稳定性等，都满足了要求。

虽然我们最终只会选择一个方案，但我们可以从设计过程产生的大量样本中发现诸多规律。例如激波的强弱对应着激波前后的压差，但是这个强弱具体意味着多大的阻力，有没有一个定量的算法？教科书上的算法都是针对无黏流的，而实际世界都是有黏流的。我们基于优化过程中产生的大量样本，最后归结出了一个用激波强度预测阻力的公式。另外，超临界翼型会发生抖振现象，当升力达到某一个值时，会出现局部的分离，称为初始分离。这个分离什么时候出现，在什么位置出现？经研究发现，不管波前马赫数是多少、设计点激波位置在哪里、设计点的激波强度如何，当改变攻角出现抖振的时候，波前马赫数都在 1.28 左右（见图 2.12）。这都是我们基于大量样本发现规律的事例。我们认为我们的研究更加可信和普适，因为样本更加充分合理。

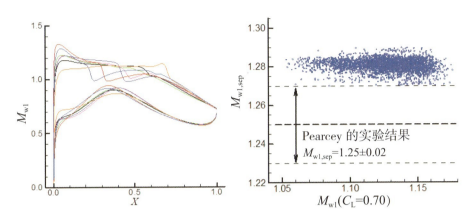

图2.12　统计研究发现初始分离与波前马赫数的规律

如果希望这个结论对任何激波位置都是普适的，那就要产生足够多的激波位置去进行分析和检验，即需要设计出有不同激波位置的机翼，然后再去分析要研究的问题。有人说，如果要训练"机器人"，就要让它"带着问题"来学习，还要控制给它的样本，令其产生你需要的、合理的、充分的、完备的样本。

近年来深度学习蓬勃发展，然而到目前为止学习到的主要是统计规律、数学规律，而不是物理规律。但是统计规律未必不能用来指导设计。我们用深度学习，以和人脸识别相同的思路去分析流场形态，分析速度分布、马赫数分布、压力分布等与性能指标的关联，将流场形态降维分解成40多个"基"，然后针对它们进行优化。如此一来，设计不再是改变机翼表面几何控制点坐标，而是改变这些"基"。因此，工作量大大缩减；优化的结果也更加光滑，性能比单纯用寻优算法得到的结果更优。不过我们并不是深度学习或者人工智能的专家，还需要进一步学习和工作。

飞行员如果在操纵飞机时让操纵杆和机械手联动，在机械手后端对一个计算机程序进行训练，那么该程序就会学会操纵飞机。这种类似于"手把手"的知识传输方式，就是强化学习。同理，我们让一个有经验的学生通过调整修型曲线来优化一个翼型，并让强化学习程序记录这一全过程，最后发现强化学习优化的翼型与学生做出来的风格极为相似。

一言以蔽之，我们想实现优化设计的拟人化，因为我们不想舍弃设计师在设计过程中形成的经验、想法和他们学习到的知识，我们希望能将这些宝贵的东西通过机器人模拟出来。在传统设计的基础上，通过压力分布形态约束与引导，引入对流场结构的优化，从而充分利用设计师的经验。借助深度学习、强化学习实现上述思路，从而形成这种"拟人"的气动优化设计方法。

超临界机翼作为一种重要的机翼类型，是现代民用飞机设计实践和智慧的结晶。设计超临界机翼，不能只追求它的升阻比或设计点效率，还要考虑其鲁棒性、稳定性及其与诸多学科的协调和包容性。参与这一过程，我们所形成的认识是：要关注流场的结构，特别是压力分布等；要引入人的经验和知识。希望我们能够成功发展出这种拟人的优化设计方法，降低设计师的负担，使我国的飞机设计获得更长足的进步。

履霜知冰：
做攻克结冰安全技术的领路人[①]

> 随着公众对安全水平的要求和飞机系统设计复杂程度的提升，飞机研制成本也会随之"水涨船高"。飞机总体设计需在飞机的安全性和系统复杂性中间取得综合平衡，这也是未来研究的重点方向。
>
> ——赵克良

---

① 本文根据"致未来·C-Talk"公益性科技演讲大会第 6 期内容整理而成，作者为赵克良。

赵克良，中国商用飞机有限责任公司ARJ21-700型号副总设计师、大型客机副总设计师、研究员。在30多年的航空科研工作中，先后参加ARJ21、大型客机等多个主要型号飞机的研制工作，具有丰富的飞机设计经验。曾荣获国家科技进步一等奖以及多项科技成果奖，享受国务院政府特殊津贴专家、上海市劳动模范和上海市领军人才。

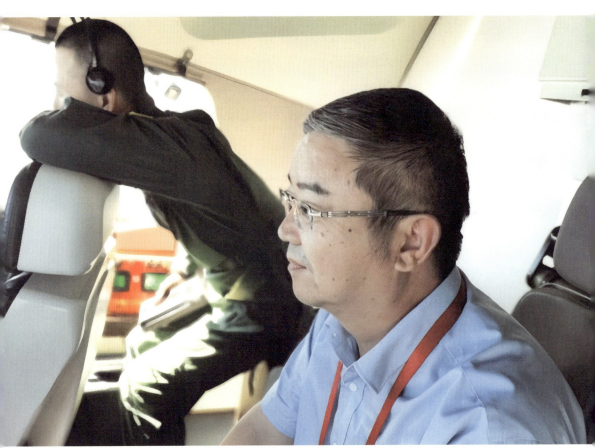

国产大型客机在西安地区成功完成了符合FAR-25部121修正案（简称"121修正案"）的自然结冰飞行演示，这是首次由中国机组驾驶着中国人设计的大型客机，按照中国人预测的结冰条件，在中国的领空内完成的满足全球标准的自然结冰试飞。图为赵克良在飞机机舱内。

第二章 技术高度：破解百年飞行谜题

美丽的水滴，这样一个小精灵是如何变成冰的？结成冰后对飞行有什么影响？飞机设计如何保证飞行安全？

100多年前，美国物理化学家约西亚·吉布斯等人提出了结冰成核相变经典理论，但随后始终没有人用实验来证明该理论的正确性。中国科学家于2019年12月19日在英国的《自然》（*Nature*）科学期刊上发表了研究论文，用实验揭示了结冰成核理论的正确性。

飞机在空中飞行，会在迎风面感知到来流。来流中如果有过冷水滴，在迎风面上就会出现结冰，比如机翼、发动机（发动机唇口、发动机的风扇叶片）、机头各种传感器以及机头其他部件都有可能结冰。

根据1982—2000年间的统计，在所有气象导致的不安全飞行事件里，结冰导致的不安全事件占12%，其中：地面防（除）冰工作占8%；发动机唇口结冰占52%；机体结冰占40%。再细化统计，按中国民航规章体系的CCAR-121部（《大型飞机公共航空运输承运人运行合格审定规则》）

运行的大飞机，每年出现1次左右，而大量结冰导致的不安全事件主要发生于通用飞机，即小飞机类。

1982年1月13日，佛罗里达航空公司90号航班起飞后不久就失速坠毁，执飞机型是波音737-200型。事后经调查发现，导致其坠毁的第一个原因是实施地面防除冰措施以后，飞机起飞时刻超出了除冰液时效半小时。第二个原因是雨雪覆盖了飞机的转速传感器，导致飞行员读取错误的EPR（引擎压力比）数据，也就是推力读数。第三个原因是机翼上的积雪融化后，水反而在机翼后部结了冰，改变了机翼气动特性，导致飞机离地后很快失速坠毁。1994年10月31日，美利坚鹰公司4184航班，执飞机型是ATR72，进场待机过程中发生失速坠毁。事后调查显示，该航班遇到的过冷大水滴，超过了适航对气象参数的规定。正是这一事件推动了整个国际社会对过冷大水滴导致结冰现象的研究。2015年1月，FAA颁布了FAR-25部第140号修正案，同时在附录O里要求新的飞机型号要进行过冷大水滴的结冰适航验证工作。目前，国际上还没有一款飞机型号按照过冷大水滴适航条款要求获得适航证。2006年，一架预警机在执行任务时失事坠毁，事后调查事故原因是平尾结冰。

2008年11月27日，德国XL航空公司888T号航班对一架空客A320飞机执行自动驾驶功能飞行测试工作，在返回途中飞机失速坠毁。事后调查发现，是由于地勤人员做飞机表面清洗时用高压水枪喷到机头传感器区域，水进入了传感器。这架飞机在执行任务过程中曾经飞到过39000英尺（1英尺=0.3048米）的高度，传感器里残余的水产生了冻结。飞机下降高度以后在低空做测试时，由于风标冻结，没有触发保护功能，最终失速坠毁。

2009年6月1日，法国航空公司447号航班，执飞机型为空客A330-203，在大西洋上空飞机失速，直接坠入大西洋。事后调查结果显示，在高空中空速管结冰，引发了空速不一致等一系列错误信号，最终造成了悲剧的发生。

飞机会在哪些飞行阶段出现结冰现象？根据1982—2000年间的飞行数据统计，飞机在各个飞行阶段，从地面滑行到着陆，都有可能遇到结冰的现象。如巡航过程中，结冰现象产生概率将近40%，这是安全征候，其中有50%导致了致命事故，而在起飞阶段和进近阶段遇到结冰的概率也很高。

飞机会在何种条件下结冰？20世纪四五十年代，美国做了大量的气象研究，通过数据统计和参数回归，寻找到了结冰现象的关键影响参数：大气温度0—30摄氏度；平均液态水含量（LWC）为0.04—0.80克/立方米；平均水滴直径（MVD）大小在15—50微米内。这些气象参数已经在FAR-25部附录C里进行了规定，也就是说，所有要获得适航证的民用飞机都要按照FAR-25部附录C里规定的气象参数进行结冰设计工作和试飞验证工作。只有完成这些工作以后，才能证明这型飞机具备在结冰现象条件下安全飞行的能力。

过冷的水滴又是如何结成冰的？当一个水滴撞到一个物体表面时，由于对流作用，刚接触物体表面的这部分水会迅速降温，迅速结冰。结冰放热使得后面一部分水温度升高，温度高于0摄氏度，蒸气压比周围蒸气压大从而导致升华，后面的水也会迅速降温，迅速结成冰。随着时间的推移，在机翼前缘冰聚集的厚度和形状变化越来越大。

在飞机不同部位会结有各种不同形状的冰，小翼、吊挂、平尾、发动机锥上的冰型都是不一样的。这些不同形状和处于不同位置的各种冰，对飞机的飞行特性会造成何种影响呢？

冰的位置不同会导致其对气动的影响不同。机翼主要提供飞机的升力，机翼前缘结冰会导致机翼失速特性恶化，飞机使用包线缩小；平尾主要负责为飞机提供平衡力矩和进行纵向操纵，失速攻角降低可使飞机的平衡能力不足，从而导致飞机失稳。

如果发动机短舱唇口结冰，就可能导致进入发动机的气流流场恶化。如果流场恶化比较多，会导致发动机发生喘振，更有甚者可能会熄火。如果唇口结的冰产生脱落，可能会导致发动机叶片损伤，使其性能降低或者发动机的振动超标。

如果飞机风挡结冰，会遮挡机组视线，对起飞、着陆造成极大影响，形成严重的安全隐患。飞机机头有大量传感器，如攻角传感器、总温传感器、总静压传感器等，如果传感器结冰，就会提供错误信号，导致飞行控制系统紊乱。

飞机设计是一项很复杂的系统工程，涉及几十个专业。结冰与环控、结构、气动力、飞行品质（控制律）、飞行管理、大气数据、动力、电源、试飞、适航等专业息息相关。

环控专业主要使用防除冰技术开展防冰设计。气热防冰是最常用的防除冰方法之一，即把热气从发动机引到机翼前缘或短舱前缘，对前缘蒙皮加温，使其温度高于 0 摄氏度。当有过冷水发生撞击时，撞击的过冷水也会因为温度较高的蒙皮而产生蒸发。

除此之外，还有一些常用的防除冰方法。电加热防冰主要用于风挡和机头的各种传感器；飞机在地面主要采用化学防除冰方式，即使用除防冰液，目前主要使用三型除防冰液；电脉冲防冰常用于以前的老式飞机，其缺陷是如果时间控制不好，会导致机翼蒙皮烧穿；气动带除冰技术即采用除冰气囊，除冰气囊多用于通用飞机，但会对飞机前缘外形造成不利影响，所以在大飞机上用得很少。

当前，学界针对防除冰技术还在持续开展研究，主要目的是尽可能降低能耗，提高防除冰效率。国内外研究的热门方向主要有超疏水表面涂层防除冰技术、超声波、红外线（见图 2.13）和微波等领域，但研究成果尚未进入实用阶段。

图 2.13 机场红外除冰飞机棚

虽然飞机部分部件应用了防除冰技术,但还有未防护的表面。对于未防护表面应该如何开展工作?这就需要气动力和飞行品质专业人员开展详细研究。在飞机设计领域,首先需要在定义飞机初步外形后,用快速评估方法形成的初始临界冰型进行气动特性计算或风洞试验,寻找结冰敏感区域;随后根据结冰敏感区域开展防除冰系统布局论证,最终确定防除冰系统设计方案。在未防护表面,结冰后的气动影响都是通过气动优化设计和飞行品质控制律来保证安全。适航审查重点关注临界冰型如何界定,我们通过工程估算、数值计算、冰风洞试验来确定一个临界冰型,然后向局方表明这款飞机的条款符合性。局方批准后,在验证阶段就可以用临界冰型开展干空气的风洞试验,得到各种气动力数据,以供性能、操稳进行分析并开展控制律设计;同时开展干空气模拟冰型试飞,最后以此为基础开展自然结冰试飞演示。经过上述设计循环过程后的飞机就具备了在结冰天气下安全运行的能力。

各种不同的输入条件会产生各种不同的冰型,什么样的冰型对气动特性影响最大，就称其为临界冰型。在冰千变万化的形状里，我们需要尽可能进行简化，以找出特征明显的冰型，主要依据是简化后冰型的气动力影响与未简化冰型的一致。简化的目的是降低风洞试验的工作量和模拟冰型的试飞周期，以降低飞机研制成本。

当机翼没有冰型时，流场很平顺。当前缘有了冰型，在小攻角下就开始出现比较大的分离气泡，攻角到达一定程度就会产生严重分离。如羊角冰对升力部件（机翼、平尾）的失速攻角影响最大，这就是结冰后气动特性变差的直观体现。

我们在研究冰型气动的影响时，也不能忽视粗糙度对冰型的气动影响。飞行员意识到可能有结冰天气时，会打开防冰装置，从打开装置到把机翼前缘温度提升上来，有一个2分钟左右的时间差。由于未完全蒸发，水滴在机翼表面会形成一些粗糙度冰，在某种情况下它的影响也非常大，所以粗糙度冰也是我们关注的一大重点。

我们可以通过控制律的设计来保护飞行安全，主要分为时间延迟（DTO）、系统故障和待机模式等3种结冰提前模式。通过这3种典型模式，边界保护功能能够涵盖121修正案里规定的9种结冰形态产生的气动影响。根据系统安全性分析以及结冰场景，121修正案对飞机何时进入保护模态、进入条件以及退出条件都做了定义，我们设计的控制律能够保证在结冰条件下飞机的飞行安全。

在验证环节上，有效性是关注重点：通过研究适航条款和安全性分析结果以及场景分析，定义这些输入状态、计算方法和判据，最终保证验证结果的有效性。如风洞试验，由于机翼尺度比较大，试验中必须要缩小模型尺寸，即冰风洞试验需采用混合翼模型设计技术，此时就需要表明混合翼模型的冰风洞试验结果的有效性。

如何保证试飞安全？要通过对模拟冰型风洞试验进行数据分析，找出气动影响最大的临界状态，在试飞过程中合理制订分步实施的方案并逐步开展工作,从而确保试飞安全。与结冰设计相关的飞行验证环节包括:系统功能试飞科目,用以验证风挡、机翼、短舱的防冰功能,确认在飞行中测的温度跟预期是否一致(见图2.14);模拟冰型试飞科目,即在飞机不同部位加装模拟冰型,从而进行飞行性能、飞行品质等科目适航验证,在完成干空气试飞科目后,还要进行自然结冰条件下的飞行演示。

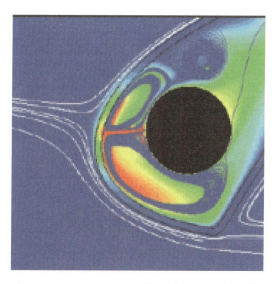

图2.14 ARJ21-700飞机机翼防冰系统温度分布计算

ARJ21-700和大型客机完整地按照CCAR-25部和121修正案的要求开展了适航审查工作。在模拟冰型试飞的过程中,在机头、机翼前缘、垂尾、平尾、吊挂上都布置了模拟冰型,甚至在两段缝翼交接处,也布置了模拟冰型,以模拟该部位未防护的效果(见图2.15)。经模拟冰型试飞验证后,2014年,ARJ21-700飞机在加拿大成功开展了自然结冰飞行演示(见图2.16),2021—2022年,大型客机在西安阎良等地成功开展了自然结冰飞行演示。

图 2.15　ARJ21-700 飞机模拟冰型试飞时各部件冰型情况

自 2012 年开始，ARJ21 飞机在乌鲁木齐开展了 4 次自然结冰试飞，但是由于国内符合适航要求的结冰气象条件难以捕捉，仅成功完成了一架次自然结冰试飞，最终为了获得适航证取证，于 2014 年 3 月转场至加拿大五大湖地区，顺利地完成了自然结冰的演示验证。ARJ21 飞

图 2.16　2014 年 4 月，ARJ21-700 飞机北美自然结冰试飞中各部件结冰情况

机也于2021年年底取得了型号适航合格证。在ARJ21飞机结冰适航取证的过程中，技术团队攻克了多道难关，形成了除121和140修正案外完整的结冰技术体系。

在大型客机进行自然结冰试飞期间，恰逢新冠肺炎疫情在全球蔓延，中国商飞不能前往北美五大湖地区开展试飞工作，但近20年来我国环境整治取得显著成效，雾霾天气明显减少，结冰气象增多。经过一年多的努力，攻克了结冰气象预报的难题，成功预测了国内结冰潜势。2021年12月—2022年2月，国产大型客机在西安地区成功完成了符合121修正案的自然结冰飞行演示。这是首次由中国机组驾驶着中国人设计的大型客机，按照中国人预测的结冰条件，在中国的领空内完成的满足全球标准的自然结冰试飞。

这次成功主要有以下特点和意义：通过飞行验证，我国空域内有符合FAR-25部附录C的结冰气象条件，从此以后，国产民用飞机可以在祖国的天空开展自然结冰试飞；我国在结冰潜势和结冰气象条件预测技术方面取得了突破性进展，做到了自然结冰试飞有的放矢；大型客机是继A350、MC21后，全球第3个按照121修正案要求完成自然结冰试飞的机型，标志着我们已经完全掌握基于121修正案的结冰适航取证技术。

未来，中国商飞在结冰研究领域还需继续开展研究工作，比如在气动力设计领域，要开展容冰控制技术，即在机翼设计中引入结冰设计约束条件，优化设计机翼，尽可能少结冰，或结冰形状对气动力影响尽可能小；为了取得EASA适航证，需表明对140修正案符合性，因此在水滴云雾场方面，对过冷大水滴的结冰机理、计算仿真模型、冰风洞试验及条款符合性方法等开展深入细致研究，这也是当今国际上民机适航面临的新挑战。

随着公众对安全水平的要求和飞机系统设计复杂程度的提升，飞机研制成本也会随之"水涨船高"。飞机总体设计需在飞机的安全性和系统复杂性中间取得综合平衡,这也是未来研究的重点方向。

相信在相关研究领域同人的共同努力下,我们未来可以在结冰领域走到世界前列,做好攻克结冰难题的领路人。

强而有度：
飞机的强度验证[①]

> 稳定俯仰 2.5g 极限载荷试验是全机静力试验中最严酷的载荷工况，是对飞机结构的一次极限考核，只有经受住这项试验的考验，飞机的安全性才能得以证明。ARJ21-700 的稳定俯仰 2.5g 极限载荷试验通过得极为不易，事后大家把"百折不挠，精益求精"总结为"2.5g 精神"。
>
> ——孙侠生

[①] 本文根据"致未来·C-Talk"公益性科技演讲大会第 7 期内容整理而成，作者为孙侠生。

孙侠生，曾任中国航空研究院常务副院长，中国飞机强度研究所总工程师、所长、党委副书记。现任中国航空教育学会秘书长，中国力学学会常务理事。曾获新中国航空工业创建60周年航空报国杰出贡献奖、中国航空工业集团公司"航空报国金奖"二等奖、第六届中国航空学会冯如航空科技精英奖。

孙侠生在任中国飞机强度研究所所长期间，经过7个多月夜以继日的艰辛工作，率领的团队圆满完成了ARJ21-700飞机稳定俯仰2.5g极限载荷试验。

一架完好的飞机为什么要做强度试验,特别是运-20还做了全机破坏(最大承载能力)试验呢?因为只有通过全机破坏试验才能真正摸清飞机结构强度的储备,真正掌握结构的极限承载潜力。正如唐长红院士所讲:"从事结构强度研究和验证的人一定要多做地面强度试验,多听见响声,只有听见了响声,才能真正了解飞机结构能够承受多大的载荷,才能设计出高效率的飞机。"所以说,飞机骨骼强不强,地面强度验证说了算。

强度验证是飞机研制不可或缺的重要一环。2008年11月28日,我国自主研制的新支线ARJ21-700飞机成功实现首飞。2009年12月1日,ARJ21-700飞机在西安阎良进行稳定俯仰$2.5g$极限载荷工况试验(简称"$2.5g$极限载荷试验"),当加载至87%时,龙骨梁延伸段局部发生失稳破坏,试验加载控制系统自动启动卸载保护,中止了试验。就结构试验本身而言,这次试验是成功的。为什么这么说呢?强度试验的目的就是要发现结构强度的薄弱部位,验证飞机强度是否满足要求，为飞机首飞以及后续飞行提供安全保障。强度试验出了问题并不可怕，核心是在关键的时候计算机控制能否安全卸载。ARJ21-700全机静力试验有100多个加载通道，一个加载点出现问题卸载，其他的点也要保证能够自动协调卸载，避免在不该发生破坏的地方出现破坏，造成结构二次破坏，这就是强度试验的重要性以及严肃性。用通俗的话讲："该踩刹车的时候一定要踩刹车。"

"6月28日"对于ARJ21-700飞机是一个非常值得纪念的日子：2010年6月28日，经过7个多月夜以继日的艰辛工作，在设计、制造、试验等各方力量的配合下，我们顶住压力，终于通过了ARJ21-700飞机2.5g极限载荷试验（见图2.17）；2016年6月28日，由ARJ21-700飞机执飞的成都航空EU6679航班搭载乘客从成都飞往上海，成功实现商业首航；2020年6月28日，ARJ21-700飞机正式交付中国国际航空公司、中国东方航空集团有限公司和中国南方航空股份有限公司。

图2.17　ARJ21-700通过全机稳定俯仰2.5g极限载荷试验

2.5g 极限载荷试验通过得极为不易，事后大家把"百折不挠，精益求精"总结为"2.5g 精神"。2019 年，中国航空工业集团有限公司总经理、前 ARJ21 项目总指挥罗荣怀在《筋骨之痛：ARJ21 飞机全机最大载荷静力试验攻关札记》文中讲道："在我的办公室里，有一张当时的现场合影，记录了当时的情景。我经常看这张照片，特别是工作中遇到不顺时，看看照片，我会在心里说，还有什么样的七沟八坎过不去？"罗总还为这项试验作了一首诗："渭水河畔近黄昏，忽见夕阳破乌云。铁骨铮铮身立定，钢筋密密弦有声。一斤一两千钧重，千丝万缕寸草心。东风难解儿女意，岁月不老满乾坤。"

2.5g 极限载荷试验是全机静力试验中最严酷的载荷工况，是对飞机结构的一次极限考核，只有经受住这项试验的考验，飞机的安全性才能得以证明。见识过 2.5g 极限载荷试验翼尖的变形，以后我们坐飞机遇到不稳定气流、飞机出现颠簸时，心里就不用太紧张了。

做任何事情都得有依据，这项试验的依据是什么呢？《运输类飞机适航标准》CCAR-25 部第 305 条规定，结构必须能够承受限制载荷而无有害的永久变形，结构必须能够承受极限载荷至少 3 秒钟而不被破坏。西安阎良航空城驻有设计、制造、试验、试飞等 4 家飞机研制的相关单位。如果把飞机研制分成设计、制造、试验、试飞 4 个阶段，强度试验或者强度验证属于第 3 阶段。若将其比喻为"4×100 米"接力赛的话，强度试验就是非常重要的第 3 棒。

专业发展基础的能力提升得益于国家的重视。这里我想列举强度专业两个"跨域发展"的案例，分别是跨地域发展和跨专业领域发展。

根据结构完整性大纲要求，为了保证飞机的安全，按照"积木式"验证策略，要进行一系列结构强度研发和验证试验。这其中包括上万件元件和材料的性能试验、上千件组合件试验、数百件部件试验，以及包括全机静力试验、全机疲劳试验、全机地面振动试验在内的整机试验，特别是全机气候环境试验。全机气候环境适应性实验室（见图 2.18）具备模拟低温、高温、不同湿度、降雨、冻雨、地面雾、降雪、太阳辐照、吹风等 10 余种气候环境试验的能力，强度专业实现了跨专业领域的发展。

图 2.18　全机气候环境适应性实验室（阎良）

飞机结构强度专业发展可分成 4 个阶段。第一阶段，国家设立专业化的强度研究所。20 世纪 50 年代末，我国自行研制飞机，需要具备飞机整机强度的验证能力。强度所于 1965 年 4 月 12 日在陕西耀县

（现铜川市耀州区）开工建设，1966年底就建成了亚洲最大的全机静力试验室，1968年12月28日完成了这一型号的全机静力试验，后续又相继完成了运-8和运-10等的全机静力试验。

如果说第一阶段的强度试验是手工操作，第二阶段就可定义为计算机时代。改革开放以来，强度所引进了国外100通道的协调加载系统和1024通道的应变测量系统。有了计算机控制系统，就能够实现结构试验的多通道协调加载，协调加载系统也为后面的全机疲劳试验奠定了基础。第三阶段，强度所从耀县搬迁到西安。随着大型计算机的引进和个人计算机的普及，计算机辅助设计（CAD）和计算机辅助测试（CAT）成为可能，CAD和CAT的应用大大提高了结构试验设计的效率。

第四阶段，从2007年开始，阎良航空产业基地建设了具有国际先进水平的航空结构强度试验设施，相继建成了全机静力、疲劳、起落架的落震、摆振等试验室，同时实现了专业领域的跨域发展，从静强度、疲劳强度、动强度、热强度试验发展到气候环境试验。为了使国产飞机早日翱翔于祖国蓝天，配合大飞机研制进度，在大飞机制造基地浦东还新建了全机结构强度试验室（见图2.19），强度专业从陕西跨地域到上海，实现了跨地域发展，就近服务于大飞机研制。

图2.19 全机结构强度试验室（上海）

面向需求、自我完善、持续改进推动技术进步。质量管理体系的第一条原则是以客户为关注焦点，客户需要什么、型号需要什么，我们就做什么。截至2022年，中国航空强度技术发展高峰论坛（简称"强度论坛"）已成功举办7届，参加人数越来越多，影响力越来越大。2009年设立强度论坛（阎良）的初衷就是听取未来型号对强度研究与验证的需求。为满足各类航空产品的研制，强度所创新发展了多项强度试验技术，形成了较为完整的强度试验验证体系，这里重点介绍以下两项：

一是围绕关于提高试验加载效率而开发的技术，主要是第四代拉压垫硬式连接技术。从强度专业讲，采取更为有效的措施可缩短试验周期，而采用拉压垫技术的加载方法就可以提高加载速率、减少使用维护、准确模拟载荷，还能减少加载点的数量。二是为了提高全机疲劳试验中客舱的加载效率，开发了高效的充放气系统，包括大容积快速充放气、大流速充放气降噪、充气系统的多重安全保护以及舱内动压差均衡；针对疲劳试验周期长问题，研制了一体化的检查平台，不仅能保证试验机全域安全可达，还可方便日后损伤检查或者设备维护。

数字赋能，应用新技术深耕细作任重而道远。展望强度试验技术的下一步发展，需要大力采用数字赋能技术。例如通过人工智能辅助试验设计，通过机器视觉辅助损伤的监测。更重要的是，通过人工智能实时监控飞机在结构试验过程中的危险部位，通过分布式存储和并行计算以及建立试验数据和判据库，应用大数据总结提炼过去多年来所积累的强度试验数据，实现知识的传承与发展。此外，还可以利用数字孪生技术建立多元模型的虚拟试验，并行融合完成异地虚拟试验，同时体现体系化的虚拟交互试验。上述一切技术都需要高速度的数据传输，利用5G技术可以做到实时评估。强度所已将5G技术应用于全机疲劳试验客舱系统损伤的巡检。疲劳试验机的客舱里安装了轨道并布置有机器人，机器人可实时、定点、定时发送，甚至预报结构的健康状态，以便技术人员随时判断损伤状况。强度专业已经从"黄土高坡"走向了"黄埔江畔","强度人"也将会吸收"黄河"文化和"长江"文化的精华，为大飞机研制继续贡献力量。

　　研制"国之重器"，需要持续不断地锤炼"钢筋铁骨"。伴着适航要求、型号发展需求的不断提高，强度试验技术也需要在传承中不断发展。随着数字化、网络化、智能化技术的应用，强度试验技术一定会在需求与创新的双轮驱动下不断取得进步。

智联共生：
面向机载座舱的多通道人机交互[①]

> 随着人工智能与物联网技术的发展，越来越多的场景任务可通过单人或多人的远程实时操作与控制来实现，例如：远程手术协同操控、卫星或无人机的远程操控、水下装备（如潜水器）的实时操控等。这类场景任务具有一个共同特点，就是人类用户在感知情景态势的基础上，操控不同的工具或设备，完成既定的任务。
>
> ——王宏安

[①] 本文根据"致未来·C-Talk"公益性科技演讲大会第 3 期内容整理而成，作者为王宏安。

王宏安，中国科学院软件研究所研究员，博士。中国科学院软件研究所学术委员会常务副主任、计算机科学国家重点实验室研究员、创建并任人机交互技术与智能信息处理实验室主任，享受国务院政府特殊津贴专家，ISO/IEC JTC1/SC35 技术委员会委员。从事实时智能系统与智能人机交互技术研究，主持研究、开发了国内首个大型实时主动数据库系统安捷（Agilor）。在 ACM CHI、ACM IUI、IEEE RTSS、IEEE RTAS、IEEE CVPR 等重要国际学术会议或学术期刊上发表高质量学术论文 100 余篇，获国家技术发明专利 12 项，获国家科技进步二等奖 2 项、部（省）级科技进步奖 3 项。

多通道自然交互座舱将成为飞行操控中必不可少的技术装备，通过扩展人类躯体的操作控制技能，使每个人都能成为优秀的飞行驾驶员或赛车手。图为王宏安在演示工业物联网平台整体架构。

机载座舱是飞机的飞行操作与控制中心，是飞行员驾驶飞机的关键部件，对飞机的空中飞行姿态控制至关重要。传统机载座舱以大大小小的机械按键和操纵杆为主，常常导致飞行员训练周期长、驾驶难度大以及认知负荷高。

　　随着现代航空技术的发展，飞机座舱设计中逐渐引入了智能计算技术。人们对机载座舱的期望也越来越高，不仅要求能实时掌握飞机的当前运行状态，还要求能够实时感知飞行场景与任务态势，配合驾驶员实时决策下一步的操控动作。这不仅对智能计算的实时性提出了挑战，而且对驾驶员的操控技能提出了新的挑战。幸运的是，越来越多的传感器和智能计算技术如雨后春笋般蓬勃发展，推动了座舱人机交互技术的发展。

　　新兴的多通道自然人机交互技术，通过建立人类用户（飞行员）、智能计算系统与飞机座舱之间自然、高效的互动桥梁，拓展人机交互带宽，降低飞行员认知负荷，进而优化飞行员与座舱间的互动效率。所谓多通道自然人机交互，是指飞行员与智能计算系统间可以像人类利用视觉、听觉和触觉等方式一样进行互动交流与飞行操控，而不再仅仅通过操纵杆或按键实现对飞机的操控。多通道自然人机交互可以让座舱系统快速而准确地理解飞行员的操作意图，进而提升飞机座舱的操控效率，降低对驾驶员的操控技能要求和驾驶员的学习难度。

多通道人机交互

人类主要通过语言或手势进行交流，不同的通道具有不同的交互特性及其适用性。为了在座舱中更好地利用人类不同交互通道的优势，我们首先有必要分析不同通道的优缺点。这里主要从视觉、听觉、触觉以及视、听、触觉多通道融合的角度分析这些通道的特性及其适用性。

视觉通道适用性分析

视觉通道分输入通道和输出通道，其中输入通道主要依靠摄像头采集图像数据，由图像识别与理解技术完成特征提取，再通过相应的模式识别技术得到交互行为数据。视觉输出通道可以在不同的图形界面显示器或增强现实屏幕完成信息的呈现。视觉通道具有直观的画面感知能力、自然的隐式交互能力以及较强的光线依赖性。视觉通道适用于视线追踪、位姿监测、3D 手势识别等交互功能。

听觉通道适用性分析

听觉通道输入是指直接且自然的语音输入交互。语音输入交互是一个从接收语音信号到得出音频识别结果的过程。因为听觉通道交互语义丰富，可传达的信息量大，具有较高的物理适用性，目前语音输入交互已经广泛应用到智能家居、车载语音等场景。在座舱环境中可使用麦克风设备接收驾驶员语音输入，但是在高噪声和强震动环境下，确保语音输入识别的正确性仍是我们面临的一个重要挑战。

触觉通道适用性分析

触觉通道的交互方式一般指用手指在可触屏上进行多点触摸并引起对应的触控响应。事实上，飞行驾驶员手握操纵杆也是一种触觉通道交互方式。用于触觉通道交互的设备对人体的手或脚会产生反馈，让驾驶员立即得知操作是否准确。由于触觉通道感受能力强、响应快且不受外界光线和声音的影响，其物理适用性高，广泛应用于座舱交互。传统座舱中已有不少按键，而在现代座舱中，传统的机械按键、旋钮、光标控制设备和操纵杆会被可触屏幕或界面取代。实验数据分析表明，对于同样的操作，使用可触界面能大幅提升驾驶舱内的操作效率。

视、听、触觉多通道适用性分析

在功能适用性方面，适用性最好的多通道组合方式是"眼动＋语音"或"眼动＋手势"的多通道融合交互。"眼动＋语音"交互适用于快速完成目标锁定功能。多通道人机交互是多个通道通过互补、冗余等组合使用的交互方式。实践经验表明，自然且高效的多通道交互模式设计原则是：基于视线追踪的眼动交互可以作为一种辅助输入方式，配合手势、语音等其他通道完成复杂的控制操作。

科学研究发现，人类通过多种独立的感官输入源来感知周围环境。大脑中的某些神经细胞会对视觉、听觉和躯体感觉刺激同时起反应。如里多（Rideaux）等人的研究表明：人类会分配50%的认知资源来处理单通道信息，同时分配超过20%的资源处理双通道或三通道信息。其中，多通道感官处理机制首先要判断多个感官信号是由相同事件还是不同事件产生的，也就是要解决感官与事件之间的因果推理问题。

更为复杂的情况，如图2.20所示，当我们在静止的车厢里看到旁边的列车开动，会产生自己在动的错觉。这是因为视觉系统接收到了运动信号，但表示自我运动的前庭信号显示为静止。面对不同来源的信号，大脑中处理多种感官的同调神经元会将具有相似含义的多感官信息进行整合。当多种感官信号的含义相反时，异向神经元则对视觉信息和前庭信息进行调谐。同调神经元和异向神经元的协作可帮助大脑估计自我和环境的运动状态。两种神经元之间的权衡决定了多个感官信号是应该整合还是独立分析。

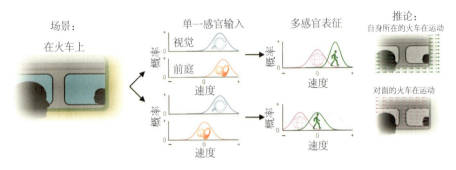

图 2.20　多感官整合机理示意图

结合人类认知理论的最新研究成果，人脑中多感官通道整合可分为以下 3 个步骤：

首先，利用因果推断机制，判断不同感官信号来源于相同事件还是不同事件；

其次，解析来自相同事件的多个感官信号是否具有相似含义；

最后，对于来源于同一事件的感官信号，使用最佳整合方式得出认知结果。

与人脑感官信息整合和认知机理相似，多通道融合交互工作流程如下：

首先，判断多通道交互信息是否属于同一个控制场景；

其次，利用通道信息内容之间的关系推断出交互任务；

最后，通过多通道输入信息融合，理解用户交互意图，并生成反馈，呈现信息或触发相应的操控动作。

在这个过程中，多个通道之间主要涉及并发、交替、排他和整合关系。其中，并发指多通道信息同时输入，各通道之间关于交互任务彼此独立无须融合；交替指多通道信息按顺序输入共同完成同一交互任务，需要进行融合计算；排他指多通道信息按顺序输入，各通道之间关于交互任务彼此独立，即多通道输入在时间和任务上均无关，无须融合；整合指多通道信息同时输入，共同完成同一交互任务，需要进行融合计算。我们可以依据多通道间的组合关系建立多通道交互融合机制，以解决多通道交互信息同时输入且共同完成一个交互任务时，所需要的融合计算。

用户状态实时监测

随着新一代飞机快速更新换代，飞行员越来越成为"人—机—环—任务"系统中较为薄弱的环节。当无法承受巨大的脑力负荷时，飞行员将会出现生理、心理功能的下降，进而导致飞行能力的降低。因此，智能座舱有必要实时监测飞行员的情绪变化和健康状况，并根据出现的异常状况做出实时响应，以避免飞行过程中出现可能发生的意外。

用户情绪变化感知

心理学告诉我们，人类的情绪可以用离散的分类模型和连续的维度模型来刻画。所谓离散的分类模型通常指用高兴、生气、愤怒等分类指标来刻画情绪，而维度模型则认为情绪可以用三元数组 (P, A, D) 来表示。鉴于飞行员驾驶过程中的情绪变化具有细微连续和不易突变等特点，使用多维模型对其进行描述和分析更为贴切。

在交互过程中，常常会出现用户头部大角度面外旋转、面部局部遮挡和光照条件变化等问题，这会给情绪识别算法的稳定性与准确性带来新的挑战。针对这些问题，我们设计了一种基于三维头部信息的连续情感识别与跟踪算法。该算法采用传统的二维摄像头采集输入视频，借助内嵌三维头部数据库恢复个性化的三维头部模型，引入了更稳定的三维视觉信息。通过融合多帧图像构造了包含时序上下文信息的连续情绪表达和去除了用户个性化信息的与人无关情感表达，进而可以进行三维头部姿态的实时跟踪以及情绪变化的实时识别，如图 2.21 所示。

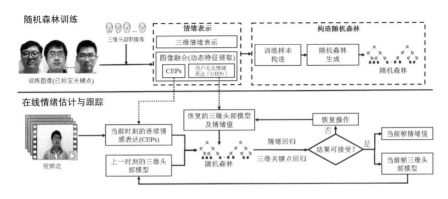

图 2.21 基于三维头部信息的连续情感识别与跟踪算法

用户疲劳状态感知

目前人员疲劳检测主要分为非接触式和接触式检测方法。非接触式检测即不需要飞行员佩戴任何接触身体的传感器的检测方式，如基于计算机视觉的检测；接触式检测方法需要飞行员佩戴接触身体的传感器来采集生理信号，如脑电图、心电图、肌电图等。以脑电图为例，疲劳发生的神经机理可揭示同疲劳相关的脑区及其动态过程，其产生是一种心理过程而非视觉信息处理能力下降。通过采用单向重复测量方差，可以分析比较不同疲劳水平下电位成分的统计学特性。逐点统计显示，疲劳时大脑大部分区域的 VEP（视觉诱发电位）在 230—280 毫秒内（P2 成分）发生了显著变化。当疲劳增加时，P2 成分的振幅发生了显著变化。数据分析结果表明，疲劳程度与顶叶区 VEP 中 P2

成分的振幅之间存在显著的相关性。因此，可以通过实时监测顶叶区 VEP 中 P2 成分的振幅来判断用户的疲劳程度，如图 2.22 所示。

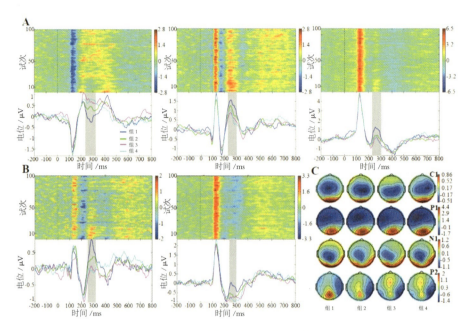

图 2.22 疲劳程度对 VEP 成分的影响

（A：从左到右依次为前额叶、顶叶区以及枕叶区的 VEP 图像及曲线。B：从左到右依次为左侧顶叶区和右侧顶叶区 VEP 图像及曲线。C：不同疲劳程度下的脑电拓扑图。）

驾驶过程用户认知状态感知

驾驶过程中飞行员的认知状态对飞行控制来说是十分重要的。比如醉酒会给驾驶员带来严重的认知与操控障碍，因而处于醉酒状态的飞行员就不能再驾驶飞机。为了能够实时了解飞行员是否处于合适的认知状态，可以通过实施与驾驶行为相关的用户认知能力评估实验来确定用户认知状态。

因此，研究人员开始围绕自动驾驶人机信任认知机制问题展开研究，通过对成年人群体的调查，重点分析了多种类型经典认知能力和学习能力的作用，其中认知能力涉及智力、注意、空间识别、意志控制、反应速度和视知觉。结果发现，自动驾驶过程中人机信任程度主要与智力（通过瑞文推理测量）、认知灵活性（通过威斯康星测量）和空间能力（大尺度下的观点采择测量和小尺度下的心理旋转测量）有关，同时还与被调查者的学习能力（通过计算和阅读理解测量）有关。

人机信任度评估包括3个维度：特质性信任、情境性信任及习得性信任。特质性信任是指用户信任自动系统的总体倾向，独立于上下文或特定系统类型，包括文化、年龄、性别和人格类型等。情境性信任考虑了自动系统使用的任务背景，诸如工作量、任务难度和相关风险等因素，以及用户的自我认知、情绪和应用领域的专业知识这些会影响信任的因素。习得性信任是指用户对实际系统的评估，取决于用户已有的知识和系统性能。习得性信任可细分为初始信任和动态学习信任。系统声誉、是否具备类似自动化系统的使用经验，以及关于系统设计目的和系统所用算法的知识等都与初始信任有关。用户会根据系统的性能调整他们的信任水平，系统的可靠性、有效性、可预测性、有用性以及错误的种类和严重性都会影响动态学习信任。

多通道融合交互计算引擎

如何用软件快速有效地实现多通道智能交互功能呢？我们设计了基于模型驱动的软件体系结构和相应的开发方法，通过在多通道交互模型的基础上，采用元模型驱动架构（Meta-MDA），建立多通道智能交互的元模型和计算框架，实现了多通道融合交互计算引擎，达到了实时整合多通道交互信息的目标。

多通道融合交互计算引擎是多通道自然交互座舱系统的核心，是实现人机交互闭环的技术平台。图2.23展示了多通道自然交互座舱的工作原理。首先，由飞行员发出的多通道交互数据被输入处理单元处理并转发到交互计算框架。经过感知识别技术的解析，形式化的多通道交互原语被处理成确定性强并且可执行的融合交互指令。交互指令被应用程序执行之后产生的执行结果将被用于建立渲染请求，而渲染请求将被转发到输出呈现单元进行渲染，最后以图像和语音信号的形式进入飞行员的感官系统，从而完成一次人机交互操作闭环。

图 2.23　多通道自然交互座舱的工作原理

多通道融合交互计算引擎的主要功能是对多通道交互信息进行获取、解析和融合计算，获得融合前后的交互指令，执行指令并获得执行结果（即交互反馈），然后将其转发到相应的交互界面进行呈现。在逻辑层面，多通道融合交互计算引擎的主要功能包含 6 个部分：

第一部分是消息输入，指通过通信接口（如 USB 或网络）接收各通道输入的交互消息；

第二部分是交互原语解析，指分别对各通道的交互消息（信号）进行特征提取或事件处理，通过识别或解析算法得到关键数据，然后再通过交互原语描述语言对它们进行统一表示；

第三部分是任务级原语融合，指结合交互任务模型，通过格代数运算实现最佳主辅交互通道的选择和优化，实现多通道交互原语的任务级融合，得到融合原语候选集；

第四部分是语义级原语融合，指结合应用场景、业务规则和先验知识，基于面向交互任务的情境感知技术，对融合原语候选集的业务语义加以约束（修正或排除），使其面向实际交互任务和场景时的不确定性降至最低，从而得到准确的交互指令；

第五部分是指令执行，指根据应用程序的端点（endpoint）配置，将识别的交互指令通过进程间通信（IPC）或远程过程调用（RPC）转发到具体的应用程序中执行，并获取指令执行结果；

第六部分是呈现控制，指将指令执行结果连同额外的渲染控制命令一同封装为消息，转发给操作终端机，使其能够通过恰当的交互界面呈现给飞行员。

为了验证多通道自然交互技术的有效性，我们设计开发了支撑多通道自然交互座舱的实时智能计算平台软件和相应的多通道智能交互应用。针对机载座舱环境下计算能力受限的难题，我们特别构建了以实时飞控为主任务和以情境感知与理解为次任务的实时智能系统。该系统以时空态势与自然交互为目标，采用实时与智能双引擎架构，结合弹性微服务机制，实现了多通道信息实时采集与呈现、多模态交互实时融合感知、多通道融合交互计算引擎以及人机协同应用，具有良好的实时性、可伸缩性和开放性。

多通道自然交互座舱发展趋势

随着人工智能与物联网技术的发展，越来越多的场景任务可通过单人或多人的远程实时操作与控制来实现，例如远程手术协同操控、卫星或无人机的远程操控、水下装备（如潜水器）的实时操控等。这类场景任务具有一个共同特点，就是人类用户在感知情景态势的基础上，操控不同的工具或设备，完成既定的任务。这与机载座舱的功能与定位非常相似。事实上，多通道融合交互技术已扩展应用到智能汽车领域，解决了在智能座舱内完成多屏互动、多模式车控、情感对话等创新性交互任务的难题，实现了交互自然性与驾驶安全性的同步提升。因此，多通道自然交互座舱技术具有广阔的应用前景。

未来，就像计算机扩展人类思维能力一样，多通道自然交互座舱将成为飞行操控中必不可少的技术装备，扩展人类躯体的操作控制技能将使每个人都能成为优秀的飞行驾驶员或赛车手。在不远的未来，我们可以看到，每个人都能像孙悟空那样，操控多个自己的变体，展示出不同的技能。

精益求精：
民用飞机大气数据系统的研发[①]

> 对飞机设计来说，只有让各专业均"满意"的布局方案才是合适的方案。大气数据传感器布局方案设计很好地体现了"飞机设计是一个复杂的系统工程"。
>
> ——杨慧

[①] 本文根据"致未来·C-Talk"公益性科技演讲大会第7期内容整理而成，作者为杨慧。

中国高度

杨慧，西北工业大学硕士，中国商飞上海飞机设计研究院二级项目经理，从事民用飞机大气数据传感器布局、校线设计与验证工作9年。作为团队负责人主持完成了大型客机的大气数据系统校准设计与验证任务，为取证提供有力支持。获得"大飞机奋斗者""精英设计师""党员示范岗"等荣誉称号。

ARJ21和某大型客机大气数据系统的自主研制，走通了民用飞机大气数据传感器布局、校线设计与验证技术的关键路径，实现了民用飞机设计研发能力的提升。杨慧主持完成了大型客机的大气数据系统校准设计与验证任务。

大气数据系统用于测量飞机与气流的相对关系以及气流的参数特性，是民用飞机最为重要的系统之一。大气数据系统能够计算并显示空速、高度、迎角、侧滑角、总温和静温等多个飞机飞行参数。

由于飞机各大系统的运行以及飞行员的操作均基于空速和高度信号，飞机的控制也基于迎角和侧滑角信号等参数，因此这些参数的准确性对飞机安全飞行至关重要。错误的空速、高度或迎角信号容易引起灾难性的后果，历史上已发生了多起因大气数据错误导致的事故。

1996年2月6日，伯根航空301号航班于多米尼加共和国首都圣多明各起飞后5分钟突然左倾落海，机上189人（含机组成员）无一生还。这是波音757飞机发生的第二场空难，在其后的空难原因调查表明，飞机驾驶舱外下方的皮托管（pitot tube）受损或被堵塞，空速表给机组人员提供了错误信息，导致一连串操纵失误，终令客机进入无可挽救的状态。

2009年6月1日，法国航空447号航班一架空中客车 A330-203 客机在巴西圣佩德罗和圣保罗岛屿附近坠毁,机上 216 名乘客以及 12 名机组人员全数罹难。这是法国航空成立以来最严重的一次空难,亦是空客 A330 飞机在首次商业飞行时发生的空难。空难的调查报告指出,皮托管结冰使飞机未能侦测空速,自动驾驶自动关闭,机组人员错误操作导致失速,最后酿成空难。

2018 年 10 月 29 日,一架印尼狮航集团的 JT610 航班坠毁;2019 年 3 月 10 日 8 时 38 分,埃塞俄比亚航空公司一架客机从埃塞俄比亚首都亚的斯亚贝巴起飞,飞机起飞后不久在距首都约 45 千米的比绍夫图附近坠毁。这两起事故的原因,都是由于错误的迎角信号激发飞机的自动防失速系统(即机动特性增强系统,MCAS),该系统识别到飞机迎角过大(错误信号),迫使飞机低头,最终在机组人员与飞机系统的反复拉升与俯冲中,飞机失去控制,机毁人亡。

这些黑色的记忆,促使飞机主制造商改进飞机设计和生产流程。飞机主制造商的目标是使大气数据信号具有满意的精度,以及非常高的可用性和完整性。现代民用飞机空速、高度以及迎角信号的完整性设计指标往往要求达到 10^{-9},为了达到目标,大气数据系统涉及的各个方面都需要飞机设计师进行精细研究。

首先,飞机通过大气数据传感器"感知"大气数据,这些传感器包括皮托管、总压管、静压孔、风标、总温探头等(见图 2.24)。其中,皮托管、总压管以及静压孔测量总压和静压,用于计算飞机的空速、马赫数和气压高度;风标测量气流方向,用于计算飞机迎角和侧滑角;总温探头测量总温,用于计算静温。大气数据传感器是飞机的关重件(关重件是关键件和重要件的统称),其测量精度、可靠性、排水能力、加温功能等都需要满足主制造商的使用要求,对设备厂商的相关技术储备和精密加工水平有较高的要求。

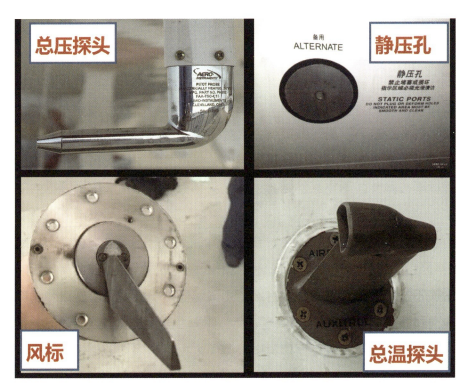

图 2.24　飞机的大气数据传感器

　　大气数据传感器的布局方案设计对于飞机大气数据系统非常关键，包含选定传感器位置，以及制定传感器安装指标。虽然大气数据传感器多位于飞机的机头或者前机身外部，但是，准确确定合适的布局方案，要经过众多设计专业协调并进行大量分析研究工作。由于缺乏设计经验，在飞机的研发过程中，大气数据传感器布局方案的设计，都遭遇了挫折。飞机设计师通过不断的技术研究，提出了民用飞机大气数据传感器的气动布局原则，逐步形成了该项技术的关键技术路径，实现了技术积累（见图2.25）。

图 2.25　大型客机大气数据传感器布局

我们在大气数据传感器布局方案设计中,主要考虑了机身周围的流场特性,飞机气动设计师期望将传感器安装在"气动最优"的位置,以获得较高的测量精度。但"气动最优"往往是不能实现的方案,因为,大气数据传感器布局位置的选取还必须满足设备的防冰、排水等安装要求,符合防鸟撞、溅水、维修性等要求,并且应避免布置在登记梯的区域、雷达探测区域、影响应急逃生通道的区域以及影响飞机结构件的区域。对飞机设计来说,只有让各专业均"满意"的布局方案才是合适的方案。大气数据传感器布局方案设计很好地体现了"飞机设计是一个复杂的系统工程"。

飞机大气数据传感器布局方案确定后,飞机并不能直接使用传感器的测量值。这是因为飞机的存在干扰了周围的流场,传感器只能测量它所在位置处的当地值,测量值需要经过校线修正到不受干扰的远场值，修正后的值对飞机才是有用的参数。

对于民用飞机，通常总压探头布局合理时，在飞机正常使用包线范围内，总压测量精度已满足飞机使用要求，因此总压信号不需要校准。但飞机静压测量信号、迎角以及侧滑角测量值随飞行工况和飞机构型的变化较为复杂，需要进行校线修正。合理的校线修正方案设计（简称"校线设计"）能满足飞机在任何使用场景下，传感器测量值经过校线修正后的精度均能达到飞机使用要求，同时也能确保修正方案的输入信号发生故障时不影响飞机安全。

大气数据系统校线修正方案设计与验证工作是飞机主制造商的职责，此项工作耗时耗力。

大气数据系统校线修正方案设计基于飞机各构型不同飞行工况下测量信号的气动特性进行，飞行工况至少包括飞机在不同飞行速度、不同迎角和侧滑角下的工况。在设计时，也应研究地面效应对测量信号的影响。飞机设计初期采用 CFD 仿真计算（见图 2.26）以及风洞试验方法进行气动分析研究，充分的分析数据是设计的基石；后期采用研发飞行试验获取数据，从而实现校线精确调参。根据飞机大气数据系统设计型号研制经验，CFD 仿真计算是非常有效的手段，可以低成本实现众多参数敏感性的气动分析。

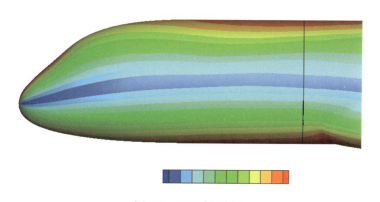

图 2.26　CFD 流场分析

完成布局和校线设计后，要经过试验验证表明飞机的设计是"好"的。对于空速和高度，适航条款CCAR-25.1323、CCAR-25.1325以及CCAR-91部附录D中有明确的精度规定，主制造商需进行空速校准验证试飞向局方表明条款的符合性。通常经过合理的设计，条款CCAR-25.1323和CCAR-25.1325的精度要求非常容易实现，但CCAR-91部附录D的RVSM（缩小垂直间隔）要求较为严格。RVSM适航条款对大气数据传感器设备制造和安装的一致性以及静压修正精度有较高的要求。在型号研制过程中，我们对大气数据传感器的安装控制有过失败的教训，但随着经验以及认知的增长，飞机设计师改进了相关设计和安装要求，飞机设计能力大大提升。

大气数据系统校准的研发设计和验证均离不开飞行试验。飞行试验涉及的技术众多，高效且精确的试飞方法可减少试飞架次，降低飞机研制成本。

对于空速校准，有众多不同的试飞方法，这些试飞方法有各自的优缺点。比如飞跃塔法的优点是精度较高，但只用于低空低速；速度法的加装设备简单，但严重依赖气象条件，风场不稳定时精度较低。目前，拖锥法由于适用范围广、精度较高，成了空速校准的主流方法，我国民用的空速校准主要采用拖锥法，也有国外主流飞机采用激光测速法。

拖锥法就是在飞机后方采用一锥体提供阻力，使布有静压孔的管路拉直（见图2.27）。它的基本原理是采用很长的管路（见图2.28），使其中的静压孔位于一个不受飞机干扰的气流区域，从而测量得到近似的远场压力。拖锥法的相关技术包括拖锥的长度确定、拖锥校准及拖锥延迟修正等。

图 2.27 拖锥法空速校准

图 2.28 拖锥设备

随着电传飞机的发展,由于大气数据信号被用于飞机的全时控制增稳系统(比如闭环侧滑控制和飞行包线保护),因此现代民用飞机对大气数据信号的可用性和完整性提出了更高的要求。飞机设计人员通过采用自检设计、多余度的设计以及估算大气数据等方法极力降低大气数据信号错误的可能性。

现代民用飞机大气数据系统一般采用三余度,通过交叉对比或表决机制选择可信数据提供给飞机上的各种系统和飞行员(图 2.29 所示为飞行员看到的空速和高度示意图)。目前,针对表决机制阈值和容忍时间设计等关键技术,国内工程师还在努力吃透技术的路上探索和前行。为了解决结冰条件或者火山灰等环境下，探头可能同时出现错误的问题，国外主制造商进行了估算大气数据设计，目前国内工程师们也在积极地研究中。

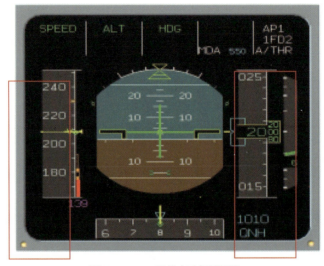

图 2.29　A320 飞机主飞行显示器
（左侧红色框内为空速，右侧为气压高度。）

大气数据系统信号还涉及滤波设计，滤波设计既要能保证飞行员看到的空速和高度波动较小，又需保证由滤波导致的信号延迟引起的飞行员操作滞后不影响飞行安全，尤其是在地面起飞阶段。

为保障飞机的持续适航，大气数据系统还包括一些检测和维修方案设计，如飞机停在地面时，总静压探头需要加装保护套防止异物进入内部。另外，在交付给航空公司前也要制订合理的检测维修间隔时间和检测维修方法等。

国内民用飞机的大气数据系统设计与制造存在一些技术限制。关键的机载传感器硬件设备受限于国外的供应商，民用飞机主制造商无法获取先进的设备。例如图 2.30 所示的 A350 飞机采用的多功能探头（MFP），能同时测量迎角、总压和总温，对于传感器布局设计优势明显,但这类传感器国内欠缺,也面临国外出口限制。而大气数据系统校准试飞验证所采用的设备,如拖锥系统、激光测速仪以及在很大角度范围内都可以准确测量总压的专用试飞设备等,国外经过长时间技术积累,已经基于先进的制造水平设计并制造出性能优越、可靠性高、稳定性好的精密设备,但国内还在研制过程中,目前仍主要依赖进口。此外,越来越复杂的系统设计技术都亟待我们深入研究。

图 2.30　多功能探头

目前,国内外也正在探索一些民用飞机大气数据系统的新技术,如嵌入式大气数据系统和光学大气数据测量系统。这两种测量系统均为埋入式设计,可以增强隐身性能。嵌入式大气数据系统通过在飞行器前端(或机翼前缘)布置一系列测压孔得到飞行器表面的压力分布数据,采用预先设定的一些算法,根据这些测得的压力分布数据计算得到大气数据参数(迎角、侧滑角、动压和静压)。机载激光测速技术的基本原理是多普勒效应,由于其具有令人满意的测量精度、远距测量等优点,国外已经进行了大量的研究,并已应用于试飞验证,近年来国内也开始着手研究。尽管目前机载激光测速技术成熟度尚不足以应用到实际型号，但在未来发展中，可作为另一种机载测速方法，与传统空速管配合使用，提高飞机的安全性。

民用飞机"小小的"大气数据系统设计涉及众多技术，通过ARJ21和大型客机大气数据系统的自主研制，我们攻克了技术难题，走通了民用飞机大气数据传感器布局、校线设计与验证技术的关键路径，实现了民用飞机设计研发能力的提升，在祖国大飞机事业的发展历程中贡献了"商飞人"的智慧。

相信在产业链上下游同人的共同努力下，中国的大飞机产业必将蓬勃发展。

第三章

Chapter 3

材料高度：
重新定义创新边界

文明的时代就是材料的时代。材料是人类赖以生存和发展的物质基础，回顾人类社会发展的历史长河，人类社会的每一个新时代都是因为一种新材料的出现而促成的。不断有新材料被发现和发明，让工程师的梦想得以充分实现，人类文明的发展和社会的进步同材料技术进步之间的关系是如此密切，我们发明材料、制造材料，而材料也让我们成为我们。

新材料同信息技术、生物技术一起成为21世纪最具发展潜力的重点领域。随着科学技术的发展，人们在传统材料的基础上，根据现代科技的研究成果不断开发出新的、神奇的材料，一些与材料相关的科学技术进步已经在无形中深刻地影响了人类社会的发展进程。相信随着航空技术与相关材料技术的不断发展，神奇的材料会助力航空业不断向更高、更快、更远的目标前进，终有一天，飞行会变得更加神奇和超乎想象。

神奇之翼：
碳纤维复合材料的创新应用[1]

> 飞机研发领域里有这样一句话："一代材料，一代飞机。"我们只有充分考虑复合材料的特点，不囿于设计概念的现有限制，用智慧碰撞出真正符合复合材料优势的设计理念，才能探索出新一代民机复合材料应用之路。
>
> ——李东升

---

[1] 本文根据"致未来·C-Talk"公益性科技演讲大会第3期内容整理而成，作者为李东升。

李东升，博士，中国商飞公司复合材料总师、科技委常委，英国皇家航空学会会士，毕业于英国布里斯托大学。曾任欧洲空中客车公司跨国技术团队负责人和部门负责人，英国伦敦帝国理工学院、布里斯托大学、巴斯大学博士生导师，上海飞机设计研究院副院长，中国商飞北研中心常务副主任等职务，有丰富的学术界、工业界经验，是航空复合材料结构专家，参与过国内外多种飞机型号研制。

复合材料的用量已成为衡量一款飞机先进性的重要标志之一。应用复合材料的过程一般从三个方面开展：一是"设计—制造—维修"一体化；二是损伤容限设计；三是自动化制造。图为李东升在复合材料机翼试验件装配现场。

飞机研发领域里有这样一句话："一代材料，一代飞机。"复合材料也与其他材料一样，经历了类似的发展应用过程。随着材料技术的不断发展，飞机产品性能也在逐步提高。早期的飞机一般使用帆布和木头，而到了20世纪四五十年代，现代民机多使用铝合金，后来还应用了钛合金、铝锂合金等先进材料。

碳纤维复合材料在大型民机结构上的应用可以划分为4个阶段（见图3.1）。一是口盖、整流罩等非承力结构；二是襟副翼等活动面次承力结构；三是尾翼、后机身等主承力结构；四是机翼、机身等大型主承力结构。

国际上各民用飞机主制造商都经历了复合材料逐步扩大应用的过程。目前最具有代表性的波音B787、空客A350XWB大型民机，复合材料用量已超过50%，其重要标志是采用了复合材料机翼和机身。

以欧洲空客公司为例，复合材料最早应用于A320水平尾翼、垂直尾翼，后来还应用于A400M大型军用运输机机翼。进入21世纪后，

A380碳纤维复合材料占比达到了25%，主要应用于中央翼和尾翼。值得一提的是，A380的机身蒙皮使用了纤维金属层压板（GLARE层板）。

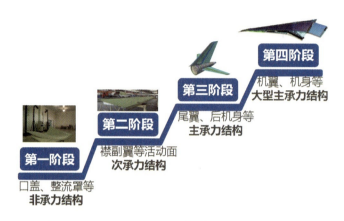

图3.1　碳纤维复合材料在大型民机结构应用的阶段划分

美国波音公司较大规模地应用复合材料的标志是B777尾翼，而B787是波音第一款大规模运用复合材料的飞机，其机身、机翼和尾翼等主结构都用了复合材料，复合材料占结构重量的比例达到50%，因此B787也被坊间称为"塑料飞机"。

在波音的压力下，空客A350曾几易方案，不断增加复合材料应用，最终把复合材料的占比提高至52%左右。

我国民机复合材料的应用也是一个渐进的过程（见图3.2）。ARJ21新支线飞机复合材料用量为2%左右，主要应用于方向舵和翼梢小翼等部位。大型客机复合材料用量占比达到11%—12%，飞机尾翼、后压力框以及后机身都采用复合材料。而CR929远程宽体客机复合材料用量约占50%，与空客A350和波音B787属于同一个量级。也就是说CR929飞机机身、机翼等主要结构都是复合材料。

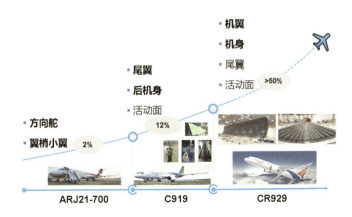

图 3.2 我国民机复合材料的应用

现在从事飞机结构、航空材料的人谈到一款飞机时，经常会问：用了多少复合材料？由此可见，复合材料的用量已经成为衡量一款飞机先进性的重要标志之一。那么，到底什么是复合材料呢？

业界对复合材料有一个定义：由两种或两种以上材料经过物理结合后，再经过一定复合工艺形成的一种新型材料。复合材料的特点在于各组分材料之间的结合是物理结合而不是化学结合，因而在形成新材料特质的同时，各组分材料的物理性能和特点依旧可以保留。

复合材料有许多种分类方式，可以按纤维品种、基体品种或纤维的存在形式分类等。如图 3.3 所示，在飞机上应用得最多的是碳纤维增强树脂基复合材料（CFRP）。

图 3.3 碳纤维增强树脂基复合材料机翼全尺寸盒段试验件

复合材料具有哪些优点呢？与航空金属材料相比，复合材料最突出的优势在于其重量轻、强度高、刚度高。复合材料的密度约是钢密度的25%、铝合金密度的60%。可以想象，复合材料比现在的金属材料更具重量优势。因此，应用复合材料的主要动机是减重。

从性能上看，复合材料的性能优势主要有3点，一是抗疲劳性能好，二是耐腐蚀性能好，三是可设计性强。前面两点较好理解，可设计性可以理解为按任意的铺层比例和铺层方向去设计需要的材料。例如航天器上用的复合材料，温度变化系数越小越好，这就可以通过调整材料比例和种类组合，实现零膨胀率。

复合材料还有一个非常重要的优点，即实现整体成形，从而降低制造成本。

从乘客的角度来说，复合材料的优势主要在于舒适性。如果你去波音参观，一定会听到波音B787的生产线人员讲述复合材料给飞机带来舒适性的故事。首先可以提高舱压。常规的金属飞机舱压一般保持在海拔2400米的压力；由于机身主要承受拉力，可以利用复合材料抗拉性好的优点增加舱压，舱压降到海拔1800米的高度，乘客就会舒适许多。其次，如果舱内湿度过大，客舱上形成的水珠容易造成金属腐蚀；而复合材料耐腐蚀，可以提高舱内湿度，乘客的感受会更舒适。

但复合材料也有缺点。复合材料由两种或两种以上材料组成，材料和结构同时形成。这一点不同于传统的金属材料，因为金属材料性能都是固定的，只需要把金属材料加工成需要的零件即可。复合材料则不然，制造之前各种组分材料是零散的，将零散的纤维和树脂等材料形成零件是一个复杂的过程，包括原材料选择、工艺选择、工艺控制以及结构设计等。在这一过程中，一旦任一环节出现问题，产品件的性能都会受到影响。

此外，复合材料还存在对冲击敏感、对环境敏感、导电性差、材料成本高等问题。复合材料层层铺覆的特点决定了其不耐冲击的缺陷，沿着厚度方向的载荷会造成内部损伤和分层；在湿热的环境下，复合材料会因为吸湿而使性能降低；其热膨胀系数与金属的不同，所以需要考虑热应力的影响；金属材料遭受雷击可以将电流扩散到更大的范围，但复合材料因导电性差而无法扩散电流，从而形成机体的局部烧伤和损伤。最后，复合材料及其制造的成本目前还是比较高的，这也是需要考虑的因素。

面对"个性"如此鲜明的复合材料，我们怎样才能用好它呢？在应用复合材料的过程中，从设计到制造有一系列需要考虑的因素，这里重点介绍3个方面的工作：一是"设计—制造—维修"一体化；二是损伤容限设计；三是自动化制造。

首先，"设计—制造—维修"一体化意味着要保证设计出来的产品可制造。这说起来容易，但实施起来并不容易，需要我们真正充分考虑复合材料的特点，并结合现有工艺的水平、国内基础设施的水平以及工艺的掌握程度等。产品制造出来之后，还必须能够检测和维修。如飞机机翼，设计时要为其服役的全周期制订详细的检测计划和修理方案，工作人员需要进入机翼里定期检查，保证关键部位能被检测及修理，即"好用、好修、好检"。具体来说：

面向制造。在初步设计阶段时，需要考虑现有的基础设施水平和工艺水平及后续批生产需求，尽量采用相对简单的结构形式（如C型梁、T型长桁），共胶接、共固化等整体成形工艺，以及自动化制造和检测技术。在详细设计时，需要满足铺层对称均衡等要求，减少固化变形，避免制造出来的零件产生制造缺陷。

面向装配。即强调尽量采用整体成形工艺，这样可以大大减少装配工序，从而降低装配工时和成本。同时，采用自动化、智能化、数字化制孔和装配技术，可以提高装配精度、质量和效率。设计时，需要考虑紧固件的安装可达性和防错安装要求，通过压缩紧固件规格来降低紧固件采购和安装成本。

面向检测。通过检修口和检修通道设计，考虑不同国家和地区工程师体型特征的可达性要求，以及装配、检查、修理或更换等操作所使用的设备、工具的可达性。结构细节方面，复合材料结构变厚度区、R角区及R角相邻紧固件边缘等重点区域需要保证现有超声设备可检。

面向维修。对于结构易损区域，应考虑3次（含）以上扩孔的维修需求。加筋壁板尺寸定义时，考虑机械连接修理是重要的设计驱动。在制订修理方案时，修理方案应当满足结构完整性要求，考虑修理紧固件的安装空间，且避免使用特殊的维修工具，从而给客户增加额外的维修成本。

实现"设计—制造—维修"一体化，一般采用IPT（集成产品开发团队）工作模式来保证，也就是践行"并行工程"理念。IPT是综合性的技术团队，IPT工作模式可以确保整个团队在制造、装配、检测和维修等各环节专业人员与设计人员协同开展设计工作，从而保证设计出来的产品可制造、可维修。

其次，介绍一下复合材料结构的损伤容限设计理念。历史上飞机结构设计理念经历了静强度、刚度设计，安全寿命设计，破损安全和损伤容限设计等阶段。

静强度、刚度设计。20世纪初，飞机结构仅仅满足静强度、刚度要求，没有考虑疲劳、损伤，更不考虑检测。

安全寿命设计。20世纪50年代，"慧星号"客机等事故使得飞机结构设计引入了疲劳设计概念（"慧星号"客机在设计时未能充分考虑疲劳因素，最终造成多架飞机失事，这是一次很严重的历史教训）。

破损安全。20世纪70年代，F-111事故使得飞机结构设计引入"破损安全"设计理念，即结构避免单承载路径设计，而是采用多承载路径。若某一结构单元损坏，载荷还可分配到其他结构，从而确保飞机仍可安全飞行。这是保证飞机安全性非常重要的手段。

损伤容限设计。如今飞机结构常用的损伤容限设计理念正是在破损安全的基础上发展出来的。具体到复合材料结构，需要考虑包括冲击源、冲击损伤、冲击后剩余强度、检测手段和方法、检测间隔等诸多因素。损伤容限设计的前提是承认在飞机的结构当中允许存在缺陷和损伤，但需要用概率计算方法来保证其引起灾难性破坏的概率不超过"十的负九次方"的极限，这就需要工作人员通过科学的设计、分析和检测计划，来保证飞机在全寿命期安全飞行。

最后，再来谈谈复合材料结构的自动化制造。常用的自动化手段包括自动化铺贴（见图3.4）、自动化成型、自动化定位、自动化加工、自动化检测（见图3.5）和自动化装配等技术。只有借助自动化手段，才能真正保证产品质量，提高生产效率。这是当前亟待发展的领域。

这里举一个自动化铺贴的例子，包括自动铺带和自动铺丝。国内公开文献的统计数据表明：与手工铺放复合材料预浸料相比，自动铺带、自动铺丝的铺放效率可提高20—30倍，制造精度可提高1倍以上，而材料损耗率可以从25%—30%降低至2%—10%。

图 3.4　复合材料机翼翼梁自动铺丝工艺

图 3.5　复合材料机翼壁板超声无损检测

民机复合材料应用技术的发展趋势可以归纳为一体化、自动化、功能化、智能化和低成本。

一体化。现在有个时髦的说法，叫面向产品生命周期各环节的设计（Design For X，简称"DFX"）。在产品设计初期阶段就要充分考虑产品生命周期中各个环节的要求，包括制造工艺要求、装配工艺要求、测试要求、检测要求、包装和运输要求、维修要求、环保要求等，使得产品设计与其他要求之间紧密联系、相互影响，将其他要求反映到产品设计中，从而保证产品以较低的成本、较高的质量和较短的产品开发周期进行开发。

自动化。如前所述，采用自动化制造、机器加工、检测和装配技术，可以从根本上降低人为失误概率，确保产品质量，提高生产效率。

功能化。在确保复合材料所需力学性能的前提下，进行原材料改性，实现结构与功能的一体化。例如：引入导电功能的复合材料通过提高其导电性能，满足闪电/静电防护要求，有效减少铜网应用或不用铜网，从而降低结构重量（目前飞机复合材料结构外表面需加一层导电铜网）。再如改善原材料及结构的吸声性能，实现复合材料结构吸声功能化，以降低舱内噪声，提高民机舒适性。

智能化。在复合材料成型过程中，将传感器预置于复合材料内部，实现对材料内部物理、化学、力学变化的在线实时监测。在复合材料中预置或附加形状记忆合金、压电材料或电流变体材料等智能作动材料，实现对复合材料结构的振动噪声控制、形状控制和基体增强，从而提高复合材料的使用效率，满足服役环境对复合材料结构的特殊要求。

低成本。复合材料制造成本较高一直是限制其广泛应用的瓶颈之一，低成本制造技术已经成为复合材料领域关注的热点及研究难点。共固化、液体成型和非热压罐预浸料成型等技术已在民用航空领域得到广泛应用，是降低复合材料制造成本的有效途径，在大型民机复合材料主承力结构上有广阔的应用前景。

尽管目前航线上运营的大型民机 B787 和 A350 复合材料用量占机体结构重量已经超过 50%，但由于复合材料主承力结构应用经验和数据积累远远不够，复合材料飞机设计、适航审定和安全运营仍需进一步发展和成熟。为了保证复合材料飞机更加安全、高效、经济、环保，业界一直围绕以下方面开展研究。

挖掘潜力，发挥复合材料优势：突破传统的"金属结构设计理念"，根据主载荷方向确定纤维铺层，充分发挥纤维轴向性能优势，不断挖掘复合材料的可设计优势。

运营及维护维修：复合材料损伤和老化数据不足，冲击损伤、胶接修理及修理后的无损检测标准化程度低，以及机务、维修等相关人员缺乏对复合材料的认识和培训等，一直是困扰民机复合材料维护和修理的问题。

更高的结构效率：采用自动化技术，实现对原材料、工艺参数的过程控制，降低人为因素影响，提高工艺稳定性和产品质量；通过与物理实验对比分析，建立基于计算机辅助工程（CAE）的虚拟试验能力；应用新材料、智能材料，实现结构功能一体化。采用结构健康监测（SHM）技术，实现对复合材料结构全寿命周期状态监测。

低成本：采用面向成本的复合材料结构设计（DFC），通过共固化、低成本工艺和自动化技术，减少模具和设备采购、制造、装配和检测等成本；贯穿"设计—制造—维修"一体化理念，从根本上降低复合材料结构的生命周期成本（LCC）。

绿色环保：面向"碳达峰、碳中和"需求，考虑原材料、设计、制造装配、运输、储存、包装、使用、回收利用，直至最终处置的全寿命周期，逐步实现复合材料的回收和再利用；加快热塑性复合材料应用的步伐，充分发挥其可循环使用等独特优势，加快新型可降解材料等绿色技术的研究。

我们只有充分考虑复合材料的特点，不囿于设计概念的现有限制，用智慧碰撞出真正符合复合材料优势的设计理念，才能探索出新一代民机复合材料应用之路。

超高强度钢:
托举起飞的力量[①]

> 超高强度钢被认为是高端钢铁结构材料的王冠,具有极高的工业技术附加值,代表着一个国家高端装备的工业水平。
>
> ——王辉

[①] 本文根据"致未来·C-Talk"公益性科技演讲大会第2期内容整理而成,作者为王辉。

王辉，北京科技大学教授，新金属材料国家重点实验室副主任。主要从事多孔金属及其复合材料、高熵合金和高性能钢铁材料研究。主持和参与国家自然科学基金重大、重点和面上项目，国家航天预研计划项目等，以第一/通讯作者发表SCI论文50余篇，在国际学术会议做邀请报告9次，授权国家发明专利14项，获教育部自然科学一等奖1项。

王辉参与了国产大型客机的研制任务，他所在的吕昭平教授团队研制的新型超高强度钢是世界上第一种共格析出强化的马氏体时效钢，引领了超强结构材料的发展，实现了我国自主知识产权的研究成果在学术思想、制备技术和工程化的全面创新。

第三章 材料高度：重新定义创新边界

钢铁作为支撑人类社会发展的主要结构材料，因其具有较高的强度和塑性、多样化的性能和很好的经济性，在航空航天、先进核能、交通运输工程、海洋工程各领域的应用和超高层建筑等大型人类构造体的构建中发挥着重要作用。随着国民经济的发展和国家安全的需要，高性能高端钢铁材料成为各国材料竞争的主要领域，更强更韧的超高强度钢应运而生。

超高强度钢，是20世纪60年代出现的一类具有高极限强度的高端钢铁材料。一般工业上常用的钢铁材料的抗拉强度在300兆帕以下，而超高强度钢的抗拉强度不低于1500兆帕，这意味着这种高性能的钢铁材料能够承受相当于普通钢铁材料至少5倍的强度载荷。由于严苛的使用环境和服役条件，超高强度钢不仅具有极端的强度要求，还要求有一定的塑性来保证断裂抗力和安全性。超高强度钢用于国民经济和国家安全非常关键的结构部位，一旦发生失效和破坏，后果将不堪设想。

超高强度钢由于具有极高的强度，生来就被

应用于人类最具挑战性的工业领域，例如大型飞机起落架、核原料同位素分离的高速离心机转筒、高精度高强度传动系统、航空涡轮喷气式发动机主轴、汽车用无级变速带、重要结构紧固件、核电站堆芯控制杆以及超深水下深潜器壳体等。

这些领域代表了人类工业文明的顶峰，也代表着一个国家材料研发的水平，因此，超高强度钢被认为是高端钢铁结构材料的王冠，具有极高的工业技术附加值，也直接关系到一个国家高端装备制造业的工业水平，一直是发达国家争相发展和鼓励的工业领域。

目前，以美国为首的西方国家基本上垄断了超高强度钢的国际市场和技术市场，我国国内几乎所有的超高强度钢的牌号都源于美国和欧洲国家企业，并获得了他国政府的专利保护。这种严峻的形势对我国国民经济发展，特别是实施《中国制造2025》战略构成了挑战，因此尽快发展具有我国自主知识产权的超高强度钢具有紧迫性和战略意义。

目前，国际上先进的超高强度钢主要是高合金超高强度钢，分为二次硬化钢和马氏体时效钢，其中最具竞争力的是马氏体时效钢，同时也是应用最为广泛的超高强度钢。然而传统的马氏体时效钢面临着三大问题：

第一，低韧塑性，低可靠性。结构材料有两个很重要的指标：强度和塑性，它们是一对难以平衡的矛盾体，特别是强度超过2000兆帕以后，塑性通常会急剧下降。现在几乎所有的超高强度钢，塑性都不理想。实际上超过2000兆帕的超强材料，很难有超过5%的塑性，这就是超高强度钢低塑性的特征，导致超高强度钢的安全性、可靠性存在很大的问题。

第二，热处理工艺复杂，热加工条件苛刻。为了得到合适的马氏体的基体，同时控制在基体内部析出合适的析出相，超高强度钢的制备还要经历严格的热处理工艺流程，热处理的加工窗口也非常狭窄，因此整个热处理过程非常复杂。

第三，高成本，原料和加工成本高昂。超高强度钢之所以具有超高的强度，主要是因为析出强化机制，即通过超强马氏体基体内部析出超高密度、弥散均匀分布的纳米尺度颗粒而实现。这些强韧的粒子起到大幅提高整个材料强度的效果。为了能高密度析出，马氏体时效钢中常常添入大量的合金元素，这些添加的合金元素比较昂贵，例如最常见的钴，作为一种全球战略元素，在地球上储量不多，价格约是纯铁的180倍。另外，添加的钼的价格在铁的130倍以上，还有钨、钛等。而且随着使用量的增大，这些原料的开采更为困难，价格还会上升。为降低材料成本，发达国家的研究工作基于传统的18Ni钢，所研发的无Co马氏体时效钢将Ni_3Ti作为析出强化相，同时通过添加Mo、Ti等合金元素可促进析出，达到提高强度的目的。但是Ti、Mo含量的增加会不可避免地引起Fe_2（Mo，Ti）以及碳化物（TiC）等其他大尺寸、不均匀相析出，又会严重降低材料的韧塑性。

针对这些极大限制了超高强度钢应用的问题，来自北京科技大学新金属材料国家重点实验室的科研人员提出了基于析出相与基体的低能界面的合金设计理念，选择与基体完全共格的Ni（Al，Fe）相作为析出强化相的合金成分，研发新型马氏体时效钢。

科研人员对新型马氏体时效钢的典型组织和力学性能，与传统马氏体时效钢进行了对比，通过简单的固溶时效的方法，新型马氏体时效钢的拉伸屈服强度提高了1100兆帕，同时塑性无明显下降，这与传统马氏体时效钢时效后塑性的急剧恶化形成了鲜明反差。

更令人欣喜的是，新型马氏体时效钢经时效后呈现出一定的加工硬化率，均匀延伸率反而有所增加，在相同强度下其值远高于其他合金。可见，这种强化机制可有效地抑制裂纹过早萌生和局部应变的发生。

在采用一系列的先进表征技术对时效前后的典型组织进行表征后，科研人员观察到具有极高密度且极小尺寸的粒子均匀分布于高缺陷马氏体基体上，对析出相尺寸、分布和形态等进行了有效的调控。该钢中用 Al 替代传统钢中必需且昂贵的 Co 和 Ti，不仅降低了合金成本，而且 Ti 的去除和允许合金中可以添加一定量的 C 元素并以碳化物的方式补充协同强化，也将有效地简化新型马氏体时效钢的制备和精炼过程。经过近 10 年的持续攻关，科研人员最终研发出了高密度纳米共格析出强化的新型超高强钢。

由于析出相尺寸极小且与基体结构存在极小错配度，新型马氏体时效钢中的共格畸变不但大幅度降低，而且析出相具有很高的反相畴界能，从而以有序化效应为主导，阻碍位错切过并大幅度提高变形抗力。此外，极小错配度下颗粒最大程度地均匀分布且共格畸变大幅弱化，有效缓解了传统马氏体时效钢中难以避免的应力集中问题，而且析出相颗粒的化学组成特征也大幅保留了固溶于马氏体基体中用于增强增韧的 Ni 元素，这使得新型马氏体时效钢在 2000 兆帕下仍然具有接近 10% 的塑性，这是非常显著的进步。

新型超高强度钢是在通过错配度设计超高密度共格析出，以及利用析出相强有序效应实现高剪切应力的创新思想上实现的，也是世界上第一种共格析出强化的马氏体时效超高强度钢，引领了高性能超强结构材料的发展，实现了我国自主知识产权的研究成果在学术思想、材料制备和工艺的全面创新。

自超高强度钢以来，高强合金均是基于在过饱和马氏体基体上通过时效来促进纳米弥散第二相析出组织的设计理念，因此，其强化主要来源于马氏体内高含量位错和高密度析出强化相的相互作用。纳米析出的强化主要源于两种机制，即半共格或者非共格粒子产生的强共格畸变场，以及有序粒子在位错切过后形成的高能反向畴界能，在一些合金中两种机制并存。而新型超高强度钢以传统 18Ni 马氏体时效钢为基础，通过最小化析出相和基体错配度，发展新型 Fe-Ni-Al 系 B2 有序化增强的超高强度马氏体时效钢。也就是说，新一代超高强度钢的强化主要是基于最低错配度下获得最大弥散析出和高剪切应力的创新思想，即一方面通过"点阵错配度最小化"，大大降低金属间化合物颗粒析出的形核势垒，促进更小尺度（2—5 纳米）微颗粒均匀弥散分布，并显著提高强化颗粒的体积密度和热稳定性，同时低错配度的共格界面结合小尺度有效缓解增强相颗粒周边微观弹性畸变，改善材料宏观均匀塑性变形能力；另一方面，引入"有序效应"作为主要强化机制，有效阻碍位错对增强相颗粒的切过作用，最终获得综合性能优异的新型马氏体时效钢。更为重要的是，新型马氏体时效钢采用 Al 元素代替传统马氏体时效钢中 Co 等合金元素，还可添加传统马氏体时效钢所避免的 C 元素来进一步实现强化目标。

新型超高强度钢具有简化的生产工艺，极大降低了生产成本。传统的 T250、T300 等 Ti 含量较高的马氏体时效钢，在凝固时易于发生元素微观偏析，热加工后倾向于引起高温缓冷脆性，而新型超高强度钢不但具有稳定的时效力学性能和良好的热加工性能，而且可以轻易地在固溶状态下校形，进行拉拔、冷轧、弯曲、深冲等加工，因而在工程上可以先加工到零部件所需形状，然后通过时效进行强化，时效后尺寸变化率仅为 0.06%。新型超高强度钢 C 含量变化较为灵活，在 0—0.1% 内，具有良好的可焊性。这些优良的使用性能具有重要的工程意义。

屈强比是衡量钢材强度储备的一个重要参数，传统超高强度钢抗拉强度达到 2000 兆帕时屈强比超过 0.9，而新型超高强度钢抗拉强度高达 2200 兆帕，屈强比在 0.8—0.9 内，与现在强韧性能最好的超高强度钢 Aermet100 接近，这说明新型超高强度钢具有更好的服役安全性。

除此以外，新型共格析出增强的超高强度钢获得了传统超高强度钢在强度超过 2000 兆帕时不具备的均匀延伸率和加工硬化能力，同时其均匀延伸率还可通过合金化进一步提升，例如微量 Mn 的添加使得均匀延伸率从 4% 提升到了 8%，在超高流变应力下实现可持续的强加工硬化。这不仅能够大幅提升超高强度钢的服役安全性及成型性，对于如断裂韧性及抗疲劳损伤等关键性能也会产生极大的提升。

2017 年 4 月 17 日，国际学术期刊《自然》（Nature）报道了这一研究成果，很快赢得了广泛的国际声誉和学术影响。世界著名结构材料学家、美国工程院院士、加州大学材料系教授莫里斯爵士，在《自然·材料》（Nature Materials）发表专门评述文章，认为这一成果"以完美的超强马氏体钢设计思想，简化的合金元素及析出相强化本质，为研发低成本、高性能和大塑性的高强材料提供了一个新的途径"。另一位美国工程院院士刘锦川教授也在专门的评述文章中表示："这是结构材料的一个重要进展，引领了纳米结构钢发展，对于航空工业极具吸引力。"这一研究成果入选了"2017 年中国科学十大进展"。

实际上，在航空领域，除了超高强度钢，高温合金等金属结构材料更是发挥着关键作用。

飞机的心脏是发动机，而航空发动机的关键在于材料。喷气式发动机是由压气室、燃烧室和涡轮等构成，压气机工作温度并不高，可选择的材料很多，但是燃烧室工作温度高达 1600 摄氏度以上，因此材料选择非常有限；而涡轮工作条件非常苛刻，且需长时间稳定工作。因此，这些热端部件的材料一直是制约航空发动机进步的瓶颈。

作为我国第一个高温合金专业的诞生地，北京科技大学新金属材料国家重点实验室也一直针对航空领域的两种高温金属结构材料进行研究：用于涡轮叶片的、具有更高承温能力的单晶钴基高温合金以及具有轻质特征的、我国完全自主知识产权的高铌钛铝合金体系。相对于镍基高温合金，单晶钴基高温合金具有更优异的蠕变性能和抗高温软化能力，而铌钛铝合金则具有较低的密度，这就意味着低能耗。

航空发动机需要长时间稳定工作，涡轮叶片的损伤评价是核心中的核心，北京科技大学新金属材料国家重点实验室研发了一系列从微纳尺度到毫微尺度、毫米尺度的多场耦合多尺度先进表征技术，用来对航空发动机关键部件损伤和寿命进行评价。因为高温合金服役环境不仅受到力的作用，还有温度场的作用，服役条件非常复杂，这些服役条件是多场协同作用的结果，研究这个过程非常困难，但这也是建立我国高温合金安全服役评估标准的必经之路。

大飞机是非常漂亮的科技和工业文明的产物，也是现代工业的结晶，代表着一个民族工业的发展水平，我们这一代人很幸运地见证着中华民族复兴的时刻。虽然超高强度钢从合金设计到中试和工程化试制一路上还面临着很多挑战，但我们仍然怀着中国人的材料梦想，竭尽全力投身于我国的材料事业，为我国的航空工业进步鼓掌。

随机智变：
电子皮肤与飞行器气动性能感知[1]

> 柔性电子具有"薄大精伸"的特点，与"短小精悍"的微电子"和而不同"，两者共同开启"刚柔并济"的电子时代。
>
> ——黄永安

---

[1] 本文根据"致未来·C-Talk"公益性科技演讲大会第9期内容整理而成，作者为黄永安。

黄永安，华中科技大学教授，数字制造装备与技术国家重点实验室副主任，国家杰出青年科学基金获得者，国家重点研发项目首席科学家，"科学探索奖"获得者。致力于新兴柔性电子技术研究，包括：柔性电子器件与系统（穿戴式电子系统、飞行器智能蒙皮、机器人电子皮肤、柔性显示等）和柔性电子制造与装备（高精度喷印制造、激光剥离/巨量转移、复杂曲面电子制造、微等离子体加工、机器人化制造）等。部分成果转化2000余万元，获得湖北省自然科学/技术发明一等奖等。

柔性电子技术有望带来一场新的电子技术革命，为航空航天技术创新发展提供使能技术。图为黄永安在操作柔性电子喷印制造装备。

什么是"随机智变"的电子皮肤呢？如果说皮肤是人体最大的器官，那么触觉传感器就是飞行器最大的"器官"。为飞行器添加电子皮肤是一项极具挑战的技术，需要其具有大变形能力和多功能感知能力，我们称为飞行器智能蒙皮，为未来飞行器的创新发展提供使能技术。

当前，电子技术正在朝两个方向发展，分别是沿高密度集成和纳米级特征尺寸方向的"延续摩尔定律"，以及沿多功能集成和大面积跨尺度发展的"超越摩尔定律"，而柔性电子技术属于后者。

对比这两种技术，如图 3.6 所示，左图是华为的麒麟芯片，采用的是 7 纳米技术，里面有几十亿个晶体管，可以看出它是一个刚性极大、尺寸较小的器件，掉到地上也不会变形。右图是一个典型的柔性电子器件，薄至几微米，可以贴到人体皮肤表面，而且可以做到弯曲、延展。这两种技术完全不同，但后者也可以集成晶体管乃至一系列电子器件在上面。因此，柔性电子技术既源于微电子技术，也异于微电子技术。

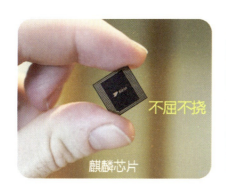

图 3.6　微电子和柔性电子的对比

什么是柔性电子？简言之，就是将有机／无机薄膜电子器件制作在柔性／可拉伸基板上，使其具有特殊的力学变形和电子感知性能。柔性电子器件最显著的特征有 4 个方面（见图 3.7）：一是"超轻薄"，可薄至几微米，掉落的速度比羽毛的还慢；二是"大面积"，目前已有 100 英寸（1 英寸 = 0.0254 米）的显示屏，制造过程中最高世代线是 11 代线，制造面积接近 10 平方米；三是"高精度"，可以集成高性能的芯片，实现高精度的测量；四是"可拉伸"，可使无机电子器件具有强拉伸能力，满足人体或者其他变形物体表面的一些变形能力。综上所述，柔性电子具有"薄大精伸"的特点，与"短小精悍"的微电子"和而不同"，两者共同开启"刚柔并济"的电子时代。

图 3.7　柔性电子的"薄大精伸"特点

作为下一代信息电子技术平台，柔性电子从纳观尺度到微观尺度，从介观尺度到宏观尺度，其研究内容同样是博大精深（见图3.8）。如在纳观尺度上主要为纳米材料，包括液态金属、各种量子点材料等。而在微观或介观尺度上，主要体现为设计方面：通过合理的结构设计，脆性材料能够满足柔性电子的变形要求，具有弯曲、延展的能力。那么我们通过什么工艺制造柔性电子器件？微电子器件一般通过光刻工艺制造而成，但是由于柔性电子器件所采用的材料种类多、尺寸跨度较大，因此需将喷印工艺、自组装工艺、激光工艺以及转印工艺等多种工艺结合。柔性器件制成后具有丰富多彩的应用领域，我们柔性电子制造团队（iFLEX）研究主要集中在人体表面的表皮电子、贴在飞机表面的智能蒙皮、贴在机器人表面的电子皮肤、大面积的柔性显示以及结构健康监测等系统的设计与制造研究。

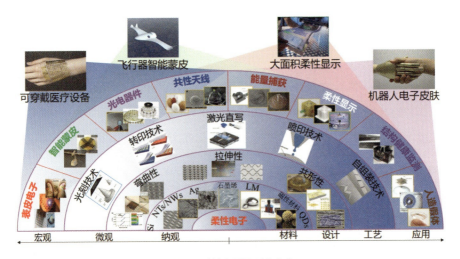

图3.8　柔性电子的研究内容

智能蒙皮使飞机具有一种自动感知、计算以及自修复的能力，也是下一代飞行器的技术突破重点。如何用这种电子皮肤技术去实现飞行器智能蒙皮呢？为实现远程通信，需要一系列共形天线；为在飞行过程中感知风的升力或者阻力等，需要传感网络；为实现电磁隐身，需要制作特殊的超材料结构和芯片阵列。我们将这些功能都集成到一个柔性电子皮肤上，就可以实现多功能的智能蒙皮（iFlexSense）。

我们针对智能蒙皮进行了多方面创新研究。首先模仿人类皮肤的变形能力，在变形过程中保持传感器的稳定性。其次在精度和功能方面超越皮肤的感知能力，使传感器拥有更精确的感知力。这其中涉及两个技术难点。第一，如何在柔性的曲面上制作传感器？需要将具有大变形、多功能、不同计算能力的芯片集成在一起。第二，飞机很难采用可拉伸的橡胶类材料为基底，只能用不可拉伸的材料做基底，且只能在曲面上做加工，但是曲面电子的制造非常困难。另外，传感器需要满足阵列化形式，而这会导致传感器规模较大、种类较多，数据的采集、分析和显示都非常具有挑战性。

首先，如何通过结构设计，使电子皮肤具有自适应变形能力？这里主要解决 3 个问题。第一，如何使电子皮肤具有弯曲能力。可能很多人认为弯曲很简单，将其厚度做薄就可以了，但是不管做多薄，在弯曲过程中只要贴在物体表面，器件均有应力存在，而应力会对电子器件或传感器带来不良影响。因此需要通过结构力学设计，使其处于力学的中性面，在这一层不管怎么弯曲，电子器件不会受到任何影响。第二，如何使硅薄膜或者金属薄膜具有如平面弹簧一般良好的拉伸能力。无机电子器件的拉伸能力是通过波纹结构（包括一般波纹结构、屈曲波纹结构、自相似波纹结构等）设计来实现的。第三，如何使柔性器件与皮肤共形。除弯曲能力和拉伸能力之外，器件共形能力还受所共形目标结构的软硬程度影响。比如一张纸和一张保鲜膜同样很柔软，它们均可与人体皮肤共形，但是无法与皮球共形——必然会出现褶皱、重叠现象。经过研究，我们得到一个初步结论：对于皮肤等柔软基底，只需要厚度减薄就可以实现共形贴合。例如保鲜膜可以与皮肤表面共形；对于皮球或者玻璃杯等硬基底，则必须尽可能将边长控制得比较小，即器件尺寸变小，才能实现共形，这就是软底曲面和硬底曲面的不同共形要求。更重要的是在变形过程中，需要保证传感和电子功能不受影响。

其次，要解决多模态感知难题，即如何在飞行器表面感知并测量各种各样的物理量，比如风的压力、流速、机翼的振动、温度、应变、摩阻等。必须设计多功能传感器，可在不同状态下具有多功能感知能力，从而测量不同的物理量。通过这些物理量的组合，可达到和人体皮肤一样的触觉感知。触觉不仅涉及力或温度，还是复合的、多模态的，需要多个传感器综合起来才能实现判断；同理，飞机飞行时的转捩点、分离点等也需要综合多个物理量一起判定。总而言之，要保证智能蒙皮做到"测得到、测得全、测得准"，如图 3.9 所示。

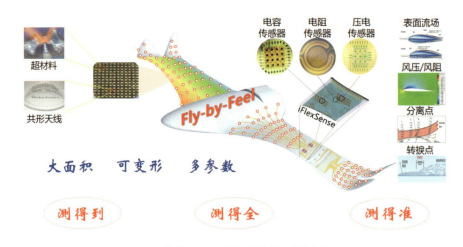

图 3.9 变体飞行器柔性智能蒙皮的功能与特点

此外，要解决智能蒙皮设计后的制造难题。如图 3.9 所示的变体飞行器表面是一个 360 度环绕的曲面，上面有多功能的传感器。我们的思路是通过 3D 扫描和柔性电子自身的特点，将高维曲面转换成二维平面，在二维平面上利用光刻等微电子工艺进行传感器制备。制备后的传感器被转移到高维曲面上，中间涉及曲面共形设计与判定等，最终在飞行表面形成分布式传感器阵列。但此时传感器间并不是相连的，必须通过共形喷印技术将整个电子器件互连起来，形成完整的智能蒙皮，然后像穿衣服一样将其穿到飞机上。

不管功能多么复杂，其中有两个技术难题必须要解决，首先要解决的难题就是喷印——如何喷印高电导率的材料，例如高黏度的银浆等？目前喷印技术主要通过后端挤压式的方式来实现喷射，该方式有两个特点：一是溶液黏度低，二是液滴直径大。我们研发出电流体喷印的新方法，即通过电场拉伸的方式，使溶液形成一个三角锥，从三角锥尖端进行喷射，可显著提高打印分辨率，提高1—2个数量级。传统的喷印分辨率极限约为20微米，通常难以达到50微米，而我们方法的极限可以到200纳米，同时所使用的材料从以前的水性溶液变为浆料，溶液黏度范围也提高了2—3个数量级。其次，电流体喷印还是一项"多材多艺"的技术，兼容不同材料，形成不同工艺。它可以形成3种工艺：一是按需喷印，这是传统喷印的方法，但具有更高的分辨率；二是雾化制膜，在不同曲面上沉积各种特殊的有机薄膜；三是近场直写，如果一滴一滴地打印导电结构，很容易形成断路，而通过连续直写的方式则不会出现该问题。

图3.10所示都是我们团队制备的结构，比如光学超表面结构，就是喷印制造出一系列透镜：三角形透镜、四边形透镜和六边形透镜。再如通过喷印方式制造出来的印刷电路板，不同于常规刻蚀方式得到的印刷电路板。还有超材料结构，其在航空领域具有特殊的用途，如利用其电磁吸波性能做电磁超材料。另外，超材料也可以制备非常精细的导电结构，如透明金属网格和透明天线。所有工艺都可以从平面拓展到复杂曲面上，图中设备是自主研发的曲面加工平台。

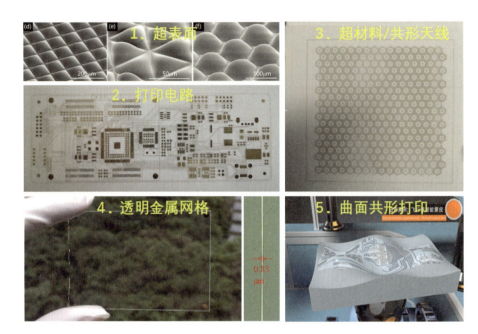

图 3.10 电流体喷印制造技术应用

将电子器件从基板上剥离是电子系统集成封装的关键，传统剥离技术利用顶针实现器件剥离，该技术非常成熟。目前剥离技术主要向两个方向发展（见图 3.11）：一方面，研究超薄、超大的器件剥离，即如何将一个面内几平方米、厚度只有 10—20 微米的柔性显示器剥下来；另一方面，从少数芯片剥离到 MicroLED 芯片巨量转移，以前可能每秒钟剥两片就足够，以后则可能发展至每秒钟剥 2 万片。例如现在的智能手机屏有 1000 万个像素，需要确保制造时间不能太长，要很快将其剥离并转印集成。利用激光剥离工艺可以实现超薄器件的剥离，其原理是将激光光束进行整形，形成一条非常细的线光斑，然后平移扫描，从而对各种大面积超薄压电、温度、应变以及风速传感器等进行剥离。

图 3.11　激光剥离技术

此外，我们还开发了复杂曲面电子的集成加工装备，集成了共形喷印、激光剥离、曲面转印、球形电动机、三维曲面测量重构、机器视觉定位、路径规划等功能模块，用于制造大面积、柔性、曲面智能蒙皮／多层电路／电磁超材料等，可以集成一系列的芯片集成、传感器贴装以及大规模互连导电电路等。

我们团队在某型号飞机尾翼上集成的全覆盖智能蒙皮，已完成国际首次用于大型风洞测量，一次可以实现多个物理量测量，达到风洞测量数据的"稳、准、快、多、和"，彻底改变了目前风洞测量技术（见图 3.12）。这些传感器就是利用我们自己研制的设备制造的，大规模传感器所需要的大规模、高速数据采集系统也是自主开发的：将大规模数据导入计算机，利用自主开发的软件系统进行计算分析，并通过云图的方式或其他交互方式将其展现出来，整体形成了智能蒙皮的感知技术（iFlexSense 技术）。

把智能蒙皮贴在飞机机翼的表面，可以测量外部冲击的位置。根据其上的压电传感器，通过人工智能技术分析压电传感器信号，可以得到具体的冲击点。另外，不同时间的压电传感器具有不同的功能，不同风速和攻角会采集到不同的信号频谱，通过分析频谱特性或者频

图 3.12 柔性智能蒙皮（iFlexSense）风洞测试与应用

率变化，可以预测飞机是否存在振动过猛或转捩点等。还可以将电容传感器进行集成，用于静态压力测量，获得气流对飞机产生的正压和负压。经过测量可以得到飞机模型表面压力云图，进而得到飞机每一点的精确压力值，输出曲线是在风洞中测量的结果，攻角每变化1度都可以明显看到一个台阶，足以证明这个传感器的灵敏程度。也可以测量飞行器表面气流的流速，将电阻加热器和电阻温度传感器组合在一起，通过计算风带走的热量和残余热量的比值，可以计算出经过传感器的气流流速情况，目前可以测到300米/秒的速度。

智能蒙皮上的多种传感器之间可以相互配合协同工作。如果分析某一个移动载荷（如风载荷）的移动速度或者强度变化，需要利用不同位置的不同传感器对同一载荷进行表征。多个传感器协同工作的优势还体现在，假如某种传感器确定了一种信号，但无法判断该信号是对还是错，则可通过另一种传感器给出信号来同时判断是否正确，从而做到互相印证。

最后，智能蒙皮具有非常多的应用场景。例如风洞测量，包括测量气动压力、气动温度/热流、表面摩阻、结构振动等。利用粒子图像测速（PIV）方法，可以测量非常高的空气流速，但是难以测量真正需要的飞机表面流速。另一种方法是利用压敏漆或者温敏漆测量气流带来的压力或者温度变化，但是测量中会存在光学死角，受光影响非常大，并且也不可能用于飞机实际飞行过程中的测量。用流油法测量流速时，流速和方向的测量具有滞后性，是否准确还有待考证。另外，通过皮托管测量飞机表面的压力从而获得气流流速的测量方法需要打孔，破坏结构且引线非常多，这些均是目前风洞测量遇到的典型问题。在风洞测量方面，我们的电子皮肤技术可以改变目前风洞的测量方式。因其具有非常多的功能单元，不仅可以集成天线，也可以集成感知，甚至集成表面超材料。美国此前曾提出一种传感器飞行器，表面集成了非常多的天线和传感器，甚至有局部柔软的变形结构，我们的智能蒙皮技术正好可以满足需求。另外，变体飞行器在不同时候需要不同的形态，在加速时要求翼展小，在巡航时机翼要展开，因此需要可大变形的传感器用于测量当前状态，并且该传感器可以随机翼变化而不影响其性能，电子皮肤就是其中一项核心技术。

电子皮肤在高速旋转机械试验方面也有非常大的帮助。整个器件很轻薄，可以贴附于飞机发动机的叶片，在做高速旋转实验时，不会影响整个发动机的动力平衡特性，可以测量表面气流流速、振动、压力、结构强度等。如果电子皮肤与虚拟现实或者增强现实结合，则可以观察每个叶片的实时数据变化情况，也可以通过数据投影，让我们身临其境，得到更加直观的结果。

电子皮肤还有其他重要应用，比如把超材料集成到柔性电子皮肤基底上，通过穿戴方式与飞行器结合，飞行器能够隐身，如光学隐身、电磁隐身等。其优势在于不同的飞行器可以配备不同的超材料结构，可以实现在不同电磁波、不同工况下的隐身。直接在飞行器复杂表面制备超材料结构，工作量大且难以改变天线拓扑，而运用柔性电子皮肤的方式是一种非常好的解决方案。

柔性电子研究包括3个方面，一是设计，二是制造，三是应用。我们围绕国家重大战略需求，开展创新设计和制造研究，主要应用对象包括柔性显示、人体健康的表皮电子、飞行器智能蒙皮、机器人电子皮肤等4个方向，并开发了等离子体加工、喷印加工、激光剥离、巨量转移、共形制造等功能的系列化柔性电子制造装备，为柔性电子实用化提供了智能技术。柔性电子科研人秉承"只争朝夕，不负韶华"的工作精神，才会有今天柔性电子材料、设计、结构、器件、制造和应用领域的不断创新。希望柔性电子技术能够带来一场新的电子技术革命，为航空航天技术创新发展提供使能技术。

未来可期：
中国的飞机与中国的材料[1]

> 我国航空用先进高分子材料研发起步晚，目前许多品种及部件仍然依赖进口，制约了国家战略目标的实现。
>
> ——杨军

---

[1] 本文根据"致未来·C-Talk"公益性科技演讲大会第11期内容整理而成，作者为杨军。

杨军，中车株洲电力机车研究所副总经理，株洲时代新材料科技股份有限公司董事长，教授级高级工程师，博士生导师，长期致力于高分子材料研究及其工程化应用，任大型交电装备复合材料国家地方联合工程研究中心主任，入选"国家百千万人才工程"，国家"有突出贡献中青年专家"，国务院政府特殊津贴获得者。曾获全国轻工行业科技创新先进个人、詹天佑铁道科学技术奖青年奖、全国五一劳动奖章、中国中车科技成就奖等多项荣誉，多次获得省级行业科技进步一等奖。

杨军在参加"致未来·C-Talk"公益性科技演讲大会时表示，中国航空事业的成功发展正在对中国先进高分子材料的进步产生巨大的牵引扶持作用。

第三章　材料高度：重新定义创新边界

材料是实现先进飞机高性能、轻量化、高可靠性、长寿命、低成本的重要技术保障。高分子材料因其质轻、易成型、耐腐蚀，同时具有优异的电气绝缘性能、力学性能等优势，在飞机中的应用越来越多（见图 3.13），发挥着举足轻重的作用。我国航空用先进高分子材料研发起步晚，目前许多品种及部件仍然依赖进口，制约了国家战略目标的实现。

近年来，国内加大了对酰胺基材料、酰亚胺基材料和火安全材料 3 类高分子材料的研究。

酰胺基材料是主链由重复的酰胺基单元构成的高分子材料，重复单元是脂肪族或半芳香族的俗称尼龙（聚酰胺），全芳香族的俗称芳纶（聚芳酰胺）。间位芳纶或称芳纶 1313（聚间苯二甲酰间苯二胺纤维），因综合性能优异，被广泛应用于苛刻的环境和工况。

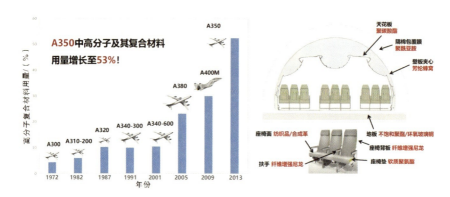

图 3.13 高分子材料在飞机中的应用

飞机关节轴承使用的可靠性高、免维护的自润滑衬垫，有优异的润滑、隔离、减摩作用，同时具有降低机械动力消耗、抗冲击、减振、降噪功能。衬垫由纤维织物和树脂构成：间位芳纶长丝与聚四氟乙烯长丝编织成纤维织物，再涂覆树脂复合而成。间位芳纶长丝起承载和提高黏结性的作用，聚四氟乙烯长丝起润滑作用。织物是自润滑衬垫的骨架，对衬垫作用至关重要。经过十几年的发展，国内已打通了轴承制造、纤维编织、浸渍涂覆等工艺，唯独间位芳纶纤维还长期依赖进口，成为全产业链国产化的最后"一千米"。

我国早在 2007 年已经实现了间位芳纶纤维的生产，而且产能已达世界前列，但性能与国外相比尚有一定差距。美国杜邦公司采用低温连续聚合技术，可为纺丝/沉析成型提供性能稳定的树脂；日本帝人采用界面聚合，反应速度快，含盐量低，利于纺丝，但工艺复杂，工艺要求严格，投资大；一直以来，我国均采用间歇式低温溶液聚合法，因传质、传热问题导致聚合物分子量分布较宽、副产物多、批次稳定性较差，且易发生氧化导致颜色发黄。

近年来，我国通过采用间位芳纶树脂微通道螺杆连续聚合反应技术，解决了釜式装置换热及混合效率较低的问题，提高了聚合物品质及稳定性，避免了因体系局部过热导致树脂高温氧化黄变及副产物的生成。

美国杜邦公司采用干法纺丝工艺,纺丝效率高,纤维品质好,但装置及工艺实现难度大。一直以来,国内均采用湿法纺丝,不仅纺速慢、纤维取向度和结晶度低,而且表面缺陷多,因此纤维强度、模量偏低,热收缩率偏高。目前,我国已突破了间位芳纶干湿法纺丝技术,纺丝速度可与干法纺丝相当,制备的纤维表面光滑,缺陷少,取向度、结晶度高,纤维性能也与干法纺丝产品相当。纺丝溶剂去除主要通过液相扩散,有别于干法纺丝的直接蒸发,在显著降低投资成本和能耗的同时安全性更高。

由该技术制备的高性能间位芳纶整体指标与进口纤维相当,其中拉伸强度、模量、耐化学品性等关键性能均优于进口纤维;做成衬垫后,其摩擦系数、磨损量显著低于进口产品,具有更优异的耐磨性能。

芳纶蜂窝是先采用芳纶纸,经过涂胶、叠合、热压、拉伸、浸胶、固化、切片等工艺制备出芳纶蜂窝芯,再将其与上下蒙皮紧密黏合,最终形成具有高比强度、高比刚度的蜂窝夹层结构复合材料(见图3.14),被广泛应用于客机、直升机、无人机等各种机型,相比原结构可减重20%以上。

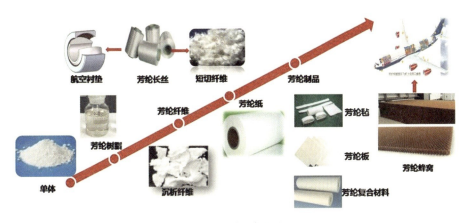

图3.14 芳纶产业链

我国芳纶蜂窝芯及其复合材料制品早已实现了国产化，但制造蜂窝材料所使用的高性能芳纶蜂窝纸仍依赖进口，主要原因是芳纶纸的原材料（芳纶纤维）制备技术及纸机成形技术等方面与国外有较大差距，导致芳纶蜂窝纸表面结构疏松，制备蜂窝芯浸胶时胶液渗透过多，蜂窝脆而少弹性，蜂窝芯性能较差，离散大。

制备芳纶蜂窝纸除了需要前面所介绍的高强、高模纤维外，还需要沉析纤维。国外沉析纤维微观薄膜状结构多，比表面积大，脱水困难，适用于长网成形，成纸致密性好、综合性能优异；国产沉析纤维微观结构膜状较少，带状结构偏多，比表面积较小，适用于斜网及圆网等快速脱水成形方式，综合性能一般。

近年来通过自主设计的高速剪切成型装置，突破了大比表面积沉析纤维制备技术；同时采用水力式流浆箱长网成形技术，将混合好的芳纶短切纤维和沉析纤维通过冲浆泵产生高速浆流，经流浆箱的锥形布浆器进入湍流发生器，能产生与芳纶纤维尺度匹配的湍流强度与频率，可实现芳纶纤维浆料流的稳定分散，并实现上网浆料流全幅均匀、稳定分布。芳纶纤维浆料进入纸机网部，通过合理控制纸料在网上的留着和脱水工艺，最终形成具有优良匀度和表面结构致密的间位芳纶蜂窝湿纸幅。

通过以上芳纶树脂聚合技术、芳纶纤维制备技术及纸机成形技术的系统研究和开发，我国的间位芳纶蜂窝纸的抗张强度、撕裂度和透气度等关键性能与美国杜邦诺梅克斯（Nomex）纸性能相当；表面结构致密，制备蜂窝芯浸胶时能实现挂胶而不透胶，从而使蜂窝芯不脆且富有弹性，性能良好。

采用我国间位芳纶纸制备的芳纶蜂窝芯复合材料关键性能满足波

音 BMS 8-124 要求及国家军标 GJB 1874—94 要求，达到杜邦 Nomex 纸蜂窝芯同等技术水平，在"天宫"空间站、机载雷达天线罩等得到应用，并成功出口欧洲，进入空客供应体系。

脂肪族酰胺基材料通常被称为尼龙，所制备的轻量化连续纤维增强热塑性复合材料及制品，也已在各型飞机上普遍应用。复合材料的性能取决于材料本身和玻璃纤维在基体树脂中分散状况以及两者间的界面结合情况，良好的分散和界面结合强度是制备高性能复合材料的关键。热塑性树脂聚合度高，熔体黏度较高，流动性差，如何使其在高温下具有良好的流动性并对玻璃纤维有较好的浸润性，是行业面对的一大难题。目前只有德国朗盛等极少数公司掌握了相应树脂制备技术，且不对中国出售纯树脂。

通过自主研制含多官能团的活性单体与己内酰胺进行水解开环聚合，我们合成了支化高流动性尼龙 6 树脂：由于单个支链的链长缩短，分子链均方末端距小，分子间距增大，分子间相互作用力减少，分子链间发生缠结的概率降低，相对黏度降低，熔体流动速率升高，与玻璃纤维表面接触角显著减小，从而获得极佳的加工流动性、优异的玻璃纤维浸润性与包覆性。基于高流动性尼龙 6 制备的连续玻璃纤维增强热塑性复合材料，其纤维可达到单丝级分散，界面结合良好，材料力学性能达到甚至优于全球标杆企业同类产品性能指标；以此为骨架与短玻璃纤维增强尼龙混合注塑而成的汽车刹车、油门、离合器、连杆、座椅等部件（见图 3.15），可以 100% 替代原来的金属件，减重达到 40% 以上，疲劳寿命为原来金属件的 2 倍以上，而且可回收重复利用，未来在飞机上也具有巨大的应用前景。

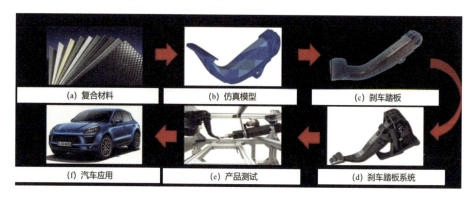

图 3.15 连续玻璃纤维增强热塑性复合材料及其在全塑刹车踏板产品的开发应用

酰亚胺基材料是一类具有酰亚胺重复单元的聚合物,主要由二元酐和二元胺合成,不同的组合可以获得不同性能的酰亚胺基聚合物,综合性能优异(见图 3.16)。聚酰亚胺(PI)薄膜是其中最为重要的一种制品形态(见图 3.17、图 3.18),也是世界上综合性能最好的绝缘薄膜,广泛应用于轨道交通、航空航天等领域,同时也应用于柔性显示、智能手机、便捷式电子计算机、摄像机等电子消费品市场。

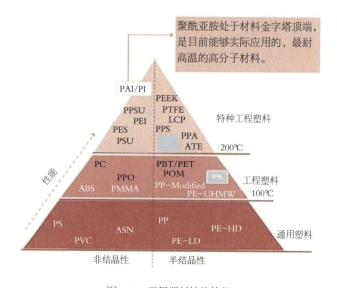

图 3.16 工程塑料性能等级

图 3.17　PI 材料形态

图 3.18　PI 薄膜

PI 薄膜的生产有热亚胺化法和化学亚胺化法两种。热亚胺化法是将前驱体聚酰胺酸溶液在高温下完成亚胺化反应，因在制膜中分子链降解易造成薄膜高温力学性能和耐热性下降，分子链重排造成微观结构不可控，故最终产品物性和批次稳定性差，但过程控制要求低。化学亚胺化法是将前驱体聚酰胺酸溶液在催化剂和脱水剂的作用下低温完成亚胺化反应，避免了热亚胺法带来的分子链降解和重排缺陷，产品物性和批内批间一致性好，但过程控制要求高。化学亚胺化法制造技术长期被美日韩封锁；国内长期只利用热亚胺化法制造技术，无法满足高端装备的使用要求。2017 年国内首次实现化学亚胺化法聚酰亚胺薄膜规模化生产。聚合以及制膜过程采用全自动化控制，薄膜幅宽 1545 毫米，厚度公差可控制在 1.75% 范围内。在 1000 小时 280℃高温老化后仍然具有足够力学强度、延伸率和电气强度，大幅优于国外产品，在高铁牵引电动机以及航空线缆的绝缘防护领域完全可以取代国外进口产品。

航空航天用复合材料主要采用热压罐成型，基本过程是将预浸料和模具用 PI 膜真空袋密封包覆，然后进行高温加压固化。PI 真空袋密封的可靠性是决定产品质量的关键因素，主要取决于真空袋膜等辅助材料本身在升温及加压过程中的耐热封性和密封可靠性，这种高温工艺对真空袋的韧性、热老化稳定性、气体渗透率以及同胶条的结合力均提出了极高的要求，耐温等级要达到 420 摄氏度，而以往这些产品和技术被欧洲索尔维（Solvay）、埃尔泰克（Airtech）等公司控制。近期通过优化配方并利用化学亚胺法工艺，我们实现了此类 PI 薄膜国产化，已开始批量供货。

聚酰亚胺虽然有非常好的综合性能，但后续加工困难。在合成聚酰亚胺时将酰胺键和酰亚胺环连在一个芳环上，制备成聚酰胺酰亚胺（PAI，见图 3.19）使其兼具聚酰胺（PA）和 PI 的部分优点，可以在对耐热（260 摄氏度下长期服役）、耐磨、尺寸稳定性要求高的场合，如航空航天、国防军工以及特种装备中应用。以往该技术掌握在欧、美、日等国家及地区手中，近年来通过对单体进行优选并对工艺进行探索，国内实现了从树脂聚合、材料改性到成型加工、产品制备全过程的研制（见图 3.20），填补了国内的空白。国产 PAI 不仅可以溶液状态作为漆用于表面涂覆，也可以通过挤出和注塑成型做成部件，性能与国外产品基本相当，自 2013 年实现批量生产后，陆续在直升机传动系统部件以及供燃机蜗轮、压缩机叶轮、刮刀等表面保护领域得到推广应用。

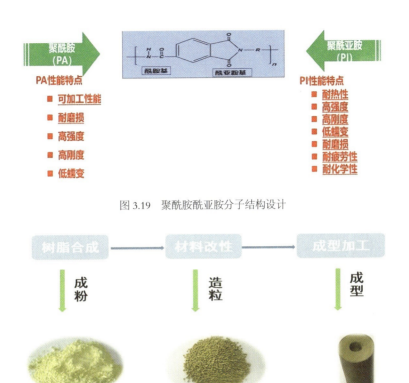

图 3.19　聚酰胺酰亚胺分子结构设计

图 3.20　PAI 全过程制备流程

所有的公共交通工具都非常注重火安全，其中航空要求最高，但目前国产火安全高分子材料较少。聚氨酯泡沫本质易燃，目前大量应用在航空座椅上，隐患巨大。近期采用有机硅替代聚氨酯制作机舱内座椅的泡沫垫的技术（见图 3.21），已取得了突破性的进展。有机硅材料本身的化学性质赋予其优异的离火自熄特性，且具优异的疲劳性能。在同等疲劳试验条件下，有机硅泡沫的疲劳次数可以达到聚氨酯泡沫的 10 倍以上；同时有机硅在很宽的温度范围内，有很好的阻尼吸声的性能，在机舱里面大量使用有机硅泡沫，对降低机舱内的噪声反射和吸收噪声也有非常好的作用。机舱减振降噪对高分子阻尼隔音材料的要求也很高：一是高分子材料本身重量比较轻，要达到比较高的隔声效率具有挑战性；二是它同时须具有一定的阻燃性。通过与高校合作，多层共挤技术（见图3.22）的发明成功解决了这个难题。通常两种聚合物共混达到分子级别水平，会使两种材料的特性也发生融合，但是如果让材料保留各自能表现自己物性的最小单元，将其混合在一起时，就能把各自的特性都在产品中体现出来。通过多层共挤技术，产品可以兼具优异的阻尼隔音性能和防火性能，目前在高铁和飞机上都已开始应用。

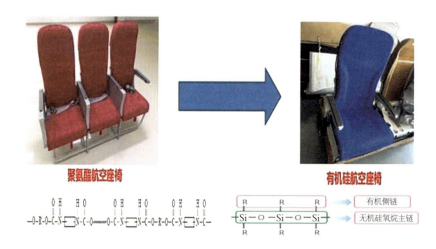

图 3.21 聚氨酯与有机硅座椅对比

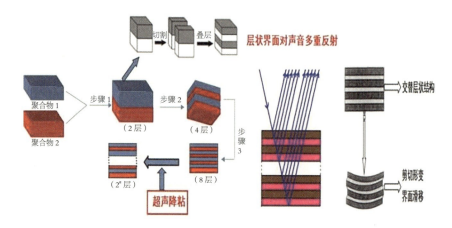

图 3.22 微纳层共挤出工艺制备阻尼隔音层/阻燃层交替叠层的阻尼隔音垫

橡胶材料因其密封、减振、传输、支撑、隔热等作用，常用于发动机减振器、机轮的内外胎、各种缓冲器、密封零件、绝缘零件等。但橡胶材料大多易燃，需要特别关注火安全技术的应用。目前轨道交通正在推行公共运输工具里最新也是迄今为止最科学的火安全标准，对高分子燃烧时热量释放速率、烟密度、烟毒性、火焰传播速度、燃烧时周边的热辐射及结构防火等都提出了更加明确的要求。近期业界对火安全橡胶材料进行了一系列研发（见图3.23），采用氧化石墨烯、球状无定形二氧化硅，从防止解扣式降解、提高硅橡胶的热稳定性、生成致密的陶瓷化阻隔层等方面阻隔热量，稀释可燃物浓度，实现了硅橡胶材料的硅－碳协同阻燃；研发并改性新型高效阻燃剂和复合阻燃体系，提高天然橡胶（NR）、氯丁橡胶（CR）、乙丙橡胶（EPDM）通用橡胶基体的热稳定性，减缓了材料的热分解速度，并使其生成陶瓷状坚硬的网状炭层，阻隔材料内部可燃物与火焰区氧气的传递，稀释可燃物浓度。采用这些技术制备的轨道交通类橡胶减振产品已逐渐开始在全世界推广应用。

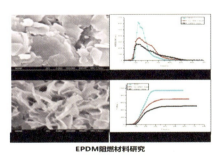
EPDM阻燃材料研究

NR阻燃材料研究
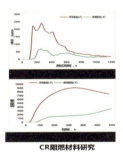
CR阻燃材料研究

图3.23　火安全橡胶研制

材料之王：
石墨烯陶瓷及其在航空航天领域的应用[①]

> 在航空航天领域，石墨烯陶瓷复合材料还处于一个比较初级的研究阶段。由于飞机对材料的安全性和可靠性有着极高要求，每个新设计的复合材料都需要开展大量的"积木式"测试验证工作。从最底层的试样验证开始，复合材料的研制过程中需要经过元件、组合件、部件的层层考核试验，获得上万组相关数据，才能真正运用到实际。
>
> ——胡悦

[①] 本文根据"致未来·C-Talk"公益性科技演讲大会第 1 期内容整理而成，作者为胡悦。

胡悦，2018年毕业于清华大学材料科学与工程学院，获博士学位。毕业后在中国航发北京航空材料研究院工作，专注于航空发动机用结构功能一体化陶瓷基复合材料、特种陶瓷功能涂层、高温电磁屏蔽材料研究。第一作者发表论文6篇、申请专利11项。近5年作为项目负责人/第二负责人承担多项重点科研项目。2020年获得中国航发集团青年创新型优秀人才奖。

胡悦致力于为航空发动机提供更加轻质、更加高强、更加耐高温、更加可靠的新型材料。

很多人坐飞机时不喜欢选靠近机翼的位置，因为挂在机翼下方的发动机噪声太大。其实这个最大噪声源就是航空发动机，它是飞机上价格最高昂的一个部件，也是技术水准最高的一个部件。航空发动机是飞机的"心脏"，也被誉为"工业皇冠上的明珠"。这一方面说明它很珍贵、代表了目前人类工业发展的最高水平；另一方面也说明它的制造难度很大、很稀少。目前只有通用电气（GE）、罗罗（Rolls-Royce）、普惠（Pratt & Whitney）等少数几家公司掌握了高性能航空发动机的独立制造技术。

航空发动机为何如此稀缺？这是因为航空发动机在工作过程中面临着非常严格的考验：高温、高压、高速，同时还有恶劣的天气环境。

撞鸟是飞机在飞行过程中面临的重要威胁之一。因为飞机的飞行速度非常快，在飞行途中假如撞到鸟，相当于受到一颗高速炮弹的打击，这对飞机来说非常危险。据统计，40%以上的航空事故与鸟类撞击有关，其中很大一部分事故是鸟类被吸入发动机导致的。因此研究者设计了一种叫作"鸡枪"的装置，向发动机叶片发射鸡块，用来验证发动机的撞鸟性能。

喷水测试也是常见的发动机性能测试方式，测试人员会在发动机前端放置一组喷头，以每分钟大约 3 吨水的速度向发动机内部喷射水流，要求在这种情况下，发动机不能熄灭，保持运转。除此之外，还有模拟极端条件下的"叶片甩出"实验，在每分钟 3000 转的高速转动下，利用爆破装置炸毁发动机的某个叶片，测试其对发动机的影响。

如此严苛的测试环境，对发动机的性能提出了很高的要求和挑战。为此，我们希望能够围绕航空发动机的需求开展大量新材料的研究工作，为航空发动机提供更加轻质、更加高强、更加耐高温、更加可靠的新型材料。

作为一种新型材料，石墨烯是 21 世纪"材料之王"。日常生活中我们提到陶瓷，一般指的是餐具、花瓶等瓷器。其实瓷器只是陶瓷材料中一个很小的分支。陶瓷还有很多丰富的种类，在医疗、能源、航空航天、电子产业都有着广泛的应用。例如掺铈钇铝石榴石是一种黄色的闪烁体陶瓷，可以用来检测高能粒子，也是医疗及工业 CT（计算机断层成像）的核心部件。陶瓷材料还可以应用于氢氧燃料电池，是一种具有优秀性能的电极材料。此外，因为陶瓷材料具有非常优秀的耐高温性能和隔热性能，所以在航空发动机上也有很多应用。特别是随着科技的不断发展，发动机的效率也不断提升，根据卡诺循环原理，发动机内部燃气温度也越来越高。目前采用的高温合金材料已经难以满足新一代发动机的耐温需求，因此需要研发能耐更高温度的材料。陶瓷材料是目前耐温最高的材料体系。再说到著名的超导体材料，其中具有里程碑意义的钇钡铜氧体系，其实也是一种陶瓷，属于氧化物陶瓷，在低温下电阻为零，具有独特的磁悬浮特性。陶瓷在电子元器件中也担当了很重要的地位，特别是随着技术的发展，我们可以将陶瓷做成纳米结构，使其具有一定柔性，也就是可弯折的性质，这在可穿戴设备方面具有很重要的应用。

总而言之，在当今科研领域，陶瓷材料其实是非常广泛的一类无机非金属材料的统称，在电子、交通等许多领域都有着广阔的市场空间。而石墨烯陶瓷，指的就是就将石墨烯与陶瓷组合在一起形成的一类新型复合材料。石墨烯是一种从石墨上剥离出来的由单层碳原子组成的二维纳米材料，因此具有高拉伸强度、高电子迁移率、高透明度等独特的物理和化学性质。将石墨烯与陶瓷材料组合，会赋予材料许多独特的性质。

石墨烯是怎样制造的？我们采用什么方式能够将石墨烯完整地引入陶瓷材料呢？

2010 年，英国曼彻斯特大学的科学家安德烈·海姆和康斯坦丁·诺沃肖洛夫，因为在石墨烯领域的杰出贡献而获得诺贝尔物理学奖。两位研究者用的是非常简单的机械剥离法，即用一种无痕胶带反复粘贴一块很小的石墨材料，不断将其一分为二，最终获得一种仅由单层碳原子组成的石墨烯材料。这种胶带剥离的方法非常简单便捷，但也非常低效。用这种方法获得的石墨烯材料量非常少，只能用于实验室研究，无法大规模制备，更无法用于制造石墨烯陶瓷等含有石墨烯的复合材料。

为此，材料研究者们开发了许多大规模制备石墨烯的方法，目前主流的方法有两种。一种方法叫作氧化还原法，利用强酸处理具有多层结构的石墨粉体，使强酸分子进入石墨层间，再利用强氧化剂进行氧化，撑开层间距，进而通过机械剥离的方法获得氧化的石墨烯粉体。进一步经过还原，即可得到氧化还原后的单层石墨烯材料。这种方法可以大量制备石墨烯材料，而且制成的石墨烯粉体在溶液中具有非常好的分散性，可以用于制备石墨烯复合材料。但氧化还原法制备的石墨烯表面可能会含有大量缺陷，导致石墨烯的导电性有一定下降。另一种方法叫作化学气相沉积法。这种方法先用传统方式做出陶瓷基体，再利用一种叫作化学气相沉积的工艺，将陶瓷基体放置在炉体中，进一步通入含碳的气体，使其在陶瓷基体上分解，从而在陶瓷基体上原位生长出单层的石墨烯材料。这种方法得到的石墨烯导电性更好，但反应需要在高温下进行，对设备的要求更高。这两种方法在石墨烯陶瓷的制备中都有所应用，用不同的方法会制得具有不同结构、不同性能的石墨烯陶瓷复合材料。

我们为什么要研究石墨烯陶瓷复合材料呢？这要从陶瓷材料的弱点说起。古希腊神话中有一位非常英勇的英雄，名字叫作阿喀琉斯。阿喀琉斯出生后，被母亲捏着脚踝浸泡在神水中，所以全身上下刀枪不入。只有当时被母亲捏住的脚踝没有浸到神水，成了他唯一的弱点。后来在战争中，他因为被敌人的箭射中脚踝而死去。因此人们用"阿喀琉斯之踵"这个词，来指代强者的致命之处。

前面提到，陶瓷材料具有耐高温、耐化学腐蚀、硬度高、性能稳定等许多独特的优点，但同样存在这样一个致命的"阿喀琉斯之踵"，就是它的脆性。材料的断裂一般分为两种形式：韧性断裂和脆性断裂。这两种断裂行为的应力-应变曲线完全不同，断裂的表现形式也完全不同。金属的断裂通常是韧性断裂。假如我们用子弹向一块钢板射击，钢板可能会发生变形，或被击穿产生孔洞，但整体外形依然能够保持完整。陶瓷材料的断裂则往往是脆性断裂。假如我们用子弹向一块陶瓷板射击，陶瓷板并不会变形或击穿，而是可能会彻底粉碎。这就是韧性断裂与脆性断裂的区别。因为在材料发生韧性断裂时，材料会出现变形，这种变形是需要消耗能量的，会将遭受打击时接收到的能量快速消耗掉；而当材料发生脆性断裂时，材料几乎不发生变形，或变形很小，因此产生裂纹的能量会一直传递，裂纹会不断扩展，最终造成整个材料毁灭性的破坏。这种脆性对于材料实际应用是很不利的。想象一下，假如我们的车是由陶瓷做成的，恐怕没人敢乘坐吧。因为这样的车哪怕发生很小的一点撞击，最后面对的可能都是毁灭性的破坏。所以为了改善陶瓷材料的脆性，结构陶瓷领域专门发展出一类分支，叫作陶瓷增韧，即通过一些技术手段，提高陶瓷材料的韧性。

前面提到，石墨烯是一种由单层碳原子组成的二维材料，非常柔软。但石墨烯中每个碳原子与周围其他3个原子相连形成的化学键键长很短，只有0.142纳米，它们之间的连接力非常强，因此整个石墨烯膜具有非常好的力学性能。有文献报道显示，石墨烯的拉伸强度高达130吉帕，是钢的100倍。同时它的质量非常轻、厚度非常薄，所以非常适合加入陶瓷材料中增加其韧性和强度。此外，由于石墨烯是优良的导体，也可以用于提升陶瓷材料的导电性，赋予材料更多的特殊功能，因此，石墨烯陶瓷可以说是一种"刚柔并济""强强联手"的新型结构功能一体化复合材料。以下介绍几种石墨烯陶瓷材料的典型特性。

首先介绍一种具有更好力学性能的石墨烯／氧化铝复合陶瓷。它的制备方法是将氧化铝陶瓷粉体，和前面提到的用氧化还原法制备的石墨烯粉体进行均匀混合后，在石墨模具和惰性气氛的保护下，利用一种叫作放电等离子烧结的方法高温烧成的。利用扫描电子显微镜可以观察到它的微观结构（见图3.24）。可以看到，它的表面有许多暗色的斑点，即氧化铝陶瓷中掺杂的片状石墨烯材料。对石墨烯氧化铝陶瓷的力学性能进行测试，可以看到，石墨烯的引入提高了材料的韧性。石墨烯／氧化铝复合陶瓷的断裂韧性（见图3.24中红色线）远远高于不含石墨烯的纯氧化铝陶瓷的断裂韧性（见图3.24中蓝色线）。这证明了用石墨烯进行陶瓷增韧、克服材料脆性这一方法的可行性。

为什么在石墨烯－陶瓷复合材料中会产生这种增韧现象呢？我们可以从微观结构变化的角度去解释。在材料产生裂纹时，裂纹会在石墨烯的位置发生偏转和弯曲。好比我们开车去往某一目的地，假如路途曲折，消耗的汽油就会更多，需要的时间也会更长。如果油箱里的油是有限的，一旦没油，汽车就无法再继续前进了。同理，材料遭受打击时接收到的能量也是有限的。石墨烯的加入，可以使材料内部断裂的过程变得更加曲折，加快消耗导致裂纹产生的能量，避免产生长裂纹，从而避免整个材料发生毁灭性的断裂。此外，石墨烯还可以诱导材料内部产生更多的裂纹分支，相当于在裂纹前进的路上设置了更多的岔路，引诱裂纹无法一条路走到底，同样也可以消耗更多的能量，避免发生毁灭性断裂。除此之外，石墨烯在材料断裂时还可以起到桥连和拔出的作用，相当于在裂纹前进的过程中设置了多个路障，同样可以提高材料的韧性。

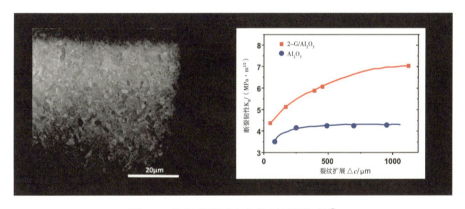

图 3.24　掺有石墨烯的氧化铝及其断裂韧性[1]

在增韧之外，石墨烯的引入还可以赋予陶瓷材料某些其原本不具有的功能。许多人知道石墨是一种非常好的润滑材料，可以让生锈的锁芯恢复如丝般顺滑。这是因为在石墨材料中，层与层之间只靠一种

---

[1] 图片来源：CENTENO A, ROCHA V G, ALONSO B, et al. Graphene for tough and electroconductive alumina ceramics[J]. Journal of the European Ceramic Society, 2013。
——作者注

非常弱的范德华力连接，在发生摩擦的时候，石墨间片层会产生滑移，可以起到非常好的润滑作用。而我们在实验中发现，掺杂了石墨烯的陶瓷材料同样具有这样的润滑性质。在受到摩擦的时候，材料表面的石墨烯片层会脱出，形成一层保护膜，既保护材料不被磨损，又起到了润滑的效果。因此石墨烯陶瓷可作为一种自润滑材料，提高零部件的使用寿命，在航空航天、汽车、机械等领域都有应用前景。

石墨烯是一种导电性非常好的材料，因此它也可以用于改善陶瓷材料的导电特性。随着陶瓷材料中掺杂石墨烯含量的增加，石墨烯陶瓷的导电性也会有一个非常明显的提升。这就使得陶瓷材料具有一些它原本不具备的功能，例如电磁屏蔽。我们可以通过特定的工艺来调控石墨烯陶瓷材料中的石墨烯排列方式，制备具有定向阵列结构的石墨烯陶瓷。它在特定方向上有很好的电磁屏蔽性能，可以屏蔽外界的电磁干扰，将电磁波锁定在材料内部，保证电子设备的正常工作。这在航空航天电磁功能器件领域有着非常好的应用前景。

此外，研究者还可以通过自组装工艺，将单层的石墨烯材料组装成多孔的结构，制成超轻石墨烯泡沫。它非常轻，可以立在一朵花的花瓣上（见图3.25）。在这种石墨烯泡沫的孔内填充液态的有机陶瓷前驱体，经过固化、烧结之后，可以得到一种具有三维网格结构的石墨烯陶瓷（见图3.26）。这种三维石墨烯网格结构除了起到增韧的效果外，还有一个神奇的功能。我们知道人体中有非常丰富的神经网络系统，可以感知到身体各部位是否受伤。石墨烯也能在材料中起到类似的感知网络作用。假如材料已工作了很长时间，或者突然受到猛烈撞击，材料外表可能没有什么变化，但是内部会出现一些微小的损伤，很难被发现，却会影响材料的安全性和可靠性。因此研究者在材料中引入了石墨烯网络结构，可以在材料内起到感知的作用。如果材料中发生了微小的、内部的断裂，石墨烯网络会出现破坏，材料的整个电性能会发生变化。检测人员在材料外面加一个电场，就会测量到电压有明显的突变，从而发现材料中的这种内部破坏，发现潜在的危险。

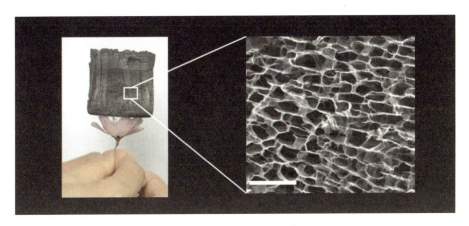

图 3.25　超轻石墨烯泡沫[①]

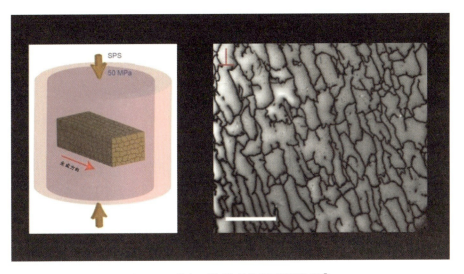

图 3.26　具有三维网格结构的石墨烯陶瓷[②]

---

①②　图片来源：PICOT O, ROCHA V, FERRARO C, et al. Using graphene networks to build bioinspired self-monitoring ceramics[J]. Nat Commun, 2017, 8: 14425。——作者注

上面介绍了石墨烯陶瓷具有许多优异的性能，但同时它也具有许多缺点。高昂的成本是其最大的缺点。由于设备和技术限制，因此性能优秀的单层石墨烯原料的价格相对较高。尽管目前石墨烯在防腐涂料、海水处理、柔性显示屏等诸多领域已经有了非常接近工程化的应用前景，但是材料成本高昂，导致最终呈现的工程化产品性价比不高，大家可能就不愿意选择石墨烯材料了。

除此之外，在航空航天领域，石墨烯陶瓷复合材料还处于一个比较初级的研究阶段。由于飞机对材料的安全性和可靠性有着极高要求，每个新设计的复合材料都需要开展大量的"积木式"测试验证工作。从最底层的试样验证开始，复合材料的研制过程中需要经过元件、组合件、部件的层层考核试验，获得上万组相关数据，才能真正运用到实际。石墨烯材料各种各样的性能优势，已经在实验室中得到了广泛证实。但"九层之台，起于累土；千里之行，始于足下"，只有不驰于空想，不骛于虚声，一步一个脚印地持续努力，才能做出真正应用于实际的航空新材料。

目前，石墨烯材料还处于积木式验证的底层阶段，还需要经过大量的考核和时间的检验。我们会不断努力，不负期待，争取早日将新型石墨烯陶瓷复合材料应用于祖国的航空航天领域。

第四章
Chapter 4

"控制"高度：
重塑未来飞行

飞行控制技术是现代民机的关键技术之一，也是飞机飞行安全的关键，是体现信息化和机械化深度融合的标志。飞行控制系统就像人的大脑一样，是飞机必不可少的一部分。飞行控制系统的创新研究、优化设计和有效的工程实现对飞机功能和性能的提高起着至关重要的作用。

泛在星河：
航行指路参北斗[①]

> 从北斗一号到北斗三号，我们经历了从无到有、从大步履跟踪到逐渐超越，最终形成了我国重大空间基础设施。逆水行舟，不进则退，我们致力于将北斗进一步打造为更加泛在、融合、智能的综合时空体系，即"北斗+"。
>
> ——陈忠贵

---

① 本文根据"致未来·C-Talk"公益性科技演讲大会第 3 期内容整理而成，作者为陈忠贵。

陈忠贵，研究员，工学博士，中国航天科技集团五院北斗三号卫星系统总设计师。长期从事卫星总体设计和研究工作，曾参与北斗一号卫星、北斗二号卫星研制工作，以及东方红三号B卫星公用平台和东方红四号卫星公用平台的设计和研制工作，任主任设计师、副总设计师和总设计师等职务。为中国空间技术研究院科技委常委、航天科技集团公司学术和技术带头人。曾获国家科学技术进步奖特等奖、三等奖。

陈忠贵在西昌卫星发射中心发射北斗三号卫星时留影，他见证了北斗卫星导航系统从无到有、从北斗一号到北斗三号、从区域系统到全球系统的艰难和辉煌历程。

第四章 "控制"高度：重塑未来飞行

2017年11月5日，我国发射了北斗三号全球组网卫星；2019年11月5日，我国成功发射了北斗系统的第49颗卫星，即北斗三号的第24颗卫星，标志着北斗全球系统的IGSO（倾斜地球同步轨道）卫星收官之战的胜利。在这整整两年间，我国完成了14次发射，将24颗新一代导航卫星送入轨道。我有幸见证了北斗卫星导航系统从无到有、从北斗一号到北斗三号、从区域系统到全球系统的艰难和辉煌历程。

北斗卫星导航系统由空间段、地面运控段和用户段这3个部分组成。

空间段是围绕地球轨道上一组发播无线电信号的导航卫星，也称为卫星星座。所谓定位，即求解用户在地球坐标系下的3个位置参数（x_u，y_u，z_u）和1个精确时间参数（t_u）。我们需要确保在天空的可视范围内有4颗导航卫星，然后通过无线电测距技术获得用户与每颗卫星的距离，再联合4个方程进行求解。出于对定位精度和经济性（即发射数量要少）的需要，全球导航系统多采用距地球表面2万千米左右的中轨道地球卫星（MEO）轨道，将24颗卫星均匀分布在3—6个轨道面上，就可以实现全球定位精确、完好、连续、可用的性能要求。少于这个数，会影响用户的连续稳定运行；多于这个数，对性能的提高效果则不明显。

地面运控段是通过多个已知位置的地面监测设备确定卫星运动轨迹参数和时间信息的卫星运行控制、管理的地面设施，由主控站、注入站和监测站组成。主控站通过收集监测站的伪距等监测数据，以及精确的计算模型来建立卫星系统的坐标和时间基准，形成星历、历书等电文数据，再通过注入站上注卫星。监测站和注入站要求分布范围广，数量足够，任意时刻卫星能被监测跟踪。

用户段即海、陆、空、天卫星导航设备，它们接收、捕获、跟踪、解调卫星导航信号，通过本地测距码和卫星测距码相关进行时差测量，得到伪距，最后通过多方程求解给出用户位置、时间等。这些工作通常是由专门的导航模块或芯片完成的，其输出位置、时间信息提供设备进一步开发导航、授时服务应用，如我们常用的百度、高德等应用软件就是利用这些数据的地图和导航软件。我们手机中的大部分导航模块同时可以处理全球定位系统（GPS）、北斗（BDS）、格洛纳斯（GLONASS）等卫星信号。

既然24颗星就可以满足全球导航定位的要求，那是不是只用GPS就行了呢？并非如此。美国的GPS由美国国防部管理并被严格控制，同时美国也打造了"4个安全盾牌"和"两把剑"。"4个安全盾牌"分别指AS策略、SA策略、拒止策略、功率增强策略：第一是AS策略，即反电子欺骗策略，通过对特殊用途P码以及信息加密等手段阻止对方截获和利用；第二是SA策略，即选择可用性，通过对GPS卫星的基准频率施加高频抖动噪声信号，从而人为降低民用CA码定位精度；第三是拒止策略，即通过局部区域关闭民用信号，阻止对方利用GPS；

第四是功率增强策略，即提高自身所用的信号功率和抗干扰能力。"两把剑"则是指干扰技术和欺骗技术，即发展干扰对方使用卫星导航信号的能力，以及通过制造诱骗导航信号控制对方设备按照自己的目的进行导航。比如开车时，可以突然被误导至一个陌生的地方。

目前，全球各个国家都在竞相发展独立自主卫星导航系统。美国20世纪末就已完成，欧盟和日本也在建立自己独立的导航系统，所以我国也必须建立专属的独立导航系统。

北斗一号，即北斗导航卫星试验系统，从研发到建成历时10多年。我国在20世纪70年代就开始了卫星导航系统技术研究，鉴于当时的技术基础和经济基础，科学家陈芳允先生于1983年提出用两颗静止轨道卫星来进行导航定位的创新性理论——通过卫星无线电定位服务（RDSS）技术，确定卫星到用户的距离，以此绘制两个圆表面并与地球表面形成交点以确定用户位置，即三球交汇原理。但还需添加一些辅助的手段，即形成有源系统：卫星用户发送信号，通过卫星转发到地面，地面站算出位置后，再通过卫星告知用户。这样有两个优点，一是可以定位，二是可以通信。同时它也有两个缺点：一是容量受限，因为使用的是通信转发式卫星；二是容易暴露自己，因为要发送信号。

北斗一号之所以被称为试验系统，是有其原因的。北斗一号在制订卫星方案时，整体研发的技术力量还比较薄弱，当时我国最成熟的卫星平台是东方红二号A（DFH-2A），功率只有300瓦，经过分析论证，只有同期正在开发的东方红三号（DFH-3）公用平台（见图4.1）能够满足要求。但首颗东方红三号卫星发射以后，还没有进入定点轨道就由于燃料泄露失效了。我们的研制人员没有退缩，经过大量的试验和验证，发现了问题并进行了彻底的修改，取得了成功，也进一步确定了东方红三号平台的技术成熟度。其间，研制人员也为卫星导航相关技术的运用打下了扎实的基础。包括北斗二号在内的很多卫星，都运用了这个卫星公用平台，后续卫星公用平台在很多产品和技术上都继承了东方红三号平台。从东方红三号到东方红三号 A、东方红三号 B、东方红四号等卫星公用平台的发展，谱写了"东方红"平台系列的辉煌。

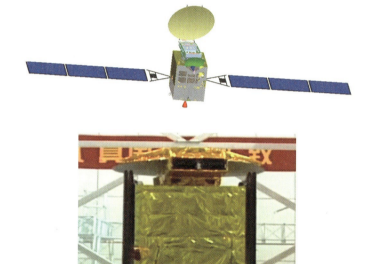

图 4.1　北斗一号卫星在轨展开及力学试验状态

北斗二号于 1999 年就确定了自主开发、兼容渐进的发展原则，确定了"先有源、后无源，先区域、后全球"的发展动作。北斗一号是有源系统，北斗二号要开始建设无源系统，形成一个 5GEO+5IGSO+4MEO（GEO，地球静止轨道）的技术方案。这个方案主要是从技术继承和建设成本上考虑的。

北斗二号的研制过程，跌宕起伏、困难重重。北斗二号在初期论证时，很多专家提出技术流程复杂，建议我们走国际合作的道路。我们先与俄罗斯合作共建共用,快速恢复俄罗斯的导航系统,然而对方提出:可以投资,但是不能参与建设。

之后我们和欧盟的伽利略合作。伽利略初期积极邀请我们投资,但后来合作还是以失败告终,这充分说明了每个国家必须建立自己独立的卫星导航系统。

面对技术和设备都需要攻关的困难,我们没有退缩,而是迎难而上。在2004年立项以后,我们利用3年的时间,将关键的技术和相关的产品进行了突破,2007年,我们进行了大量的技术试验,发射了第一颗北斗二号卫星;2010—2012年间发射了15颗导航卫星、北斗二号卫星(见图4.2),完成了北斗二号组网,开通服务。

图4.2 北斗二号GEO卫星在轨展开 + 北斗二号MEO卫星双星与火箭对接

北斗二号良好稳定的运行，使我国加强了与金砖国家等的广泛合作，赢得了"柳暗花明又一村"的局面。

北斗三号（见图4.3），形成了"3GEO+3IGSO+24MEO"共30颗卫星的方案，大致分为3个阶段。第一个阶段是技术攻关阶段，克服解决了30多项包括平台和载荷的关键技术难题，进行了性能的提升。2015—2016年，我们根据这些方案和技术，发射了5颗试验卫星，经过一年多的试验和评估，我们确定了卫星组网性的技术状态。2017年11月，第一颗组网卫星发射。从2017年10月到2018年11月，我国共发射了19颗卫星，不仅开通了初始运行提供服务，也创建了导航建设的新纪录。

图4.3　北斗三号GEO卫星在轨展开状态 + 北斗卫星生产线

为什么北斗三号的建成需要 10 年的时间呢？是不是把北斗二号 MEO 4 颗星扩展到 24 颗星，就能实现全球定位了？其实不然。要追求卓越，还需要对信号带宽和信号体制进行优化，保证北斗二号到北斗三号的平稳过渡。经过一系列的努力，北斗三号的导航信号的性能跟其他国家最先进的导航信号不相上下，与北斗二号相比有很大的跃升。

与此同时，我们提升了 GEO 平台的能力，将 RDSS 服务能力从 54 万次 / 小时扩展到 1000 万次 / 小时，在 12 颗 MEO 卫星上还装载了短消息功能的载荷，区域短消息的功能拓展到全球；装载的国际搜救载荷，也加入了全球卫星搜救合作；在 3 颗 GEO 卫星上增加了星基增强服务，将区域精度进一步从米级提高到厘米级。

中国的北斗是世界的北斗，也是一流的北斗，北斗三号不仅在区域的定位精度上处于领先地位，其全球定位精度也处于领先行列。

为了保持世界一流及北斗系统安全、持续、稳定发展，我们确定了国产化与自主可控原则，最终做到了单机产品 100% 国产化，核心的元器件全部国产化。

从北斗一号到北斗三号，我们经历了从无到有、从大步履跟踪到逐渐超越，最终形成了我国重大空间基础设施。逆水行舟，不进则退，我们致力于将北斗进一步打造为更加泛在、融合、智能的综合时空体系，即"北斗 +"。

"北斗 +"的特点第一是泛在，服务范围从地表拓展到更高层面。通过研究拉格朗日卫星导航系统、脉冲星导航系统，向更高地域空间及深空扩展，同时还将逐渐向水下及向室内导航发展，我们的北斗无处不在，无缝覆盖。

第二是融合，我们要将导航信息和高速数据传输的信息汇聚、融合，与地空通信卫星网络、5G 网络融合联通，使之成为我国信息基础有机的重要组成部分。

未来我们的卫星设计将会具有更大柔性，天线可以根据需要进行多次成型，速率也可以按需进行在轨调整，卫星将更加智能、自主。

经过 20 多年的发展，中国卫星导航系统的建设取得了辉煌的成绩。中国航天有三大行业精神：一是自力更生、艰苦奋斗的传统行业精神；二是热爱祖国、无私奉献的"两弹一星"精神；三是载人航天精神。此外，"北斗人"也在项目的建设过程当中，形成了自主创新、团结协作、攻坚克难、追求卓越的北斗精神。我们要继续发扬这四大航天精神，把北斗系统建好、维护好、发展好，实现我们国家的航天强国梦。

第三个飞行员：
商用飞机控制律的发展与挑战[①]

> 在上一代电传民机中，控制律在飞机性能提升方面已发挥了全面和重要的作用。在新一代电传民机中，从性能提升的深度和广度上，控制律均有进一步的发展。可以说，控制律的应用是对商用飞机的一次真正意义上的重新塑造，而不同机型根据自身的需求和特点，塑造的程度也不尽相同。
>
> ——郑晓辉

[①] 本文根据"致未来·C-Talk"公益性科技演讲大会第 7 期内容整理而成，作者为郑晓辉。

郑晓辉，中国商飞上海飞机设计研究院（简称"上飞院"）国产大型飞机型号总师助理，上飞院电传飞行控制律攻关队队长，主要从事电传飞行控制系统飞行控制律的研究。完成国产大型飞机首飞工作后，带领团队攻关完成了商用飞机控制律的适航取证工作。曾获国产大型飞机首飞二等功，获中国商飞年度先进个人、中国商飞公司青年岗位能手和上飞院大飞机精英设计师等荣誉称号。

郑晓辉在国产大型客机的工程模拟器内，他带领团队完成了国产大型飞机控制律的适航取证工作。

第四章 "控制"高度：重塑未来飞行

现代商用飞机飞行控制系统是整个飞机机载系统的核心，也是整架飞机最为复杂的系统之一。

传统飞机通常采用机械操纵系统，飞机操纵杆和操纵面通过机械形式连接，虽然简单可靠，但也存在着重量重、功能比较单一、维护成本高等问题。于是，随着技术的进步，在现代商用飞机上发展出电传操纵系统概念，即飞行员通过电信号控制计算机，计算机再通过飞行控制律的计算发出电信号控制操纵面。电传操纵系统除了具有重量轻、维护简单等优势外，更为重要的是可通过飞行控制律的设计实现优良的飞行品质，提高飞行安全和飞机性能。目前，电传飞行控制系统（见图4.4）已成为新研飞机的标准配置。

飞行控制律，简单来说是飞行控制计算机中运行的一种控制算法，定义飞机操纵面如何响应飞行员的操纵和飞机状态。这种控制算法可以通过飞行控制系统软件进行灵活设计，实现控制功能的多样化，如自动配平功能、飞行边界保护功能、载荷减缓功能等。

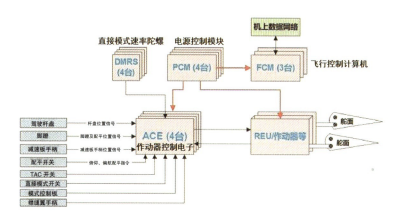

图 4.4 电传飞行控制系统

1987 年 2 月 22 日首飞的空客 A320 飞机，首次在商用飞机上应用了电传操纵系统控制律技术，并凭借电传操纵、侧杆、单通道飞机最宽客舱、复合材料等诸多创新，打破了美国在商用飞机领域的垄断地位，开创了一个单通道飞机的新时代。如今，经历了近 40 年的全面发展，商用飞机控制律技术在改善飞行品质方面、在提高乘坐品质方面、在实现更安全飞行方面、在改善飞机性能方面，都取得了更大突破。

第一，改善飞行品质。飞机在空间里运动时，要控制俯仰、滚转和偏航 3 个方向，上一代电传民机控制律实现了俯仰和滚转的精确控制，在俯仰轴操纵杆的输入指令 C*（法向过载和俯仰角速率的组合参数）或 C*U（法向过载、俯仰角速率和速度的组合参数）或 N_z（法向过载）等飞行参数，在滚转轴操纵杆的输入指令 p（滚转角速率）飞行参数。但当时对偏航轴并未实现精准控制，仍然保留了脚蹬直接控制方向舵的传统操纵方式，仅具备比例式偏航增稳功能。而新一代电传民机则在偏航轴上实现了精确操纵，脚蹬的输入指令 beta（侧滑角）飞行参数，同时实现单发或其他不对称条件的自动配平。因此，偏航轴实现侧滑角的精确控制是 21 世纪以来商用电传飞机最为主要的控制律技术发展。

第二，提高乘坐品质。颠簸气流条件下的乘坐品质是商用飞机乘坐舒适性的重要方面，控制律技术也在降低颠簸影响上做出了重要贡献，通过设计阵风减缓功能和结构模态阻尼功能减缓颠簸气流带来的影响。阵风减缓功能将颠簸气流作用在飞机上的气动力尽量消除在萌芽阶段，通过操纵面的偏转产生与颠簸气流反向的气动力，使之与气流产生的气动力抵消，以减缓飞机颠簸带来的短时影响。另外，即使飞机还是不可避免地会出现不同程度的颠簸，激起飞机的结构弹性模态，结构模态阻尼功能能够让结构模态衰减得更快，让飞机更快地稳定下来，以减缓飞机颠簸带来的持续影响。上一代电传民机控制律已实现部分轴向（如俯仰轴和偏航轴）的阵风减缓功能或结构模态阻尼功能，而新一代电传民机将这些功能推广至所有轴向（包括滚转轴），且控制律改善乘坐品质的效果相比上一代得到提升。

第三，实现更安全飞行。安全一直是商用飞机的红线，控制律通过飞行边界保护等主动控制功能可显著提高飞行安全。上一代电传民机控制律实现了法向过载、迎角、俯仰角、滚转角和超速等飞行边界保护功能。但当时这些功能主要按照适航规章设计，以满足适航规章的最低要求，理论上在一些极端环境条件或机动条件下这些功能还存在一些瑕疵，不能完全实现严格的保护。随着控制律技术的发展，新一代电传民机飞行边界保护功能除了提供了更多飞行参数的边界保护功能（如侧滑角保护）外，目前正向着保护场景更为完整、保护性能更佳的方向发展，即便在一些极端环境条件或机动条件下，仍能实现有效的保护作用，最终实现或接近"无忧操纵"的目标。此外，2001年美国航空 A300 飞机由于飞行员往复操作脚蹬致使飞机垂尾从机身脱落，最终导致空难。因此，EASA 近些年在适航规章中增加了新的偏航机动载荷计算工况，以确保飞机在两次往复操作脚蹬条件下仍然保证结构安全。为了保护该工况下的垂尾载荷，新一代电传民机控制律也相应地发展出垂尾载荷减缓功能。

第四，改善飞机性能。性能是商用飞机保持市场竞争力的关键，是经济性的重要体现，在控制律技术的支撑下，飞机可以实现更轻的结构重量、更小的阻力、更大的巡航速度、更后的重心、更小的进场速度等方面性能的提升。例如通过放宽纵向和航向的静稳定性，将平尾或垂尾面积减小，由此带来的飞机静稳定性的降低可通过控制律的增稳功能进行补偿，从而实现减重和减阻的目的；通过采用阵风载荷减缓和机动载荷减缓等一系列控制律功能，达到减轻飞机结构重量的目的；通过采用高速保护控制律功能，降低最大巡航速度至最大俯冲速度之间的速度余量，从而达到增加巡航速度的目的；通过采用高迎角保护控制律功能，改善大迎角段的操纵特性，从而提高最大可用升力系数，降低失速速度和进场速度。在上一代电传民机中，控制律在飞机性能提升方面已发挥了全面和重要的作用。在新一代电传民机上，从性能提升的深度和广度上，控制律均有进一步的发展。

现代商用飞机驾驶舱操纵理念与控制律密切相关，伴随着控制律技术的发展，驾驶舱的操纵理念也在同步发展，在操纵杆的形式、俯仰配平的方式上和自动化功能的应用上也出现了不同的设计理念和发展趋势。

首先，在操纵杆的形式上。商用飞机存在中央杆盘或侧杆两种设计，其中侧杆还细分为被动侧杆和主动侧杆（可实现左右侧杆的联动）。对于采用电传操纵系统的飞机，尽管单纯从技术而言，通过控制律的设计，中央杆盘或侧杆可以实现相同的操纵方式，如均可实现自动配平功能，但是侧杆拥有更小的体积、更轻的结构重量，且布置在飞行员座椅的侧面，增大了飞行员身前的活动空间。因此，现在大部分新研飞机均采用了侧杆操纵。以往被动侧杆因左右侧不能联动被诟病，虽然为了提醒飞行员两侧侧杆权限状态，通常采用双输入的语音和视觉警告，但在特殊场景下，这仍可能带来一些安全隐患。如法航 A447 航班，当副驾错误地向后持续操纵侧杆时，主驾并未及时察觉，从而错过了最佳改出时间，是导致该空难的重要原因。为了消除被动侧杆的隐患、实现左右侧侧杆的联动，近些年工业界已经开始在新研飞机上采用主动侧杆，如美国湾流 G500 系列，且已获得 FAA 的适航取证。可以预测在不久的将来，新研飞机会更多地采用主动侧杆，主动侧杆时代正在到来。

其次，在俯仰配平的方式上。与汽车类似，飞机也有手动挡和自动挡之分，手动挡是当飞机飞行速度改变以后，飞行员需要通过配平开关手动调整平尾的角度来保持新的速度，自动挡则在速度改变后不需要飞行员手动配平，因为在新的速度上重新配平是由控制律自动完成的。目前，商用飞机市场上采用手动挡和自动挡的飞机各占一半，如空客采用自动挡，波音采用手动挡，甚至有的型号在不同的飞行阶段的操纵方式也不一样，在起飞和巡航阶段采用自动挡，在进近着陆阶段采用手动挡。自动挡的最大好处是减轻了飞行员的操纵负担，尤其在繁忙的进近着陆阶段，但也存在控制律故障降级后因操纵方式回到传统的手动挡后可能带来的误操作问题；手动挡的最大好处是保留飞机传统的操纵方式，这样即便在控制律故障情况下，仍可采用相同的操纵方式，降低误操作的概率，但也存在关键飞行阶段人工飞行时操纵负荷较自动挡高的情况。手动挡和自动挡各有优劣，都是相应设计理念的呈现，跟飞机设计厂商的驾驶舱理念相关，并无绝对的好坏或优劣之分，可以预计未来两种操纵方式还将被不同商用飞机采用。

最后，在自动化功能的应用上。在传统飞机上，当自动飞行仪断开时就转到纯人工飞行，只存在纯自动驾驶和纯人工飞行两种状态。随着控制律技术的发展，如今在这两种飞行状态中间多了一层半自动飞行状态，也就是自动飞行断开时变成半自动飞行，半自动飞行断开时才是纯人工飞行。在半自动飞行状态中,虽然还是由飞行员操纵飞机,但是以前自动飞行承担的很多自动控制功能此时会"下沉"到半自动飞行状态,使飞机自动化程度更高,我们可以认为有三个飞行员在共同驾驶这架飞机,两个是人,另外一个是控制律。尽管将更多的自动化功能应用到人工飞行状态下可能导致飞行员传统驾驶技术水平的降低,从而可能在故障或复杂条件下降低飞行员的处置能力,但目前看来,更广泛地应用自动化功能是不可逆的技术发展趋势。

控制律技术已经发展了近40年,尽管日趋成熟且被更多的新研商用飞机采用,但目前仍然面临着一些挑战。

首先,在最高控制权限归属方面。关于谁拥有更高的权限,是计算机还是飞行员,不同的商用飞机有不同的设计理念。在正常条件下,对于空客飞机,计算机具有更高的权限,飞行员不能超控控制律施加的飞行参数限制范围;而对于波音飞机,飞行员具有更高的权限,飞行员可通过增加操纵力超控控制律施加的限制。单纯从技术角度来说,两种最高控制权限归属并没有绝对的优劣,只是设计理念不一样,只要是合理的设计都是安全的、满足适航要求的。可能有些人会质疑空客飞机的设计理念,认为其飞行边界保护功能限制了飞行员的权限。对此空客的设计师们也在飞机手册中给出了解释,列举在飞机要撞地的情况下,空客飞机可以让飞行员毫无顾虑地拉杆,不会有在传统无保护飞机上存在的操纵延迟和犹豫。飞行边界保护让电传操纵飞机具有更好的改出性能。但在故障条件下,只要采用了电传操纵系统,就存在计算机具有更高权限的情况,因为毕竟所有的控制信号都是电指令信号,一旦计算机出错或传感器出错,均可能超出飞行员的控制权限,如波音737 MAX的机动特性增强系统(MCAS)功能在迎角信号出错后导致超出飞行员的改出权限。作为解决的措施,方法一是把可超出飞行员操纵权限的故障降到"极不可能发生",方法二则是通过监控器的设计确保在该故障条件下把权限转移给飞行员，确保飞行员具有更高的权限。

其次，在故障条件下的安全性方面。21世纪因为飞机失控导致的空难有两个规律：一是外部传感器故障带来的故障响应问题；二是控制律降级模式条件下的误操作问题。这些问题目前也是控制律面临的最大挑战。解决传感器故障的问题，目前可行性较高的方法是通过采用增加非相似传感器余度的方法，或者用控制律算法生成一个合成的信号做监控对比，当出现明显差异时将更高权限转移至飞行员。这方面的研究国内仍处于理论研究阶段，没有达到实际应用阶段，但空客A350和波音787等国外机型都已在工程上应用了这些技术。此外，需解决控制律降级模式条件下的误操作问题。误操作往往是由控制律模式过多造成的，因此，一种解决方法是尽量把控制律模式简化，同时最底层的模式尽量保持和飞行员在航校训练时的操纵方式类似，以降低误操作的可能性。

最后，在应对更临界气动布局方面。飞机设计师也要面对更临界布局带来的控制问题的挑战。通常为了进一步提升飞机的性能，可能采用更前卫的设计理念，比如超声速飞机、飞翼布局飞机，还有现在比较热门的eVTOL飞机。这些临界布局带来的操纵问题必须由控制律进行补偿，是控制律未来面临的重大挑战。

可以说，控制律的应用是对商用飞机的一次真正意义上的重新塑造，而不同机型根据自身的需求和特点，塑造的程度也不尽相同。

对于以前应用机械操纵系统的飞机，为了解决或改善操纵特性上的问题，使其更好地满足适航规章要求或者提高操纵品质，设计师往往采用相对简单的控制律（如偏航阻尼功能等增稳功能）。但当这些控制律发生故障时，仍然能符合适航规章的最低要求，或者通过限制更小的飞行包线满足适航规章。因此，这类控制律并未从根本上显著改变飞机自身的操纵特性，可被认为是一种对飞机的"美妆"。

某型商用飞机因为更换发动机，带来俯仰力矩上仰问题，虽然只有在 MCAS 控制律工作的情况下才能完全满足适航规章，但在没有 MCAS 控制律的情况下，仍然能通过限制飞行包线满足适航规章，同时 MCAS 控制律的丧失也不会显著改变飞机的操纵特性。因此，MCAS 控制律被认为是一种"美妆"，并未从根本上改变飞机的操纵特性。

对于类似空客 A320 的电传飞机，控制律从根本上重塑了飞机的操纵特性，在控制律正常和控制律故障的情况下，飞行员驾驶起来的感受完全不同。特别是在控制律故障的情况下，飞机本体已经不具备由飞行员操纵来保持安全飞行的能力，必须再通过其他额外的控制律对其进行小的修补才行。可以说 A320 飞机控制律对飞机的重塑已达到了"微整容"的程度。

随着技术的进步，以及对更好的飞机性能的追求，控制律在塑造的深度和广度上也发生了变化，正经历着从"美妆"走向"微整容"的蜕变。

商用飞机控制律技术经过近 40 年的发展已经成为现代商用飞机的标准配置。控制律的应用从安全性、经济性和舒适性上使飞机焕然一新，全面提升了商用飞机的竞争力。目前，更高的安全性和鲁棒性要求（特别是故障条件下的安全性和鲁棒性）向控制律提出了更大的挑战，但是，我相信，在保持市场竞争力的驱动下，控制律将继续在安全性、经济性和舒适性之间，不断找到新的平衡点。

虚拟试飞总师：
人工智能模拟器[①]

> 希望模拟器能够更加智能，能够自动学习空难发生的原因、故障发生的现象，也能够自动模拟故障设置和参数错误，并能自动识别更临界的飞行工况，以供飞行设计师研究和分析。有朝一日，我们期待可以把具备人工智能的模拟器发展成虚拟的试飞总师。
>
> ——付琳

[①] 本文根据"致未来·C-Talk"公益性科技演讲大会第2期内容整理而成，作者为付琳。

付琳,ARJ21型号副主任师,大型客机总体总师助理,研究员级高级工程师,主要研究领域为民用飞机控制律设计及验证、飞行品质设计及验证、飞行试验和飞行模拟试验、CCAR25部适航取证等。曾参与研制中国民用飞机 ARJ21 和大型客机两大型号,是国内少数跟随项目按民机适航要求完整走完试飞和适航取证全过程的科研人员之一,成功攻克民机失速、最小操纵速度、结冰、大侧风等高风险科目试飞中出现的技术难题。曾荣获中国商飞公司颁发的 ARJ 首飞先进个人二等功荣誉,获省部级奖项1项、上海市科技进步奖2项,获中国商飞公司和飞机设计院先进个人、杰出青年英才和科技进步奖若干。

付琳在大型客机工程模拟器内,她是国内少数参与研制 ARJ21 和大型客机两大型号、按照民机适航要求完整走完试飞和适航取证全过程的科研人员之一。

第四章 "控制"高度：重塑未来飞行

乘坐飞机出行的过程中，哪个阶段最不安全？针对这一公众普遍关注的问题，一位航空公司的负责人曾做出过经典的回答：在去机场的路上。

虽然这听起来像一句玩笑话，但的确是一个事实：航空出行的安全系数远高于其他交通工具。

2018 年的数据显示，全球共有 43 亿人次乘坐了飞机，共发生致命空难 15 起，导致 556 人不幸丧生。按照全球飞行架次总量来计算，2018 年全球空难致命的事故率是 250 万分之一，比其他公共出行方式的事故率要小得多。因此，飞机仍然是比较安全的交通工具。

每个飞机设计师手中都有一张被称为"蜘蛛网"的图，它是"飞机的飞行包线"，如图 4.5 所示。图中有 3 个同心圆，分别代表着飞机不同飞行状态下的包线，而圆点向外辐射的线则代表飞机的各类飞行参数，如速度 v、过载等。

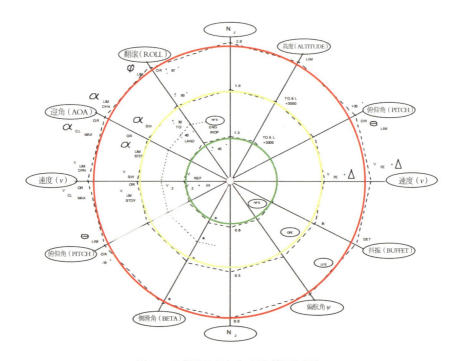

图 4.5 飞机的飞行包线("蜘蛛网"图)

"蜘蛛网"图中的绿色圆代表"正常飞行包线"。在这个范围里,飞机不仅具备安全性,还必须具备一级的飞行操纵品质,为乘客提供舒适的乘坐体验。

黄色圆代表"操纵飞行包线"。在这个包线上,飞机依然有安全性的保障,飞行员依然可以安全操纵飞机,但飞机可能存在不稳定的趋势,所以飞机设计师会在这个包线上设置相应的语音或目视告警,以达到提醒飞行员的作用。

红色圆代表"限制飞行包线",也是飞行安全的底线,飞机超出这个范围就意味着不安全。飞机设计师会在飞机到达这个包线之前设置升级的告警以及自动保护功能,以确保飞机不会超过红色圆并回到正常飞行包线范围内。例如当飞机由于突风或者其他原因导致速度超过最大操作限制速度(VMO/MMO)的一定安全余量时,飞机设计师设计了语音超速告警以及高速保护功能，会让飞机的低头权限随着速度的增加或俯仰角的减小而逐渐减小；另外随着速度的增加，一个持续增加的抬头指令将帮助飞机恢复到正常飞行包线范围内。再比如气动失速对商用飞机来说是一个极其危险的飞行状态。气动失速是指当飞行迎角增大到某一临界值时，机翼上的气流大面积或者完全分离导致无法维持稳定的升力，从而导致飞机失控。飞机设计师基于这一现象设计了失速保护和高迎角保护功能，目的在于阻止飞机在飞行过程中进入气动失速状态：当迎角增大到超过某一定义的安全阈值时，失速保护功能将使飞机自动推杆以改出危险的高迎角状态，高迎角保护功能则将自动切换成杆指令迎角的控制律，在这一控制律下，飞行员即使拉满杆，飞机的迎角也不会超过失速迎角。这些功能的设计保证了飞机在限制包线上的安全性。

在飞机设计过程和适航验证过程中，飞机设计师要对"蜘蛛网"图上不同圈对应的安全性及飞行品质等级进行测试，以验证飞机是否满足适航规章的要求。这是一个传统的设计方式，但依然充满挑战。这个过程不仅是对飞机设计师综合能力的检验，更体现了人类对于飞行的理解。通常情况下，在红色圆上进行演示验证的科目被定义为高风险试飞科目，而航空公司往往只被允许在绿色圈上运营飞机，绝对不会触碰黄色圆，一旦触碰就会触发告警，也可能会启动一次事故调查。

每个飞机设计师手中还有另一张图，那就是"飞机的重量和重心包线"，如图 4.6 所示。图中红色的两条线代表能够安全飞行的重心范围，绿色的两条线代表航空公司运营的使用范围。能够安全飞行的"重量和重心包线"是飞机设计师综合考虑了不同乘客数量、行李重量、空中燃油消耗对重心的影响，以及空中人员走动、上厕所等场景后确定的，以确保任何时候飞机都不会超出这个包线。可见，航空公司设定的飞行包线相比于飞机设计师设计的可安全飞行包线具有足够的安全余量。

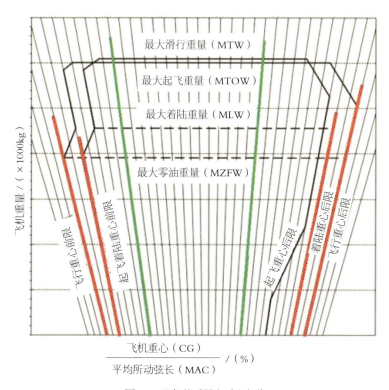

图 4.6　飞机的重量和重心包线

充足的安全余量，使得飞机成为世界上最安全的交通工具。当然，一次安全的航空运营离不开各个环节的协调工作，飞机制造商、航空公司、机场，甚至每一名旅客都要严格地按照规定履行责任。正是这些环节的共同努力保障了每一次的航空安全出行。

为什么在周全的设计考虑和充分的安全余量下，空难还是会发生？而且一旦出现空难，致死率往往是 100%？这让公众依然会对航空出行产生忧虑。

2018 年 10 月 29 日，印度尼西亚狮子航空公司一架航班从首都雅加达起飞不久后坠海，100多人无人生还。次年3月，国外另一航空公司的一架航班同样在起飞之后不久就坠毁，造成了100多人死亡。

对于这两起空难，从官方公布的飞行数据可以看出，当时飞机速度已超过限制飞行包线，如果能将这些飞行参数还原成画面，我们可以看到这两架飞机正以高速向海面或地面俯冲而去……

是什么导致了这一现象？

根据业内人员的解读，两起空难的罪魁祸首是某个传感器，这个设备可以给出飞机的重要参数并发给飞行控制律系统。波音的飞机设计师基于飞机的特点设计了一个新功能——MCAS系统，可让飞机在大迎角下自动偏转水平安定面来减小迎角，即改善飞机大迎角范围的杆力特性，以远离不安全的飞行状态。在该设备正常工作的时候，这个新功能绝对是"友军"，然而一旦某些重要设备或参数出现故障，它就是空难的"执行者"。在这两起空难中，迎角传感器出现了难以察觉的错误，导致MCAS系统被错误地激活，水平安定面自动持续偏转，飞机持续低头以减小飞机迎角。虽然飞行员想尽各种办法把飞机拉起，但是很遗憾，在这场"人机大战"中，人类失败了，飞机增速俯冲直至撞上海面或地面！

官方公布的飞行参数帮助我们完整地还原了"人机大战"的过程：飞机开始加速之后升空离地没多久，左侧的风标迎角就出现了故障，迎角达到反常的二三十度，触发了MCAS系统的门限值，飞机持续低头。飞行员意识到反常后，尝试按压平尾电动配平开关，拉动驾驶杆（操纵升降舵），努力将处于俯冲状态的飞机拉起来。但是因为升降舵只占平尾面积的1/10，即使满偏也不足以克服平尾的低头力矩；另外随着飞机速度增大到超速范围，舵面载荷也变得很大，飞行员无法通过操纵配平手轮转动平尾以回到正常范围。其实，在波音飞机设计师的设计中，飞行员拥有切断MCAS系统的第一权限，待自动触发的配平功能切断以后，飞行员就可以用手动配平飞行，以确保飞行安全。但这里涉及一个时机密码。当我们坐在办公室电脑前看着事故的飞行数据，可能很容易发现是迎角传感器发生了故障；但在当时的飞行过程中，飞行员是看不到迎角这个飞行参数的。迎角传感器出现故障时，座舱里会有众多告警声音，如断开自动驾驶、空速不一致、高度不一致、感觉压差等。在这样一个复杂混乱的场景下，飞行员很难在故障发生之后的几秒钟之内判断真正让飞机俯冲的原因，因此就错失了改变飞机危险状态的机会。

美国国会众议院 2020 年 9 月 16 日发布了有关波音系列飞机的调查报告，认定此前两起致命空难是由于波音公司及美国联邦航空局"犯下了一系列严重错误"共同导致的。报告还指出，美国联邦航空局的监管体系"存在严重问题"，亟须进行彻底改革。

事故发生后，国内外很多飞行员自发在模拟器上做飞行模拟试验。结果震惊了业内，一部分飞行员即使已经事先知道这个故障，也依然不能及时反应过来并让飞机安全改出，这就需要飞机设计师们对照功能重新进行设计了。如果飞机设计师能够在地面模拟阶段就预见到这个结果，那么他们一定可以提前发现并解决这一问题。所以说，空难能否被避免，飞行模拟器在飞机研发过程中扮演了重要的角色。

飞行模拟器的用途可分为两大类：一类是工程研究用模拟器，另一类是飞行训练用模拟器。前者用于新型飞行器的研究、试验和已有飞行器的改进；后者用于训练飞行人员，使其掌握飞行驾驶技术以及某些复杂设备的使用方法。在训练中，飞行员在地面就可以操纵飞行器，从而拥有和真实飞行一样的感受。

飞行模拟器的历史可以追溯至 20 世纪 20 年代，在 90 余年的发展历程中，飞行模拟器经历了机械式、电子式和数字式的 3 个发展阶段：它的运动系统经历了单自由度、二自由度、三自由度到六自由度的发展阶段；控制方式由机械式、电子式最终过渡到数字式。由于飞行模拟器具有安全、可靠、方便、经济、工作效率高且不受气象条件的限制等突出优点，因此发展迅速。

工程模拟器最早也是从飞行模拟器发展而来，早在1929年，美国的爱德华·林克就设计出世界上第一台机械气动式的飞行练习器，称为林克机。爱德华从小就特别喜欢飞行，但是家里没有条件送他去培训，他就自己用设备建了这个模拟器。"二战"期间，美国的很多飞行员尚不会开车就要去开飞机，由于对飞机的设备特性不熟练，经常发生坠机事故，为此林克机被投入使用。随着科学技术的进步，工程模拟器也变得越来越先进。现代的工程模拟器集计算机、机械、电气、电子、自动控制、液压、光学等技术于一身，是一种十分复杂、精密的高科技设备。飞机制造商在研制每一个新机型时，都会进行新机型工程模拟器的配套研制。工程模拟器也为飞机设计师提供了创新的手段，他们可以把一些设想、猜想，甚至是"疯狂"的理念在工程模拟器上进行一一尝试，并且创新一些前所未有的功能，不断地优化飞机的性能。

我国自主研制的大型客机也有专门的工程模拟器，而且模拟器上很多操纵部件都是用真件来代替的，例如油门杆、脚蹬、侧杆、前轮转弯的设备以及驾驶舱的一些内饰等。我们在工程模拟器上做了3件"疯狂"的大事。

第一件事，我们请了多达42位飞行员进行了一系列的试验，包括控制律的试验、故障情况下的试验和操纵器件的试验等。42位飞行员来自世界各地，不仅有试飞员也有航线飞行员。飞机采用了全时全权限电传操纵系统和先进的主动控制技术，设计复杂。飞机设计师希望通过不同的飞行员在同一个科目、同一个状态上对飞机的性能进行评价，验证对于"蜘蛛网"图上的3个圆，飞机的飞行品质能否都满足适航规章的要求，同时基于他们的评述意见和建议完善我们的设计。

第二件事，在2015年，飞机设计师就已经在模拟器上开展了相关的"试飞"工作。筛选首飞飞行机组以及让首飞机组熟悉飞机的操纵特性。对于首飞的任务包线、任务、动作点，飞机设计师让首飞机组在模拟器上进行了大量的演练。同时还考虑了一些故障情况，例如首飞的时候出现单发失效、双发失效怎么办，飞机离地后系统之间的交联如果出现了错误有哪些应急处置措施，等等。这些早在首飞之前开展的"试飞"工作都是为了确保首飞的安全。

第三件事，全面验证故障情况下飞机的飞行品质。"蜘蛛网"图上的3个圆各有它发生的概率。如果飞到了这3个圆上，但是相应的系统又故障了怎么办？比如高速情况下高速保护功能失效了怎么办？低速情况下，失速保护功能失效了怎么办？这些故障也有各自的发生概率，这几种不同概率组合以后便会有一些对应的品质等级要求，包括一类（满意的）、二类（足够的）和三类（可操纵的）。这些都由飞机设计师在工程模拟器上完成试验和测试，一来发现可能的设计问题，二来表明飞机的安全飞行能力。

模拟器给飞机设计师和飞行员带来了很大的帮助和便利，但是在航空设计技术发展日新月异的今天，我们对模拟器的功能还有更大的期望。

对未来的模拟器，我们有一些设想：

第一，希望数据模拟和气动数据模拟更加真实。希望它可以让我们在地面上提前预知任何飞行阶段的飞行响应。在试飞过程中，飞行员一般会飞到失稳区，但不会飞到深失速区，因为民机一旦进入深失速区是非常危险的。为了减小试飞的风险性，我们希望能在模拟器上进行更多的演示训练，数据模拟和气动数据在不同的飞行阶段都能模拟得更加真实。

第二，希望场景可以模拟得更加全面。希望它可以让我们模拟不同的失效状态、不同的飞行条件、飞行员不同的纠偏手段、不同的大气条件，甚至飞行员的反应时间、操纵的增益等，再对这些因素自动进行排列组合，以此判断是否满足相应的规章要求。全球航空业都在认真反思之前的空难事件，空客 A320neo 和 A321neo 也做了大量计算机的模拟，发现在 4 种场景下飞机会出现机头过度上仰的趋势。于是他们很快发出了一个适航指令，限制飞机的飞行重心后限。可见，飞行模拟是复杂先进飞机安全飞行的先行设计力量，希望将来我们的模拟器能模拟得更加全面。

第三，希望模拟器能够更智能。希望它能够自动学习空难发生的原因、故障发生的现象，也能够自动模拟故障设置和参数错误，并能自动识别更临界的飞行工况，以供飞行设计师研究和分析。有朝一日，我们期待可以把具备人工智能的模拟器发展成虚拟的试飞总师。

未来，被解放出来的飞机设计师可能要面临的新的挑战是：如何理解这些机器告诉我们的数据和信息？还有哪些是我们从来都不曾理解的"暗知识"？也许到那时，我们才会惊叹于"模拟器"真正的奥秘。

智胜未来：
飞行器智能决策与自主控制[①]

> 自动化系统发展的一般规律是从数据驱动到信息驱动，再到知识驱动。对航空领域来说，数据驱动的自动化工作已经完成，目前信息驱动跟知识驱动的自主化工作刚刚起步，这是非常好的投资窗口和技术机遇期。
>
> ——姚呈康

[①] 本文根据"致未来·C-Talk"公益性科技演讲大会第9期内容整理而成，作者为姚呈康。

第四章 "控制"高度：重塑未来飞行

姚呈康，航空工业西安飞行自动控制研究所创新中心人工智能技术体系研究课题负责人，国家某部委专题论证组专家。研究方向为智能技术体系与科技成果管理。作为核心成员，参与《航空人工智能技术架构》的论证与发布；参与多个智能类科研项目研究；多次以专家身份参与国家部委组织的智能技术体系论证及规划编制工作。

人工智能是以人类智能为原型，通过结构、功能、行为的技术模拟实现对人类智能的模拟。而人工智能系统则是由智能体（Agent）和任务环境共同构成的，针对特定问题的综合体系。图为姚呈康向团队成员介绍飞行器智能决策与自主控制系统模块架构。

当前，人工智能技术已在各行各业中加速获得应用，成为支撑业务转型的一种重要的赋能手段。航空人工智能技术架构立足航空应用场景，系统梳理各任务层级的共性智能需求，为构建航空智能技术体系、规范技术分解、加速技术成果转化提供重要依据。

对于人工智能的概念，至今学术界尚无公认的、准确的定义，但这不妨碍我们从不同角度来描述人工智能。控制论的创始人威廉·艾什比认为："智能是进行正确选择的能力。"但这个描述中的"正确"，是一个因人而异、因时而异的概念。图灵认为："如果一台机器能够与人展开对话，并被人误以为它也是人，那么这台机器就具有智能。"这个描述相比于定义智能的概念，更侧重于如何测试智能。明斯基和麦卡锡等专家对人工智能的定义则更多是将机器智能与人类的表现进行对比。这些概念都偏向于描述而非明确人工智能的界限。

在《人工智能：一种现代的方法》一书中，罗素将1956年以来的人工智能概念按照"逼真度""合理性""思考力""行动力"4个维度划分为4个象限，分别对应当前人工智能学派的结构主义、有限理性主义、逻辑主义和行为主义。应当承认，无论我们从哪个角度来描述人工智能、无论我们采用什么样的技术手段来实现人工智能，这个领域追求的工程目标都是制造人工智能系统，或者说制造智能机器，让机器表现得与人一样，具有无法分辨的思考和行动能力。这些机器满足了普通大众对于人工智能的一切感性想象。

归纳现有的定义，我们提出：人工智能是以人类智能为原型，通过结构、功能、行为的技术模拟实现对人类智能的模拟。也就是说，人工智能是研究和制造面向给定任务环境（包括任务目标、领域知识、工作环境），通过延伸和扩展人类智能，实现预期目标的人造物的科学与工程。

在上述定义的基础上，可以对智能任务的运行机制进行分析，将人类参与的活动按阶段分为以下3种类型：

一是在任务执行前，人类需要将自己的领域知识通过规则的编码传递给机器，赋予其解决问题的初始能力。

二是在任务执行中，人类需要将任务转化成明确的目的，再将目的转化成问题，然后将问题转化为目标，最后将目标传递给机器。机器在具体的任务环境中通过"感知（Observe）—认知（Orient）—决策（Decide）—执行（Act）"的步骤，完成人类分配的任务。

三是在任务执行后，人类需要对机器的执行效果进行评价与判定，并通过一定的形式反馈给机器，作为机器不断提升智能的基础。

综上所述，当前的人工智能系统应用，或者说智能任务的执行，仍需要人类智能和机器组成"混合智能系统"来共同完成。

人工智能系统，是由智能体（Agent）和任务环境共同构成的针对特定问题的综合体系。人工智能系统不是特指作为智能体的机器，其完整定义必须包含对任务环境的描述（见图 4.7）。

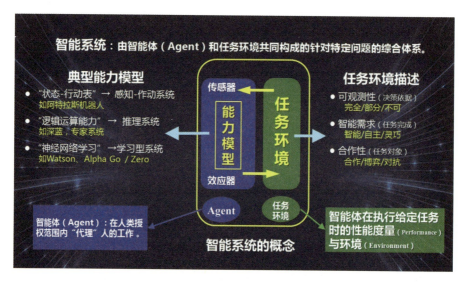

图 4.7　人工智能系统

我们可以从 3 个维度对任务环境进行描述：第一是整个环境是否可观测，分为完全可观测、部分可观测、不可观测；第二是任务对于智能等级的需求，从高到低划分为智能级、自主级和灵巧级；第三是智能体在任务中与其他环境要素之间的关系，分为合作型、博弈型和对抗型 3 种。

所有的智能体的构成都包含传感器、能力模型、效用器这 3 个基本单元，不同的智能体体现出来的差异主要是能力模型的差异。比如我们非常熟悉的阿特拉斯机器人，可以跑、可以翻跟头，做出一系列跟人非常类似的行动，它的能力模型是状态 - 行动表；"深蓝"系统用的能力模型是逻辑推理模型；阿尔法围棋系统（包括 Alpha Go、Alpha Zero）用的是深度神经网络学习模型。

根据智能体能力模型的差异,我们可以将其分为 4 类(见图 4.8),分别是简单反射类、模型反射类、目标驱动类以及效用驱动类。这几种分类方式是基于智能体任务执行效果的评价机制,以及其行动决策是否考虑环境要素反馈来进行区分。这几年随着深度神经网络的兴起,我们还可以对所有模型加入学习元件,使之成为具有学习能力的增强型智能体。

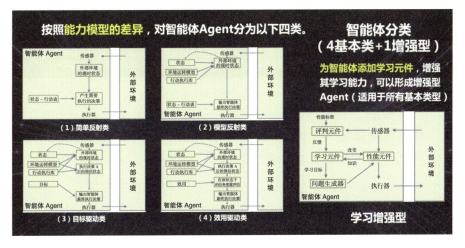

图 4.8 智能体按能力模型差异分类

对人工智能系统按任务环境和智能体进行完整描述,是我们按照智能运行机制研制人工智能系统的基本前提。对任何一个智能系统开发,首先要清楚任务环境的智能需求、可观测性、合作性,其次再定义智能体应选用什么样的能力模型,梳理出面向任务所需的感知、认知、决策、执行(OODA)4 个过程的技术需求,从而得出技术方案(见图 4.9)。

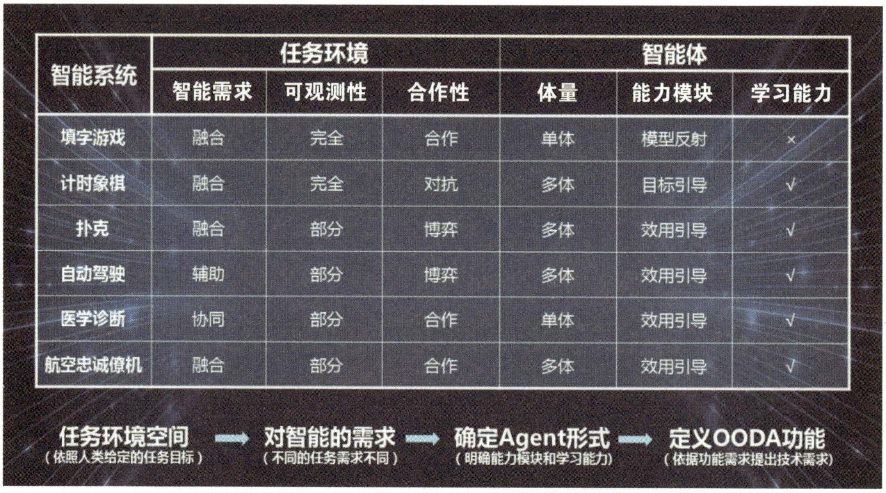

智能系统	任务环境			智能体		
	智能需求	可观测性	合作性	体量	能力模块	学习能力
填字游戏	融合	完全	合作	单体	模型反射	×
计时象棋	融合	完全	对抗	多体	目标引导	√
扑克	融合	部分	博弈	多体	效用引导	√
自动驾驶	辅助	部分	博弈	多体	效用引导	√
医学诊断	协同	部分	合作	单体	效用引导	√
航空忠诚僚机	融合	部分	合作	多体	效用引导	√

任务环境空间 → 对智能的需求 → 确定Agent形式 → 定义OODA功能
（依照人类给定的任务目标）（不同的任务需求不同）（明确能力模块和学习能力）（依据功能需求提出技术需求）

图 4.9 面向 OODA 的技术方案获取过程

通过对完整定义的梳理，我们可以得到如何完整描述人工智能系统的方法。综上所述，我们可以得到对人工智能系统进行完整描述的 6 个维度：从智能环境上来说，我们需要回答它的智能需求、它的合作性以及它对环境的可观测性；对于智能体，我们需要回答它的能力模块、它的体量以及它的学习能力。也就是说，对于人工智能系统研制任务，首先要非常明确它的任务空间是什么，以及它任务空间里面的智能需求、可观测性、合作性是什么；在此基础上，再确定智能体应该采用什么样的能力模型，从而梳理出面向任务所需的感知、认知、决策、执行这 4 个 OODA 过程的技术需求，得到技术方案。

目前，工业界对如何拓展人工智能系统的应用范围，普遍认同的观点是：在"人、机、物、网"构成的混合智能系统中，充分发挥人、机各自的优势，做好人机分工，让机器关注基于技巧行为的重复规则任务和定量计算问题，让人关注基于知识行为的复杂环境推理和定性任务分析，通过从任务中不断学习和迭代，让智能体实现从辅助到自主，到协同，到人机混合，再到人机协同的智能能力跃升。

此外，研制一个高效的智能系统，除了涉及我们经常提到的"算法""算力""数据"三大驱动要素之外，与任务环境紧密耦合的"业务"也应被提到同等重要的层级来进行针对性研究。

对航空任务的具体业务需求来说，我们可以按智能机制将人工智能技术应用划分为智能感知、智能认知、智能决策和智能执行4个板块。这4个板块里面的智能需求主要体现在两方面，一是如何将航空装备用得更智能，二是如何把航空装备造得更智能。第一个需求是面向航空作战体系在宏观作战任务层面的OODA能力提升，第二个需求是面向人机混合系统在具体任务层面的执行效能提升。

面对非合作对抗环境带来的环境高复杂、博弈强对抗、响应高实时、信息不完整、边界不确定的挑战，天空的背景相对简单，规则比较明确，节点与指控系统之间信息化技术比较好，十分有利于人工智能技术在航空领域率先形成能力。因此，在航空领域应用人工智能技术相比其他业务具有一定的先发优势。

将上述两类需求按照航空装备运行层级进行映射，可以实现航空设备的全面覆盖。如图4.10所示，运行层级包括复杂组织体层、体系层、系统/平台层、子系统层和设备层，通过梳理每个层级中的智能任务、智能需求以及人类授权情况，可以实现以系统/平台层单体为基线，向上综合形成体系，向下分解为部件的分析方法。可以看出，系统/平台层越往上，人类向机器授权的任务数量越少，决策层级越高，这个层面上我们传递的任务目标偏向战略意图；在系统/平台层往下，我们传递给子系统层和设备层的任务目标偏向行动意图，追求机器在执行具体行动时表现得更加灵巧和自主，强调对完整任务的"OODA环"执行效用的提升。

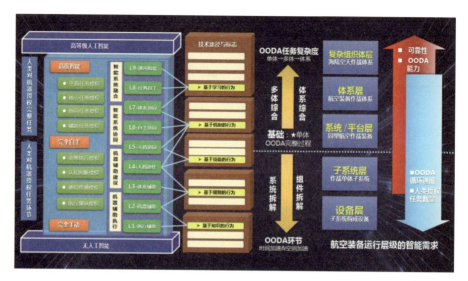

图 4.10　基于航空业务层级的智能需求层级划分

以系统/平台层为例，其实现智能的技术途径是将人类的OODA各环节任务不断向机器移交。从目前的情况来说，感知和执行这两个阶段任务都实现了大面积转移，机器已经能感知到比人类更宽广、更精确的信息，执行更多动作；但在认知和决策这两个领域，由机器承接的并不多，这也是目前人工智能在单智能体上的技术热点。通过梳理出任务转移清单，则可以指导形成机器可理解的任务编码规则，得到人工智能关键技术。

从系统/平台层往上综合，到体系层，形成由多个单智能体构成的多智能体。此时任务中的感知、认知、决策、执行是以群体为对象进行定义，具体说就是态势共享、协同认知、共同决策、组合执行（见图4.11）。体系层的技术挑战主要是如何将单独个体的智能转变为一个整体，平衡好不同个体智能差异与认知差异的融合，实现多智能体之间的交互和自主控制。此外，还有决策意图向单智能体的传递与管控、通信拒止情况下的群体系统稳定等。

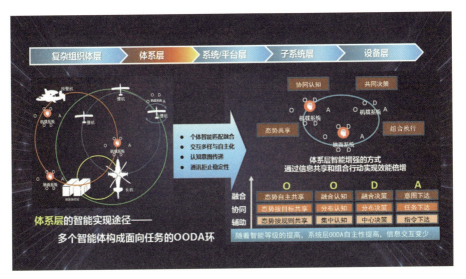

图 4.11 面向体系层的人工智能关键技术梳理

从系统/平台层向下分解，到子系统层，可以研究各种类型航空产品的智能化提升问题。系统/平台层作为单智能体，其任务具有完整的 OODA 过程，子系统层承接其中具体的某些环节，所以子系统层主要是对自身所肩负的环节任务进行增强（见图 4.12）。例如感知类子系统中的雷达，其能力增强的方式一般为：将雷达侦测数据进行场景认知，实现场景学习，再针对学习结果进行参数的自主优化，不断反馈增强调整，实现其对于特定目标和任务的感知能力提升。用同样的方式，可以实现在认知、决策、执行子系统的效能提升。

按照这种方法，我们对航空装备 5 个运行层级进行了系统性的梳理和分析，识别出面向不同任务和层级产品的人工智能关键技术。总体来说，从单体向上到体系、到复杂组织体，我们强调的是如何将 OODA 任务向机器转移，追求的是更高效的人机分工和拓展任务边界；从单体向下到子系统、到设备，我们强调的是如何提升 OODA 在某个环节的能力与响应速度，追求的是机器的空间扩展和时间加速。

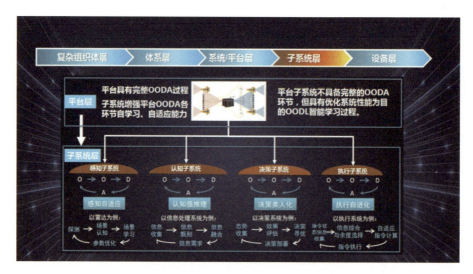

图 4.12　面向子系统层的人工智能关键技术梳理

基于上述梳理结果，我们形成了航空人工智能技术架构，将关键技术分为 3 类，即智能功能类、运行层级类和基础使能类。

在智能功能类技术中，第一是面向能力的技术。我们明确了航空产品在面向感知、认知、决策、执行能力中，对人工智能技术的具体需求。比如对智能认知来说，我们指明需要利用人工智能在大数据、知识图谱等方面的优势来处理由传感器得到的海量信息，提升航空装备的认知能力；对智能决策来说，指明需要利用神经网络学习、强化学习等方法来加强认知信息提取和自主决策能力。第二是面向应用的技术。我们明确了在交互、协同、控制和维护任务场景下的技术需求。应该说，面向应用的技术底层属于通用技术，可以扩展应用在航天、航海、电子等众多行业领域，其顶层具有显著的行业应用特性。我们在该类技术群中重点明确了在航空应用场景下的交互、协同、控制、维护的技术需求。例如面向航空智能协同提出的"任务场景是在空中的多智能体之间的配合与协作"问题，典型的技术需求包括空中编队、空中机间相对定位导航等。

在运行层级类技术中，我们明确了不同的运行层级面对人工智能技术的应用方向和领域。以体系层为例，其对人工智能的需求主要是研究复杂组织体当中的智能涌现问题，更关注如何将一些低智能单体组合成群体后，以确保其运行有序可控的同时，实现其整体智能的提升。

在基础使能类技术中，我们主要梳理了将算法、算力、数据应用到整个航空装备研发过程中的一些关键技术和能力。第一类是技术研发支撑环境；第二类是综合实验验证平台，因为目前人工智能技术的进化和算法提升是非常仰仗于数据的，而航空装备不可能真的用现场数据来训练智能算法，所以必须要建立一个高仿真、高动态、全实时的数据仿真环境，来实现我们的算法升级，实现智能提升；第三类是推行标准评测和安全体系，应该说人工智能技术的发展离不开标准、伦理以及安全机制方面的约束，比如安全机制、信息机制、防崩溃机制、决策可追溯性、可解释性等都是技术研发中必须考虑的基础问题。

整体而言，航空人工智能技术架构可以形成关键技术体系空间（见图4.13），实现对不同航空产品层级和不同智能需求的完整描述。通过对技术体系空间的二维平面或者单独的节点进行细致的梳理，可以得到某一个节点包、某一个平面的智能需求与技术清单。借助关键技术体系，我们可以实现对航空工业智能项目的成果归集指引，实现查漏补缺，凝练共性成果，为航空智能系统研制实现按技术架构拆解映射的技术成果支撑。

展望即将到来的智能时代，两个普遍达成共识的发展形势将为航空高效智能系统研制提供巨大机遇。第一，航空装备智能化、自主化是历史发展的必然趋势。因为对人工智能、高性能计算和仿真技术的发展，中国在这个领域所具有的人工智能技术优势，与西方处于同样的起跑线。第二，人工智能技术在航空领域拥有极大的融合潜力，未

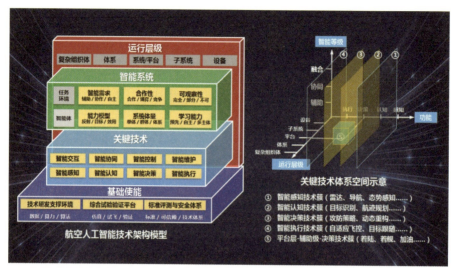

图 4.13　航空人工智能技术架构与关键技术空间

来发展可期。自动化系统发展的一般规律是从数据驱动到信息驱动，再到知识驱动。对航空领域来说，数据驱动的自动化工作已经完成，目前信息驱动跟知识驱动的自主化工作刚刚起步，这是非常好的投资窗口和技术机遇期。

相信乘着中国全面进入"十四五"时期自主创新的东风，我们将有机会和更多优秀的创新资源联合，将人工智能技术面向行业应用这件事做得更好，为智能技术的高质量落地持续贡献出我们的智慧和力量。

超级大脑：
民用飞机航电系统的"三驾马车"[①]

> 航电系统在经历了模拟到综合模块化的发展后，飞行安全和数据处理效率已得到了极大提升，未来，民机航电系统将继续朝着系统互联协同化、信息化、智能化的方向发展，为未来民机的安全、经济、高效运行提供关键性支持，使飞机的"大脑"更发达。
>
> ——唐剑

[①] 本文作者为唐剑。

唐剑，中国商飞北研中心信息与控制技术部部长兼需求工程部部长。从事航空航天科研工作10余年，曾就职于航天科工集团、中国科学院、航空工业集团等单位，在复杂电子系统总体设计及验证、嵌入式软件开发方面拥有较强实践经验。曾参与载人航天工程，参与某型直升机、某型通用直升机等项目，现从事商用飞机航空电子系统技术预研工作。研究领域包括综合模块化航电技术、民机宽带卫星通信技术、机载健康管理技术、复杂电子系统总体设计、MBSE（基于模型的系统工程，Model-Based System Engineering）在民机航电应用设计实践等。曾获航空工业集团个人三等功2项，商飞公司科技成果二等奖2项，授权专利5项，软著2项，译著2本。

预计到2036年，全球航空旅客周转量将以平均每年4.4%的速度递增。民机航电系统作为民机的"大脑"，也面临着新的升级需求。图为唐剑在中国商飞北京民用飞机技术研究中心。

第四章 "控制"高度：重塑未来飞行

民用飞机航空电子系统（简称"民机航电系统"）可形象化地被喻为飞机的"大脑""中枢神经"以及"感觉器官"，主要承担飞机各种传感器信息的采集、处理、传输和应用，是飞机的关键系统之一。航电系统在保障飞行安全、提高运行效率、节能减排等方面发挥着重要作用，其性能在很大程度上决定了飞机的总体性能和安全水平。

在展望民机航电系统发展前景之前，让我们先来回顾其发展历史。航电系统经历了模拟、数字、综合模块化航电等阶段。在 20 世纪 60 年代后期和 70 年代初，装有一台数字式计算机和专用显控部件的区域导航系统首次提供横向和垂直导航服务；10 年后，空客 A310 飞机首次采用电子仪表和驾驶舱中央电子仪表，实现了民机航电技术的一次飞跃；20 世纪 90 年代，波音 777 开启了民机航电系统综合化、模块化设计的先河。此后，民机航电系统性能水平不断提高。当今最先进的波音 787、空客 A350 XWB 等机型，其航电系统设计更加强调互联性、互操作性，通过不断提高通用数据处理和网络互联互通能力,实现各种资源的合理配置。

随着科技进步和消费水平提升,全球航空运输市场需求日益强劲。预计到2036年,全球航空旅客周转量将以平均每年4.4%的速度递增,其中以中国为代表的新兴经济体国家的航空需求增长将高于全球平均水平;飞行机队规模将显著扩大,届时全球客机机队规模将达到45376架,是现有规模的2倍多,全球将有超过43013架新机交付,中国市场需求量持续增加,预计将交付8575架新机,占全球总量的20%。随着航空运输市场需求不断升级,未来民机也正朝着更安全、更快捷、更智能、更经济、更环保的方向不断发展。民机航电系统作为民机的"大脑",也面临着新的升级需求。目前的民机航电系统仍存在综合态势感知能力不足、系统状态监测能力不足、飞行员操控复杂、旅客机上信息孤岛等问题,亟须借助综合航电技术、电传操纵和主动控制技术、客舱综合设计技术来进行改善,实现数字化、综合化、自动化。未来民机综合航电系统的3个主要发展方向包括:

智能驾驶舱

就在不久前,许多航空业内部人士还将大屏幕驾驶舱视为从科幻电影场景中提取的尖端设计,然而今天,驾驶舱显示系统技术已由传统的计量器或刻度盘,经由两代玻璃驾驶舱发展到现在的大尺寸触控显示器驾驶舱(见图4.14),未来还将向着综合化、数字化、自动化、简洁化、智能化、互联化和安全化的方向发展。同时,不断提高的空中交通流量和飞机全天候运行需求,需要在飞机驾驶舱提供给飞行员更好的显示和控制界面,以及支持低能见度起降的综合视景系统。在一体化的超宽曲面显示屏上,通过可重构显示布局,可显示全方位视频监控飞行,同时支持多点触控、语音控制、手势控制等多种功能,减轻飞行员操作负担,提高飞行效率。此外,智能驾驶舱还将具备智能化告警功能,利用神经网络学习、专家知识库辅助决策、智能识别合成等多种人工智能手段，极大降低飞行风险。

图 4.14　智能驾驶舱

未来智能驾驶舱的一个重要特性是为飞行员提供增强的态势感知能力，确保飞行员具备更强的情景意识，保证飞行安全性。针对飞机全飞行阶段，未来驾驶舱应提供多元信息融合的综合态势感知提升；在地面滑行阶段，提供先进场面引导与控制（A-SMGCS），为机场的交通提供监视、路径规划、引导和控制功能，提供驾驶舱交通信息显示（CDTI）画面，确保飞行员了解当前的交通态势和周围飞机飞行航迹；在起飞与着陆阶段，提供未来驾驶舱综合视景系统，降低飞机起降的跑道视程（RVR）需求，提高飞机安全性与全天候运行能力；在空中滑行阶段，提供外部天气与地形信息的显示与预测告警，提供四维航迹（4DT）运行显示画面，确保飞行员实时掌握精确的飞行航迹。

此外，未来驾驶舱的自主决策能力也将得到显著提升，实现按需飞行。在未来，驾驶舱将成为空中网络的高性能计算节点，与空中交通管理系统形成空地闭环网络。通过智能信息检索、智能控制和专家系统，地面管制员和飞行员将会彻底由操作者解放为监视者。应用增强气象数据系统，获取更大范围的气象数据，实现更精准的气象条件探测和危险气象环境预判；应用增强的安保网络系统，建立防火墙避免信息恶意入侵，对驾驶舱内部核心数据进行软隔离，实现全方位的网络数据保护。

智慧客舱

近年来，随着民航业的迅猛发展，中国民航旅客年度增长量均超过10%，未来也将持续增长，预计在2025年将成为全球最大的空运市场。飞机客舱是航空公司提供航空运输服务的重要场景，客舱服务是旅客在飞行过程中享受到的服务体验的核心环节，直接影响旅客的出行体验。大多数旅客在乘坐飞机时，都希望能体验到便捷舒适的客舱氛围，希望自己的个性化需求能得到满足。然而受限于客舱环境狭小和人员排布密集，目前客舱可提供的设施功能单一，而且客舱中各种设备、设施均有严格的安全要求和操作规范，极易受到飞行状态的影响，在遇到颠簸和气流影响时，为保障乘客和机组成员的安全，无法正常开展客舱服务。以上种种限制造成了当前民用飞机的客舱服务形式千篇一律，桎梏了客舱服务的发展创新。

2015年1月13日，微软和中国东方航空共同宣布，双方在人工智能和移动互联网领域达成战略合作，以"微软小冰"为切入点，可通过机上WiFi实现乘客和乘务人员的互动。当天下午，东航首个小冰人工智能航班（MU5117）从上海飞往北京。通过航班配备的机上免费WiFi热点，乘客在登机前能通过社交平台与自己的小冰互动，获取实时航班信息；在飞行途中，也能通过平板电脑连接机上的WiFi，通过小冰向其他乘客或乘务人员发送信息；此外，乘客还能通过小冰，实现呼叫服务、空地交流、接机提醒、自定义餐饮等功能。2020年7月7日，国内首架高速卫星互联网飞机QW9771航班由青岛飞抵成都，飞机在高空飞行时可实现 150 兆宽带的高速联网。该架飞机客舱由阿里云和天地互联进行数字化改造，保证旅客在飞行旅途中享受流畅的网络、娱乐互动、空中直播及购物支付等服务。这架高速卫星互联网飞机利用数字客舱一站式软件解决方案及数字化航空娱乐服务系统，构建了包括航旅出行服务、移动端空中娱乐、空中电商新零售等多元空中互联网生态。当空地信息真正互联时，一个广阔的空中客舱新商业生态将会形成。

可以看到，在信息化的时代，亟须加强综合智能技术在航班上的应用，使得飞机客舱更加智能，也使得旅客尽享网络、娱乐、休息、工作、餐饮和观景体验，同时也可以让飞行和乘务人员提供更加个性化的客舱服务，智慧客舱的概念也由此应运而生。

通过信息技术手段，将客舱服务由传统人工方式向个性化和智能化转变，是未来飞机客舱进行数字化转型中的重要一环，也是智慧客舱发展的主流方向。

首先从设计理念上，智慧客舱以提升乘客飞行体验为中心开展设计。它将客舱服务作为整个优化未来乘机体验最为重要的一环，改变了传统客舱设计方式，将智慧和体验的理念融入全机客舱布置与舱室设计中，探索航司运营与乘客体验的平衡点，从多维度论证客舱功能化分区、舱室快速改型、多层客舱等多种方案构想。

在客舱环境构建上，智慧客舱通过提升客舱"软"环境设计和构建"柔性"客舱环境，来增强旅客体验。融入柔性屏、虚拟现实、增强现实、主动降噪等未来先进交互技术，提高客舱服务品质，以达到客舱整体的智能化与舒适化。将大数据、互联网等技术融入整体的客舱服务设计与旅客娱乐体验设计，提升客舱的功能性与体验性，实现旅客服务模式、互动体验范围、乘机体验的拓展和优化。通过围绕航班运行信息、旅客互联网行为信息、客舱物联网汇聚数据开展分析与挖掘,掌握航空旅客的消费、学习、娱乐习惯,为旅客提供更精准、更有针对性的客舱服务(见图4.15)。

图4.15 智慧客舱

在客舱服务和管理上,智慧客舱通过引入高安全性客舱物联网技术,提升舱内环境信息与设备状态信息感知能力,大大提高乘务人员对客舱的各种状态的全面掌控,及时响应乘客服务需求,航空公司地面运营也可更加及时准确地获知客舱多种状态。同时,利用机上智能体验终端,乘务人员不仅可及时与旅客进行沟通、交流,还能够与航空公司旅客系统实现数据同步和共享,并从中了解到每位旅客的乘机习惯、饮食偏好、身体状况等信息,在旅客登机前准备个性化定制服务。同时,客舱中旅客使用的智能手机、平板电脑等移动设备,也可形成一个基于互联网的定制化、个性化、高体感、强交互的机上智能体验终端,从而更为快捷地获取旅客的需求信息并提供相应的服务。

在乘机体验上,随着通信技术的飞速发展,航路飞行中的飞机客舱也将不再是封闭的信息孤岛,空地通信、人工智能等新兴技术正在将天空中的飞行器与机场和地面服务中心联结起来,共享大数据服务。基于高通量卫星、5G ATG(5G地空互联)等多种宽带通信方式以及人工智能技术，结合边缘计算分布式分发存储能力，客舱信息系统不仅作为飞机信息系统的一部分，同时作为互联网中的云节点，为旅客提供超低时延的互联网应用服务，为飞机客舱智能服务提供算力保证，进而推动航空公司、机场、飞机制造商实施数字化变革，为每一位旅客带来独一无二的全新飞行体验，旅客也将在智慧客舱的服务支持下，体验从订票到下机"一条龙"的智能化出行服务（见图 4.16）。

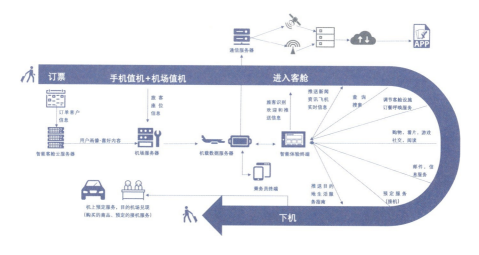

图 4.16　智慧客舱支持下的未来出行体验

智能 IMA 平台

在 20 世纪 90 年代以前，主流民机大多采用联合式数字架构的航电系统，其特点是以航线可换件（LRU，又称外场可换件）为基本系统单元，子系统相对独立，硬件和软件间紧耦合，通过总线技术实现信息共享，但综合化层次较低。后续研制的民机对安全、经济、环保、舒适和适航方面的要求越来越高，这就需要航电系统增加更多的功能来满足相关要求，若继续采用联合式架构则势必会造成系统庞大、LRU 数量和连接线路激增，继而增加飞机取证、维护和运营成本。一场针对未来民机航电系统的变革已经到了迫在眉睫的境地，

IMA 的概念也就由此应运而生。IMA 英文全称为 Integrated Modular Avionics，即综合模块化航空电子。IMA 系统作为整架飞机的核心系统，就好比人体的中枢神经系统，由具有不同处理能力的硬件模块、不同应用功能的软件模块和使其联系及运行的总线／网络组成（见图 4.17）。其最大的特点是以外场可换模块（LRM）为基本系统单元，实现资源（包括处理器、软件和数据等）共享。目前典型的 IMA 系统架构主要包括以波音系和大型客机代表的集中式架构，以及以空客系为代表的分布式架构，两种方案均已形成成熟的设计研制体系，具有较强的平台设计、系统集成能力。

图 4.17 智能互联模块化航电平台

在应用智能化、复杂化的发展趋势下，国外主要机型制造商及系统供应商均开展了针对新一代智能 IMA 平台的探索：如"斯嘉丽"（SCARLETT）和"阿什利"（ASHLEY），其中 ASHLEY 项目持续针对分布式 IMA（DIMA）架构开展研究，致力于将 DIMA 的概念和解决方案向飞机其他领域扩展；柯林斯（Collins）的集成化开放式航电系统（MOSARC）架构、通用电气的开放式驾驶舱（Open Flight Deck）等项目也致力于将模块化电子的设计扩展到飞机其他领域，提升综合化程度。越来越多的新技术逐渐应用到航空领域，航空应用开始逐渐智能化、复杂化，利用视觉识别、声音识别等新型传感技术，为机上系统提供高性能的可靠计算服务和人工智能计算平台；利用智能互联模块化航电平台，提供高完整性的高速机载设备网络互联、机上大数据采集、分析及存储服务。此外，开放式架构将进一步降低机载软件成本和认证难度，大幅提高机载软件采用商用部件法（COTS），提高软件复用。

  以上 3 个例子代表了典型领域内的未来航空电子系统发展趋势，对整个民机航空电子系统来说，可总结为以下几点：第一，架构网络化，以互联网连接能力为承载，提升信息互操作能力；第二，系统智能化，应用人工智能和大数据，实现智能飞行；第三，运行精细化，逐步过渡到面向"性能驱动、多元精准"运行。

  近年来，我国在大型飞机航电领域也取得了显著进展，但在关键设备自主研发、系统集成验证、装机产品适航取证等方面与欧美发达国家还存在着较大差距。为此，应进一步发挥我国国产飞机的带动作用，积极开展航电领域前沿技术探索和研究，不断强化航电系统的总体集成能力，进一步实现我国对于这一领域的核心技术研发能力；应进一步加强关键技术攻关，针对航电领域内技术含量高和经济附加值高的关键性产品，围绕设计、研制、生产、验证和适航等核心环节，建成我国的航电产品配套能力和产品体系；应进一步加强集成创新，积极结合并借鉴目前在云计算、大数据、人工智能、物联网、虚拟现实等领域的最新技术成果，积极探索相关成果在航电领域进行应用的可行途径，从而牢牢把握未来航电系统的智能化趋势，努力实现弯道超车。

"简单"飞行：
飞控系统的安全性[①]

> 安全始终是民机竞争力的基础，是飞机经济性提升的前提。为了满足未来民机的竞争优势技术应用需要，应用主动控制等技术的先进飞控系统的可用性要比当前水平更高，因此需要提升传感器系统、计算机系统、作动器系统、高升力系统的可用性，使用包括综合化、解析余度、PBW作动、智能等技术提升系统的故障应对能力，实现故障后仍能够正常运行的能力。
>
> ——杨勇

---

① 本文作者为杨勇。

杨勇，中国商飞北研中心方案总体部 T8 级工程师，功能与需求开发三级专业副总师（预研），从事航空系统工作 10 余年。曾就职于上海飞机设计研究院，曾参与大型客机研制、大型远程宽体客机等前期论证、非常规布局飞机验证机、新能源飞机等系统设计与集成验证工作。现从事商用飞机系统总体预研工作，领域包括先进飞行控制技术、飞机能源架构技术等。曾获商飞公司科技成果一等奖 1 项，授权专利 1 项。

杨勇在中国商飞北京民用飞机技术研究中心多电航电综合实验室与验证机合影。他主要从事未来民机系统概念方案论证，以及非常规布局和新能源飞机验证机等系统设计与集成验证工作。

电传操纵取代笨重的机械钢索操纵,智能化玻璃座舱取代眼花缭乱的分立式仪表,飞行正在变得越来越"简单"。也许未来的某一天,飞行员只需要输入目的地,飞机就可以全程自主飞行。这种假设的前提就是飞行变得更加安全,而飞控系统在飞行安全中的作用不言而喻。

飞控系统推动经济性提升

飞机每座百公里油耗是经济性的重要指标,从波音 B747-400 飞机的约 3 千克,到空客 A350-1000 飞机的约 2 千克,30 多年来降低超过 30%。油耗的降低主要依靠大涵道比涡扇发动机、先进超临界翼型、电传操纵的主动控制、先进复合材料等技术革新。那么下一个提升经济性的技术突破点会出现在哪些方向?新构型、智能化、新能源是可能的方向,综合化和跨界技术的融合也同样成为潜在的技术突破点。飞控系统是这些未来可能方向的重要支撑和保证。并且,飞控系统作为保证飞行安全的重要一环,任何技术突破都可能对其提出更苛刻的要求。翼身融合布局、单一飞行员操纵、机翼变形技术、主动气流控制技术等都要求飞控系统具有更高的可用性水平。只有这样，才能够减小设计余量，获取更低的油耗指标。

安全和高效有时是矛盾的。举个例子，翼身融合构型飞机降低了浸润面积和干扰阻力，比传统构型飞机升阻比可以提升10%—20%，但由于采用了更短的机身，平尾力臂短，操纵效率降低。此时如果按照传统飞控设计所要求的静稳定性要求，则需要较大的升降舵面积和上偏角，这样又会导致升力损失大且作动器设计困难；另外，采用传统的高升力机构，难以满足气动布局优化设计的需要。为了解决上述难题，需要进一步放宽静稳定性、采用分布式高升力以及机翼变形等技术。如何降低飞控系统失效概率、确保安全性成为亟须解决的问题。除了翼身融合构型飞机外，确保安全性同样适用于常规构型飞机的性能提升。

为了平衡安全和高效，飞控系统需要重点解决两方面的问题：一是先进的主动控制律设计，充分利用信息化技术实现多源数据融合，实现经济性最优的飞行控制；二是提高控制系统的安全可用性，即主动控制功能的丧失概率要更低。换句话说，需要解决的问题是提高主动控制所需的传感器、计算机、作动器以及相关总线、能源的可用性。

更强的"大脑"：飞控计算机实现"大综合"

20世纪80年代，空客A320飞机将数字电传飞控系统引入民机。经过近40年的发展，基本形成了电传飞控系统的基本特征：工作模式包括正常模式、降级模式；三余度飞控计算机的架构；每个主舵面至少采用两台作动器，采用"主—主"工作模式，或"主—备"工作模式，确保单作动器失效不会引起主舵面控制的丧失；不同类型的飞控计算机应对正常模式下的全部飞控功能、降级模式下的关键飞控功能。

根据上述电传飞控系统的准则，提高控制系统的可用性有两种途径：一种是提高正常模式的可用性；另一种是增加降级模式下的主动控制功能。无论哪种途径，都需要降低飞控计算机以及传感器的失效率。

采用电传飞控系统的民机主要有空客 A320、A330、A340、A350、A380，波音 B777、B787，以及大型客机等机型。飞控系统架构呈现出功能综合化趋势，越来越多的功能集中在少数的飞控计算机中，其信息处理能力越来越强。空客 A320 飞机在水平安定面和方向舵使用了机械控制，波音 B777 飞机在水平安定面和两对扰流板使用了机械控制，这两机型分别作为空客和波音公司的第一款电传民机，均采用了机械作动作为电传系统的备份。空客 A350 和波音 B787 飞机取消了机械作动链路，全部使用了电控作动器，且电子综合能力更强，如波音 B787 飞机使用 3 台飞控计算机实现了波音 B777 飞机上需要 8 台各型计算机才能够实现的主飞控、高升力、自动飞行控制功能。飞控系统架构综合化的同时采用分布式控制，将作动器的内环控制集成到作动器端中，减少了线缆重量且控制更为合理。

目前三余度飞控计算机及总线技术已经能够达到 10^{-11}—10^{-10} 的失效概率，但缓解共模故障仍是当前认识中需重点考虑的问题。共模问题是飞控系统设计中面临的重要挑战，备份控制或非相似设计等架构减缓措施是解决飞控计算机共模失效问题的主要途径。需要考虑的共模故障源包括物体碰撞、电气故障、电源失效、闪电、火灾、液压失效、不安全的安装和维修、爆炸、结构损伤等。通过软硬件的非相似设计可以减缓由于研制差错导致的共模故障，设计过程可能会极大地增加开发成本和周期，应提前规划好基于模型的开发方法来缩短控制系统的研制和试验周期，减少软件版本的数量。

更明亮的"眼睛"：信息融合协助辨别"真伪"

影响飞控系统功能实现的主要传感器包括大气数据、惯性基准和飞机构型（襟缝翼位置）等传感器。处理器、网络的性能提升为多传感器信息融合提供了支持，未来的飞机信息处理能力更强，辨别传感器"真伪"的能力会越来越强。

高安全大气数据信息融合。2009 年的法航 447 航班空客 A330 等空难事故均与大气数据有关联：不可靠空速或迎角是多起空难和事故症候的直接因素；大气数据等重要传感器信息对大型洲际客机先进控制律的设计意义重大。目前，相关监控设计包括门限监测、一致性检查、解析余度等。在共模源影响下，一旦监控异常，可能导致飞控系统工作模式退回到降级模式；或持续影响两个或多个大气数据且无法被上述监控发现，导致在飞行控制律中使用错误的大气数据。通过惯性基准采集的过载、角速率等，与大气数据的原始信息进行融合获得大气数据的解析余度，对现有的三余度大气数据系统形成补充，实现飞控功能可用性和完整性的提升。

基于图像的辅助导航。空客在 A350 飞机上开展了自动起降测试，使用的传感器包括图像采集传感器，用于飞机与跑道之间的定位。在无人机自主航迹飞行、避障、应急着陆等过程中，基于图像导航的应用已经能够在正常场景下运行。目前民机上使用的合成视景通过可见光、红外等传感器增强外部视景，能够提高飞行员的态势感知能力，提高起降的安全性，未来民机上需要将其进一步发展成为信息融合数据源，为其他导航传感器提供数据辅助修正，提高信号的可用性。此处的"图像"可广义理解为可见光、红外、激光雷达、相控阵雷达等采集的数据。

更强健的"肌肉"：功率电传提高能源效率

在传统飞机的二次能源中，液压能是飞控系统的主要能源形式，其在传递过程中损耗较大，能源效率偏低（约 30%），另外管路布置难度大、振动抑制难、泄露等维修性问题突出。针对上述问题，功率电传（PBW，全称为 Power by Wire）将所需能量通过电缆进行传输，按需供应能量，降低能量传输损耗，提供高能源效率（约 60%），同时具备易于布置、易于维修、易于开展健康监测等优势。空客 A380 飞机首次采用了 2H2E 的作动架构，去除了 1 套由发动机驱动的中央液压系统，增加了 2 套供电网络为飞控作动器供应能源。空客 A350 飞机采用了类似的 2H2E 架构。波音 B787 飞机则在扰流板上增加了电作动器，主体上仍是 3H 的作动能源架构。

按照能量来源和传动原理，飞控作动器主要包括 EHSA（电液伺服作动器）、EHA（电静液作动器）、EMA（机电作动器）、EBHA（电静液备份作动器）、EBMA（机电备份作动器）等。其中 EHA、EMA 为主要的 PBW 作动器，EBHA、EBMA 为混合电作动。EHA 从供电网络中获取能量，通过电动液压泵为作动提供液压油，控制液压泵的转向、转速等实现对液压油的方向、流量的控制，减少了 EHSA 中的伺服阀。电动液压泵需具有较高的动态响应和方向切换能力，增加了作动器本身重量和体积，且使用寿命降低。由于没有中央液压油作为热沉将热量带走，EHA 的散热问题较为突出；EHA 在能量密度、响应性能、可靠性、技术成熟度等方面与 EHSA 仍存差距，目前主要用于备份模式。EMA 完全取消了液压，使用滚珠丝杠等进行能量的传递，但由于存在单点故障导致卡阻的问题而暂不适用于主舵面作动。

随着"双碳"政策的逐步落地实施，飞机能源优化势必在飞控系统中引入更多的 PBW 技术。对比传统的 3H 系统架构，未来飞机可能采用 2H2E、1H2E、1H3E、3E 等架构，重点突破小型化、散热、卡阻、可靠性、健康管理、电磁兼容等方面问题；飞机架构设计时需要考虑 PBW 作动器与机翼结构等的耦合，确定作动器与后梁的连接方式以及作动器尺寸满足机翼厚度等；通过余度设置、健康管理等技术增加飞控系统应对作动器丧失的能力，从而提升飞机的总体安全性水平。

更"智能"的机翼：机翼变形提升气动性能

设计师不断从鸟类的飞行中汲取经验，希望可以制造出像鸟儿翅膀般自由伸展的可变形机翼，"飞行者一号"便是最早的尝试。设计师通过机翼变形，尝试使飞机在更多飞行速度和高度下获得最优性能，提高飞行经济性；但由于机械结构重量大、可靠性差，现代飞机机翼普遍采用副翼进行操纵，分离式的襟翼和缝翼作为高升力舵面。

机翼变形大致分为 3 种类型：改变机翼平面形状、改变机翼翼型形状或面外变形。目前已有先进民机通过改变机翼部分翼型形状实现性能提升，例如在波音 B787 和空客 A350 飞机中，通过襟翼后缘可变弯度提高非设计点升阻比，可以为全机降低 1%—2% 的燃油消耗。除了已经应用的后缘可变弯度襟翼外，国内外涌现了多种多样的设计理念和尝试，比如分布式高升力、自适应变形翼、主动柔性翼、主动气动弹性翼、智能机翼等，可以进一步提高飞机灵活配置能力，提升巡航性能并达到减载或减重的能力。但机翼变形系统的故障可能导致灾难，应考虑如何实现高安全的蒙皮结构材料、变形驱动系统以及传感控制系统，以符合适航安全性要求。

如上所述，机翼变形中与飞控系统相关的关键技术主要包括传感及控制技术、变形驱动器及机构设计技术等。其中变形驱动器需具备重量轻、体积小、高能量密度、响应快等特点，磁致伸缩驱动器、压电陶瓷驱动器和形状记忆材料驱动器是当前发展的重点，但都还有过于笨重、复杂或能量密度偏低的问题。而传感及控制技术面临的主要问题有测量精度和传感器布置，以及由于控制维度增加带来的控制器算法复杂度等问题。

安全始终是民机竞争力的基础，是飞机经济性提升的前提。为了满足未来民机的竞争优势技术应用需要，应用主动控制等技术的先进飞控系统的可用性要比当前水平更高，因此需要提升传感器系统、计算机系统、作动器系统、高升力系统的可用性，使用包括综合化、解析余度、PBW作动、智能等技术提升系统的故障应对能力，实现故障后仍能够正常运行的能力。飞控系统的正常运行还与起落架系统、防除冰系统、动力系统等存在交联接口，需要多系统综合设计和优化实现竞争优势技术的安全可用。

第五章

Chapter 5

动力高度：
远方已在身旁

划时代的科技和产业创新必定源自划时代的思想创新。唯有创新的思想才能激发创新的技术、产品和服务。思想创新的重要性高于一切。正如伟大的法国科幻作家儒勒·凡尔纳所说：凡是人能想到者，必有人能实现之。

航空业产生的二氧化碳占全球人为二氧化碳排放量的2%—3%。目前，全球航空业正遭受新冠疫情和环保政策的双重压力，航空业正在摸索自身"去碳化"的道路。新能源飞机的出现，正在改变传统飞机高碳排放量的局面。

早在1957年，世界上第一架银锌电池驱动的电动模型飞机诞生。1973年德国奥地利生产的一架HB-3滑翔机被改装成电动飞机，成功载人飞行了12分钟。"电动飞机""混动飞机""太阳能飞机"……航空业在新能源飞机上的探索从未停止，让我们共同期待未来航空新动力的科技革命。

纳米能源：
自供能技术的"从0到1"[1]

> 如今，人类社会已迈入大数据、人工智能和物联网时代，开始把目光投向除传统可再生电能、化石能源等"大能源"之外的微纳能源等"小能源"，以解决物联网时代小型器件的自供能问题。
>
> ——王中林

---

[1] 本文根据"致未来·C-Talk"公益性科技演讲大会第10期内容整理而成，作者为王中林。

中国高度

王中林，中国科学院外籍院士，欧洲科学院院士、加拿大工程院外籍院士，中国科学院北京纳米能源与系统研究所所长，佐治亚理工学院终身校董事讲席教授。国际纳米能源领域著名刊物《纳米能源》（*Nano Energy*）的创刊主编和现任主编。纳米能源研究领域的奠基人，发明了压电纳米发电动机和摩擦纳米发电动机，开创了压电电子学和压电光电子学两大学科。论文引用超28万次，标志影响力的H指数是257，目前在全球材料科学总引用数和H指数排名世界第一；世界横跨所有领域前10万科学家终身科学影响力排第5名，2019年年度科学影响力排第1名。曾获2019年爱因斯坦世界科学奖、2018年埃尼奖、2015年汤森路透引文桂冠奖、2014年美国物理学会詹姆斯·C.麦高第新材料奖、2011年美国材料学会奖章等国际大奖。

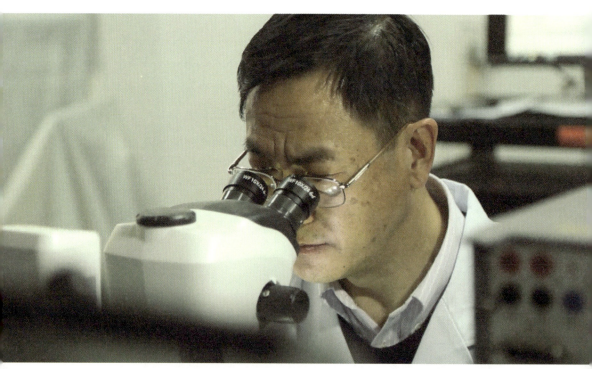

王中林作为纳米能源研究领域的奠基人，发明了压电纳米发电动机和摩擦纳米发电动机，开创了压电电子学和压电光电子学两大学科。

第五章 动力高度：远方已在身旁

能源是我们赖以生存的命脉。能源的利用使我们的生活日新月异，但同时也对我们提出了新的挑战和更高要求。长期以来，人类赖以生存的化石能源的使用，导致了气候和环境变化；此外，油、煤燃烧过程的不可逆性，也使人类面临能源耗竭的困境。因此，寻找"后化石能源"时代的新能源、新的增长点，以保障未来可持续发展成为当务之急。从热力学角度讲，能源分布将从聚集型变为发散型，从有序变为无序，遵循熵增加的原理，即高熵能源。未来，如何解决和利用数以亿计的移动性、变化性、不定性的"小能源"，是我们一直的研究方向。

纳米能源，作为一个全新的研究领域，是指利用纳米材料和纳米器件来实现高熵能源的高效转换、储存与利用，从而实现为微纳系统提供持久的、不需维护的能源，其应用范围包括但不限于穿戴式电子、健康医疗、环境监测与保护、安全与安防、机器人和人机界面等。

如今，人类社会已迈入大数据、人工智能和物联网时代，开始把目光投向除传统可再生电能、化石能源等"大能源"之外的微纳能源等"小能源",以解决物联网时代小型器件的自供能问题。

我对纳米领域的研究始于1984年,那时纳米也还不叫"纳米"。后来,从2005年开始发展的基于纳米发电动机的高熵能源体系和压电电(光)子学,成为当今我们领先世界的开创性原创领域。

纳米能源与微纳系统研究是纳米科技中的一个重要组成部分,为物联网、机器人和人工智能的发展提供了新的能源技术,为人类探索和利用能源开辟了新的路径和方式,前景广阔。目前,我国纳米科技工作者已建立了从环境和生物系统中获取随机机械能来驱动移动传感器的原理和技术路线图。

由中国发起的纳米能源与纳米系统国际会议(NENS)和摩擦纳米发电动机与压电电子学国际会议(NGPT),已成为纳米能源和系统研究领域规模最大、最具权威性的国际性会议,吸引了世界近30个国家和地区的专家学者,共同探讨纳米能源和系统领域的重大前沿问题,并促进中国科学家深度参与纳米科技领域,扩大了中国纳米科技界的国际影响力和话语权。

摩擦纳米发电动机——新时代能源的基石

摩擦纳米发电动机是一种将环境中的低频次、低振幅的机械能量转换为电能的能量采集装置。自从2006年世界上最小的发电动机——压电式纳米发电动机问世以来,纳米发电动机的概念和应用有了质的飞跃和升华。现在它已经是一种利用麦克斯韦位移电流把机械功高效转为电功的领域,涉及化学、物理、机械原理、电子学,特别是在能源和传感应用方面,成为跨领域的新学科。由此,我们也推导出了适用于运动介质的扩展型麦克斯韦方程组,它将在通信与高分辨电磁波成像等领域有深远影响。我们的研究成果发表以后,全世界每年有2000篇文章发表,有60个国家和地区、800多个单位的逾7000名研究人员专注于这一领域。

摩擦纳米发电动机能收集周围环境中微小的振动机械能并将其转变为电能，来为其他纳米器件如传感器、探测器等提供能量。这种振动机械能普遍存在于自然界以及人们的日常生活中，如空气或水的流动、引擎的转动，甚至在人体内由于呼吸、心跳或是血液流动带来的体内某处压力的细微变化，均有可能带动摩擦纳米发电动机产生电能。因此，摩擦纳米发电动机的发明不仅为实现能源系统的微型化带来了可能，更重要的是，对实现具有完全无线、可生物植入以及长时期甚至终生无须照管的纳米或微电子器件，摩擦纳米发电动机提供了一种理想的电源系统。

摩擦纳米发电动机最核心的用途在于能源与传感，其在能源互联网、智能电网、物联网、互联网、生物医学、无线通信和无线传感等领域都将得到广泛应用，这也是我们未来的研究和应用方向。

我们在早期压电式纳米发电动机的研究过程中，不仅受到国内同行质疑，也受到来自国际科研团队的质疑，最后我们通过大量实验数据，证明了自己的正确性。在诺贝尔纪念馆里，标有著名的"科研三阶段"：第一阶段，有人认为你的科研原理是错误的；第二阶段，有人认为你所做的科研是早已被人发现过的；第三阶段，人们认为你从开始就肯定会成功。回过头看，这3个阶段我都经历过。所以，真正的原创思想最初并非由专家评出来的，而是靠科研人员坚持自信、勒紧裤腰带做出来的，需要实干。

未来，"海洋发电"或成现实

海洋中蕴含着波浪能、潮汐能、温差能等丰富而清洁的可再生蓝色能源，海洋能源若实现大规模商业化利用，将是一种崭新的绿色能源，可极大缓解人类的能源需求、降低二氧化碳排放，同时带来世界能源格局的深刻变化并影响经济社会的方方面面。

以摩擦纳米发电动机为核心的海洋蓝色能源技术，可以高效地收集海洋波浪能并将它们的水能转化为电能，为人类大规模利用海洋能源提供了可能，亦为实现"碳达峰、碳中和"的伟大目标开辟了令人振奋的能源技术路径。

例如利用固液界面的接触起电现象，研制出"水能摩擦纳米发电动机"，可用于对河流、雨滴、海浪的动能收集。摩擦纳米发电动机4种基本模式的组合应用，可以帮助我们高效回收海洋中的动能资源，包括海水的上下浮动以及海浪、海流、海水的拍打。

如果将这些水能摩擦纳米发电动机集结成网状放置到海洋中，它们将会使海水无规则的运动转变为源源不断的电能，我们团队将此描述为"新型蓝色能源"。据实验数据做理论测算，每平方千米的海面面积、一米深的水，可以产生10兆瓦级的电能输出。

以幅面一平方千米、深度一米的海水为例，每隔10厘米放置一台球形水能摩擦纳米发电动机，然后连成三维网，理论上可持续发出近1万千瓦电，点亮100万盏电灯。山东省大小的海面积产生的电能便可满足目前全中国的总能耗，而千分之四的海平面面积发的电就能满足全世界的使用。蓝色能源的潜力不言而喻。

利用海洋能源是当今世界能源研究的前沿方向。但海洋波浪能开发成本高、经济效益差，始终束缚着其大规模商业化开发利用和发展。摩擦纳米发电动机通过摩擦起电和静电感应的耦合将机械能转换为电能，与现有其他发电技术不同，也使海浪能的收集成为可能。

加速孕育颠覆性技术变革

面对我国"十四五"时期及更长时期发展的迫切要求，科技工作者要更加注重自主创新，实现更多"从0到1"的突破。

何为"从0到1"，何为"颠覆传统"？不仅仅是修饰细节，也不仅仅是优化现有结构，"颠覆"意味着从基础理论和物理机理本质上改头换面，一旦成功就能实现巨大的技术突破。例如1926年特斯拉预言智能手机时，晶体三极管和集成电路还未出现在当时社会的构想里；1831年法拉第发明电磁感应定律时，还没有人能想象得出如今的电气时代会是何种景象。所以，如何从浩如烟海的基础研究中提炼出关键科学问题，并发展出具有颠覆性的解决思路，是真正指导我们实现"从0到1"突破的关键。

"从0到1"不仅要有长期厚重的知识积累，还要有瞬间的灵感；既需要长期稳定坚持做基础研究，久久为功，又需要聚焦比较优势领域，突出重点；既需要自由探索，也需要从源头或底层为长远战略目标提供支撑。

我们的未来不是靠预言出来的，而是靠实干干出来的。最优秀的科学家要做的，就是实现"从0到1"的突破，这也是最难的工作，往往需要"十年磨一剑"。当没人知道如何突破时，这就是科学家的工作，也是所有关键技术突破的基础。最优秀的科学家之所以优秀也在于此。

我们近几年在纳米能源领域基础科学研究中，就实现了几个"从0到1"：

拓展了麦克斯韦方程组，奠定了纳米发电动机的理论基础；

统一了摩擦起电（接触起电）的物理模型，明确了电子跃迁是接触起电的根本机理，解决了2600年来最为古老的科学问题；

提出并验证了跨原子电子跃迁是"气体—液体—固体"多相间接触起电的普适性机理，并首次提出了界面光谱学与接触起电催化学；

确定了"液体—固体"接触中界面电子转移的过程，并提出了形成双电层结构的两步走机理模型。

这些基础科学的进展必将带来技术的变革。

加快发展纳米能源产业

中国科技界非常重视纳米科技的创新与发展,在纳米领域涌现了很多高质量的原创性成果,整体研究水平已经走在了世界的前列。

我们要有科技引领性——不只是跟踪世界前沿科技,还要以独特的中国智慧和中国方案引领世界。目前来讲,在纳米发电动机和压电电子学两个领域,我们在国际上是领跑者。在纳米科技方面,中国人还需要做更多原创的东西,并且与工业化应用很好地衔接起来。纳米科技发展到今天,核心是要为社会解决重大问题。如果不解决问题,能发现新原理、新现象、新效应,在科学上取得进展也是很有意义的。

我们做科研,要么能上"书架子",在基础科学上有成果并使之成为经典科学,在国际顶级刊物上有声音,自己的发明可以写进教科书;要么能上"货架子",真正把成果应用到祖国的大地上去,造福人民。两个"架子"都上,那是最好。

总而言之,能源是一个国家的血液,能源安全事关国家的稳定、发展与安全。人类历史上的重大技术革命都是和能源革命分不开的,而化石能源是目前"大能源"的根本保证。

我国的能源特征是"多煤、少油、缺气",目前的电力57.7%来自煤炭火力发电,11%来自可再生能源,即风能、光伏能、生物质能等。为了实现"双碳"目标,降低煤炭发电所造成的二氧化碳释放是关键。因此到2060年,我国煤炭发电的占比要降低到7%,可再生能源与分布式能源占比要达到63%。为了实现这一挑战性的目标,发展结合大电网、大能源与微区网、分布式能源等颠覆性技术势在必行。

具体到纳米发电动机这个我国引领世界发展的领域,则应进一步聚焦能源与传感等重点前沿,发展中国人创造的崭新领域,增强科学界的民族自信心。总之,保障国家的安全和长期发展,我们不但要依赖于风能与光伏能等可再生能源,还必须走向海洋、发展海洋的能源资源。

朝出夕回：
高超声速飞行动力的梦想与实践[①]

> 目前的国际宇航界认为有两种飞行器是最典型的。一种叫空间进入飞行器，它可以水平起飞，于天地间往返，重复使用，实现空间的自由进出。另一种飞行器叫高超声速飞行器，装备了吸气式发动机，可以在超高空飞行，时行万里，实现全球出行的朝出夕回。
>
> ——姜宗林

[①] 本文根据"致未来·C-Talk"公益性科技演讲大会第 8 期内容整理而成，作者为姜宗林。

姜宗林，中国科学院力学研究所研究员，中国科学院力学研究所高温气体动力学国家实验室学术委员会主任。《力学学报》副主编、国际激波学会副理事长，毕业于北京大学，获博士学位，一直从事爆轰物理和高温气体动力学领域的研究工作，在爆轰风洞和斜爆轰发动机理论与技术方面取得系统性原创成果，曾获美国航空航天学会（AIAA）地面试验奖、国家技术发明、中科院杰出科技成就奖、中国力学科技进步奖。

姜宗林在中国科学院力学研究所空天实验室JF-22超高速风洞。2016年度美国航空航天学会地面试验奖（AIAA Ground Testing Award for 2016）授予中国学者姜宗林教授。他也成为该奖设立40年来，在高超声速风洞技术方面全球仅有的3名获奖者之一，同时也是我国首位获此殊荣的科学家。

第五章 动力高度：远方已在身旁

从古至今，人类有一个宇航梦，总是想飞得更快、更高、更远。

100年前，人们在有动力飞行领域刚刚起步，有人实现了80千米/小时的飞行速度。现在人们能以高亚声速，即800千米/小时飞行，实现了快速的洲际出行；未来，科学家期望能以5倍以上的声速，即8000千米/小时的速度飞行，实现全球范围的两个小时到达。

从宇航技术的发展与应用来看，宇航技术推动了社会的发展，飞行速度改变了人类的生活。

未来10—20年后，国际社会可能要用什么样的飞行器？

目前的国际宇航界认为有两种飞行器是最典型的。一种叫空间进入飞行器，它可以水平起飞，于天地间往返，重复使用，实现空间的自由进出。这种天地运输技术相较于火箭技术，可以把发射费用降低90%。另一种飞行器叫高超声速飞行器，装备了吸气式发动机，可以在超高空飞行，时行万里，把北京到纽约的飞行时间从目前的15个小时减少到2个小时，实现全球出行的朝出夕回。

高超声速飞行器（飞行速度高于 5 倍声速，即飞行马赫数超过 5 的飞行器）是未来航空器的战略发展方向。从更高视角来看，它可以提高人们进入空间、探索空间、利用空间的能力，是航空航天领域的一个国际发展潮流。高超声速飞行器被称为是继螺旋桨、涡轮喷气推进飞行器之后航空史上的第 3 次革命。对一个宇航大国来讲，高超声速飞行技术能够强化航空航天工业的支柱，推动国民经济的发展、保障国家的空天安全。

低亚声速飞机应用活塞发动机，也叫往复式发动机，是一种利用一个或者多个活塞将爆燃气体压力转换成旋转动能的发动机；对高亚声速或超声速飞行，航空器使用涡轮喷气发动机（简称"涡喷"）和涡扇发动机。这类发动机有两个很关键的燃烧特征：一个是涡轮增压，提高风扇后燃烧室内空气的压力，然后再喷油燃烧，产生推力；另外一个特征是亚声速状态下组织燃烧。

高超声速飞行器如果应用现在的涡喷动力会面临诸多问题，有两个问题最受关注。例如黑鸟飞行器装备了涡喷/冲压变循环发动机，在飞行试验中，工程师们发现：当飞行马赫数达到 3 的时候，激波锥后的燃料不再与核心气流混合，涡喷段不再能提供推力。发动机依靠激波压缩、进气冲压，在加力燃烧室产生推力。飞行试验表明涡轮喷气发动机的运行模式不再适用，发动机变成冲压燃烧模式，这是发动机技术发展面临的首要问题。

更进一步的研究发现，在亚声速状态下，燃烧出现了"气体解离"反应，即氧气变成氧原子。如果以氢气作燃料，那么氢气变成了氢原子。两类分子解离以后不再能完全复合，造成了不完全燃烧。随着飞行速度加快，进入燃烧室的空气温度会更高，燃烧温度也就更高，带来了更严重的不完全燃烧（见图 5.1）。由图 5.1（a）可知道，当飞行马赫数达到 5 时，进入燃烧室的空气总温大约为 1300 开尔文，燃烧温度可达到 3000 开尔文左右。由图 5.1（b）可知道，在 3000 摄氏度的条件下，水蒸气的解离度高达 40%。燃烧温度越高，解离度就越高，燃烧越不充分。分子解离是吸热过程；再加上高超声速来流的进气压缩损失；整个发动机就从动力元件变成了阻力元件。所以，气体解离是高超声速飞行条件下，吸气式发动机研发面临的另外一个核心问题。

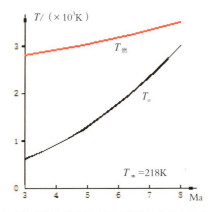 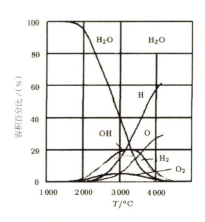

（a）来流总温和燃烧温度随飞行马赫数的变化趋势　　（b）水蒸气在高温条件下的解离度示意图

图 5.1　高超声速气流条件下，亚声速状态燃烧的可燃气解离问题

高温是高超声速飞行面临的关键问题，带来了新的气体动力学科学问题和高超声速飞行器设计困难。而且飞行马赫数越高，动能就越大，气流总温就越高。飞行马赫数为 10 时，高速气体的总温可以达到 4500 开尔文；马赫数为 25 时，气流总温可以达到 11000 开尔文。这种高温带来了飞行器周边气体介质特性的改变，空气就不再是空气。所以，高超声速气体流动的特征变成了由激波主导的高温反应气体流动，其介质团的微观变化伴随着能量转移和热量传递，显著改变了宏观流动规律。高超声速反应气体流动超出了传统气体动力学的理论范畴，呼唤着气动学科理论和飞行技术的创新。

先进发动机一直是航空工业的核心技术，而吸气式高超声速发动机也一直是宇航飞行技术研发的首位难题。为了解决高超声速飞行的发动机问题，法国科学家提出一种高超声速发动机新概念，称为"超燃冲压发动机"（Supersonic Combustion Ramjet，简称"SCRamjet"）。

超燃冲压发动机依然应用进气冲压的概念，但是进入燃烧室的气流为超声速流动，是一种在超声速气流中组织燃烧的冲压发动机。科学家期望这种模式能够降低发动机进气冲压损失，降低燃烧气体温度，从而降低可燃烧气体的解离度。当采用碳氢燃料时，超燃冲压发动机的飞行马赫数在5—7内；当使用液氢燃料时，其运行马赫数可达到8—10。在超燃冲压发动机运行过程中，高超声速气流在进气道内压缩、减速，使得进入燃烧室空气的马赫数为2—4，然后喷入燃料，使其与空气混合并燃烧。最后，燃烧后的气体经扩张型喷管排出，产生推力。超燃冲压发动机工作原理示意图如图5.2所示。

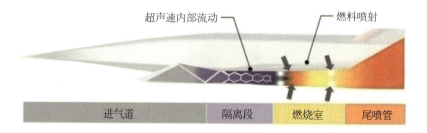

图5.2 超燃冲压发动机工作原理示意图

超燃冲压发动机被认为是最具发展潜力的高超声速发动机概念，自从20世纪50年代以来，一直是世界航空航天界竞相研发的热点之一。美国、中国、俄罗斯都开展了相关研究，以美国取得的进展最为显著。2004年3月27日，美国NASA研发的配备超燃冲压发动机的X-43A飞行器自由飞行试验成功，在马赫数分别为7和10的飞行速度下，飞行了几毫秒，获得了试验数据；而后，美国X-51A飞行器，装备碳氢燃料超燃冲压发动机，也完成了马赫数5.1的飞行试验。

在 X-43A 飞行试验之前，大气层内的最高飞行速度纪录是在 1967 年，由威廉·J."彼得"·奈特（William J. "Pete" Knight）所驾驶的 X-15 高超声速实验机创下的，飞行试验记录了 6.7 的最高飞行马赫数。但是，X-15 飞行器使用的是火箭动力推进。应用吸气式发动机，最高飞行速度纪录是由黑鸟超声速侦察机创造的，据报道其飞行马赫数约为 3.2。关于 X-43A 飞行试验的意义，NASA 高超声速首席研究员吉姆·皮特曼说："X-43A 飞行试验是转折点。"这就是说美国以前的高超声速研究项目老是失败且花费巨多，包括 NASP 计划（美国国家空天飞机项目），最后给人的印象就是高超声速研究就是以"高超声速烧钱"，所以 X-43A 飞行试验成功是个转折点。他继续说："我们确认两件事：首先确认超燃冲压发动机确实工作了，确实能够获得正推力；另外，高超声速发动机和飞行器是可以集成的，而且可飞、可控。这两件事的意义巨大。"

经过国际范围 70 年的攻坚克难，超燃冲压发动机获得了巨大进展，包括理论、技术、实验数据和研究方法。但遗憾的是至今依然没有能够工程应用的高超声速发动机。究其原因，存在两个关键问题。这两个问题也使人们认识到了高超声速发动机研发的难度和高度。第一个关键问题是超燃冲压发动机推力裕度小。X-43A 飞行数据表明：在马赫数 7 的飞行条件下，飞行器是有加速度的，但是很小，也有人质疑，这点推力是发动机应用的助燃剂效应；在马赫数 10 的飞行状态下，X-43A 飞行器的加速度几乎是零，甚至出现负值。幸运的是，飞行试验数据与理论结果吻合良好，体现了科研人员深厚的科学认知和设计技术积累。第二个关键问题是发动机运行稳定性问题。沿超燃冲压发动机的压力分布出现了明显的大幅度跳跃，是发动机内部燃烧产生的上行激波所致，也是人们在发动机实验研究中经常发现的不稳定燃烧所致。上行激波不仅带来了发动机运行稳定性问题，还带了额外的发动机动能损失，成为超高声速发动机设计必须解决的另外一个关键问题。

另外，理论分析表明，上行激波压缩产生的动能损失将随着飞行马赫数的提高而提高，这是因为上行激波越来越强。而且，在更高马赫数的飞行条件下，燃烧室进气温度会更高，可燃气解离问题依然存在，发动机推力损失就更加严重。所以推力裕度不足的情况就必然发生，这是由超燃冲压发动机运行原理决定的，也是这种类型发动机的宿命。

在认识到超燃冲压发动机局限性的基础上，我们激波和爆轰物理团队另辟蹊径，提出了驻定斜爆轰冲压喷气发动机理论；创立了斜爆轰冲压发动机核心技术；完成了高超声速风洞试验；证明驻定斜爆轰冲压喷气发动机理论的正确性及其核心技术的可行性。

爆轰被认为是自然界中存在的燃烧过程的一种极限形式，通常在毫米级空间尺度和微秒级的时间内释放出可燃气体的绝大部分能量，热效率已经超过了等容燃烧，比传统的等压燃烧模式远远高得多。

我们激波和爆轰物理团队首创的"驻定斜爆轰冲压发动机"（Standing Oblique Detonation Ramjet Engine，简称"SODRamjet Engine"）如图5.3所示。该发动机的技术优势有以下几点：第一个优点是斜爆轰发动机的热效率高，比基于等压燃烧循环的发动机高50%；第二个优点是来流压缩损失低，超燃冲压发动机把来流压缩到马赫数2—4，而驻定斜爆轰冲压发动机燃烧室来流马赫数5以上即可；第三个优点是燃烧室缩短，热损失就小；第四个优点是理论运行马赫数范围宽，理论分析表明运行马赫数为6—16。实际上，如果飞行速度越高，驻定爆轰角度就越斜，斜爆轰燃烧照样是稳定的。另外，不同来流马赫数条件下的斜爆轰，最后都发展成为自由爆轰的CJ状态。由于CJ爆轰温度是固定的，所以燃气解离度是可控制的。驻定斜爆轰冲压发动机试验验证成功,标志着中国科学家在高超声速发动机技术领域已经远远走在了世界前列。

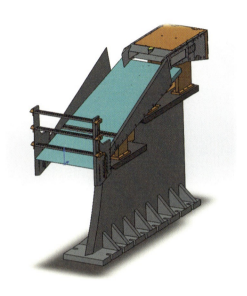

图 5.3　驻定斜爆轰冲压发动机的三维设计示意图

高超声速飞行相较于超声速飞行,代表着一个新的飞行时代,需要一批革命性的技术创新作为支撑。所以高超声速飞行器的发动机应该显著不同于传统发动机的燃烧模式和控制技术,也不是传统发动机理论和技术的升级改进可以支撑的。我们认为下述高超声速发动机研发相关的关键物理问题认知和理论创新是非常重要的。

发动机推力是首要问题。传统等压燃烧循环模式,再加上来流激波压缩损失,所以增加超燃冲压发动机推力存在很大困难。虽然全世界都在开展不懈的研究,但是获得的发动机正推力距工程需求依然存在很大距离。看清问题本质,提出解决办法,超燃冲压发动机的研究依然任重道远。

上行激波和声速热问题。高超声速气流达到声速状态能够加入的声速热极低、发动机进气道存在负的温度梯度、发动机流道壁面的激波反射等3个因素的存在，使得发动机燃烧室的释热量一旦超过第一临界条件（声速热），就会产生上行燃烧波，然后演变、强化、产生上行激波是必然的，这也是超声速燃烧不稳定的物理根源。

高当量比燃烧的发动机喘振问题。当冲压发动机燃烧的释热量继续增加，上行激波马赫数大于第二临界条件（临界马赫数），就出现了进气道不启动，诱导发动机喘振。喘振频率是可以计算的，与发动机尺寸和临界马赫数的超过程度密切相关。

第三临界条件和斜爆轰起爆问题。理论研究表明：对于给定的可燃混合气，如飞行马赫数 Ma 大于临界马赫数，那么存在一个爆轰临界角 θ_{CJ} 和一个楔面角 β_{CJ}，由这种楔面壁诱导的斜激波温度达到预混可燃气的临界自燃点，可燃气能够起爆，驻定斜爆轰能够形成，并且稳定。激波和爆轰物理团队应用 JF-12 复现风洞实验研究成果证明：如果高超声速发动机满足这3个临界条件，驻定斜爆轰冲压发动机是可以实现的，它具有高超声速的燃烧速率，还具有自持和增压燃烧特性。

高超声速发动机地面试验问题。2003年航空百年之际，AIAA 与 NASA 共同谋划了美国新世纪宇航技术发展蓝图，认为高超声速飞行技术是必选方向。AIAA 高超声速系统与技术及空天飞机（Hypersonics Systems and Technologies and Space Planes，简称"HyTASP"）专家委员会论证了50年高超声速技术现状、发展路线、技术瓶颈，认为大于马赫数8的吸气式发动机风洞试验能力不足。

高超声速风洞研发困难在于新风洞技术需要克服四大难点：第一，对于高超声速流动，替代实验气体不能模拟正确的空气热化学反应机制；第二，为实现反应进程的正常触发，必须确保气流温度正确以确保化学反应进程的复现；第三，由于热化学反应的不可缩尺性，发动机试验要求足够大的实验流场、采用足够大的发动机实验模型，以降低高温非平衡流动效应；第四，需要适当长的实验时间，以确保流场稳定，从而使得获得的超声速燃烧和飞行器气动力试验数据有足够高的可靠性。

发展同时满足上述4个需求的风洞技术一直是世界难题。在60多年的研发过程中，我和俞鸿儒领导的激波风洞团队提出了系统的爆轰驱动超高速风洞理论。该理论包含了反向爆轰耦合真空卸爆概念、激波反射型正向爆轰驱动方法和长试验时间激波风洞理论。我们基于高超风洞创新理论，建立了完整的超高速风洞技术体系，研制成功了国际领先的高超声速地面试验平台，该平台包括JF-12复现风洞和JF-22超高速风洞，能够产生2.5米的喷管流场，覆盖1.5—10千米/秒飞行速度和30—90千米的飞行高度，达到了1500—11000开尔文的总温。中国高超声速风洞解决了困扰高超声速地面试验60多年的难题，实现了风洞试验从"流动状态模拟"到"飞行条件复现"的跨越，引领了国际先进风洞技术的发展。美国航空航天学会评述："Jiang's work has advanced the state of the art in large-scale hypersonic test facility（姜的工作在大型高超声速风洞领域世界领先）。"JF-12复现风洞的10年应用，揭示了风洞实验相似模拟准则局限性、真实气体效应规律、高温边界层发展与转捩机制、驻定斜爆轰稳定性及其高超声速流动条件下的演化规律。中国高超声速风洞不仅推动了高超声速飞行关键技术的试验验证，同时也促进了气体动力学的学科创新。我国著名的空气动力学家张涵信先生评述说："创新理论，成功实践，中国制造，世界领先。"中国高超声速风洞的应用是成功的，它能够开展做所难做的高端实验、探索见所难见的流动现象，在未来高超声速飞行器发展中的应用潜力才刚刚开始显露。

吸气式高超声速发动机一直是航空工程的核心技术，至今依然没有满足工程需求的发动机。斜爆轰发动机作为不同于超燃冲压发动机的另外一个研究方向，具有独特的优势。激波和爆轰物理团队的驻定斜爆轰冲压发动机理论与技术创新及其风洞试验验证均为世界首次，是高超声速领域的重大原创性突破，得到了全球媒体的广泛关注。尽管从理论创新和核心技术突破，到能够工程应用的发动机研发依然远非平坦，但我们坚信，"路阻且长，久行必至"。

从"核"而来：超导技术与"人造太阳"[①]

> 核聚变工程领域的很多前沿技术包括材料、超导及相关电磁技术等，可以广泛应用于国计民生的各个领域，例如：将离子源技术和超导技术应用于医疗健康领域；在轨道交通领域，解决高速超导磁悬浮列车的技术瓶颈；探索超导电动机技术与氢能源结合成为混合动力，应用于民用飞机等领域，也是超导领域未来发展的重要方向。
>
> ——郑金星

---

① 本文根据"致未来·C-Talk"公益性科技演讲大会第11期内容整理而成，作者为郑金星。

郑金星，中国科学院合肥物质科学研究院等离子体物理研究所（简称"等离子体所"）装置主机工程研究室主任，研究员，博士生导师。主要从事超导电物理工程研究工作，先后负责研制完成KTX装置、空间磁等离子体推进器、美国空间磁重联装置FLARE磁体系统等。主持国家重点研发、国家自然科学基金和国际合作项目10余项。入选2021年麻省理工科技评论"全球35岁以下科技创新35人"（MIT TR35 Global）、2019年中科院"青年创新促进会优秀会员"人才计划和2017年中国科协"青年人才托举工程"，获2021年中国专利发明奖银奖和2020年安徽省技术发明奖一等奖等。

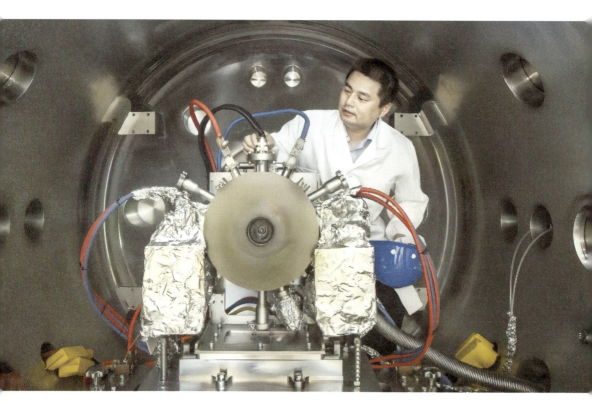

核聚变工程领域的很多前沿技术包括材料、超导及相关电磁技术等，可以广泛应用于国计民生的各个领域，如医疗健康、轨道交通、民用飞机等。图为郑金星在极端服役环境高场超导磁体系统实验调试。

第五章 动力高度：远方已在身旁

最近几年的电影中，不论是《流浪地球》还是《钢铁侠》，都提到了聚变能。那么，科幻片中的终极能源——聚变能到底是什么？核聚变又是如何发生的呢？

在地球和我们的星际空间中，有大量的核聚变现象发生：地球上不可控的核聚变（即氢弹，见图 5.4）早已实现，氢弹触发核聚变的基本原理是通过原子弹前端爆炸产生上亿摄氏度高温，间接引起氘氚聚变反应；太阳无时无刻不发生着核聚变反应，它产生核聚变的条件是依靠巨大的星球引力，产生约 3000 亿个大气压的压力，太阳中心温度超过 1500 万摄氏度，在这种极端条件下，氢原子在太阳内部受热呈等离子体状态，在这种状态下，电子不再围绕原子核轨道运行，在此过程中氢原子产生的等离子体发生聚变形成氦原子和中子，从而释放出巨大能量。人们从 20 世纪就开始思考：地球上能否实现人造太阳，从而实现无穷无尽可供人类获取的资源？

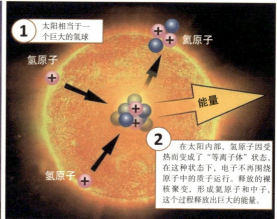

图 5.4 核聚变能源现象
（左图：氢弹；右图：太阳内核聚变）

核裂变和核聚变的区别在哪里？现代核电站的原理很简单——核裂变。原子弹的原理也是核裂变，铀 235 或钚 239 等重原子核在受到中子轰击后发生裂变反应，释放出约 200 兆电子伏的能量。核聚变原理也很简单，就是氢弹的基本原理，通过两个轻原子核（例如氘和氚），在外界一定条件下聚合反应产生了较重原子核（例如氦），在此过程中释放出中子和能量。今天说的核聚变从原理来说非常简单，但要实现可控核聚变，即让它在整个过程中一步步逐渐将能量可控释放出来非常难。为什么一定要做可控核聚变？可控核聚变的优势在哪儿？以 100 万千瓦电站需要燃料为例，需要 200 万吨煤、1000 万桶油（即 130 万吨油左右）。核裂变需要 30 吨铀，一个车皮才能装下；而核聚变只需要 0.6 吨氘，大概一辆小皮卡即可装下，而且氘可以从海水中提炼获取，原料来源非常丰富。这就是人类现在积极探索可控核聚变的重要原因。

为什么不可控核聚变在地球上早已实现，但是可控核聚变研究了 60 多年，还是这么艰难？目前可控核聚变中普遍采用的托卡马克装置（见图 5.5）是什么？为什么叫托卡马克？托卡马克源于俄语，20世纪 50 年代，由苏联科学家阿齐莫维齐等人发明，目标是通过外部强磁场，把高温的氘氚等离子体约束在真空容器中，让其在里面自持地循环燃烧，将燃烧产生的热量带到外界并转化成电能。托卡马克装置聚变反应过程主要利用强磁场约束等离子体，其磁体系统由很多不同的磁体组成，从图 5.5 可以看到，中心螺线管磁体的原理类似变压器，通过瞬间产生的高伏电压秒将注入气体击穿，成为等离子体状态，再通过环向场和极向场磁体线圈，产生螺旋状磁场，把等离子体牢牢约束在真空容器中持续燃烧。实现核聚变反应，需要同时满足 3 个条件：足够高的温度、一定的密度和一定的能量约束时间，三者的乘积称为聚变三乘积。根据劳逊判据，只有聚变三乘积大于一定值（ $5\times10^{21} \mathrm{m}^{-3} \cdot \mathrm{s} \cdot \mathrm{keV}$ ），才能产生有效的聚变功率输出。一旦密度和温度提升，想控制等离子体以理想的位形稳定运行、不发生破裂并最终达到长期可持续燃烧，是十分困难的，这正是托卡马克核聚变研究界一直努力追求解决的关键难题。

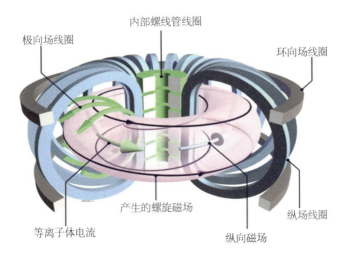

图 5.5　托卡马克装置组成

同时，人类希望把聚变装置功率做得足够大。由于输出功率跟磁场约束等离子体的中心磁场的4次方成正比，所以需要把约束磁场做得足够高。普通的铜材料磁体，大概两个特斯拉即发生饱和。如果磁场要做到10个特斯拉即10万高斯级别，一定要用超导材料，而超导磁体需要在极低温下运行，一般通过液氦实现其所需的零下269摄氏度的低温环境。

托卡马克装置实现可控核聚变是将等离子体像一个甜甜圈一样控制在真空容器内，它所面临的环境是地球上多种极限环境的高度集成。首先是极低温，为什么需要极低温？因为要产生强磁场必须用超导磁体，而超导磁体运行条件需要极低温——零下269摄氏度的低温环境；其次又是极高温，氘氚等离子体发生聚变燃烧需要满足上亿摄氏度的燃烧温度，所以托卡马克真空室中心将处于1亿摄氏度的极高温温区；此外还要求极高真空度的环境——真空室要求达到10^{-6}帕斯卡的真空环境；同时装置内需要耐高辐照的材料，装置外需要设置辅助加热系统等。因此，托卡马克装置可以说是地球上多种极限环境的高度融合。尽管人类探索多年，无论从等离子体物理本身还是从工程角度而言，可控核聚变仍然面临着巨大的挑战。

1954年，第一个托卡马克装置在苏联库尔恰托夫原子能研究所建成。目前，世界上建设成功和运行的托卡马克装置超过50个。核聚变研究能力反映了一个国家在众多基础科技研究领域的能力，已成为国家科技的一张名片，过去的50多年，全世界有能力的国家竞相在这个领域开展竞争，世界纪录不断被刷新。位于英国的欧洲JET（欧洲联合环）装置于2021年12月进行氘氚运行试验，成功在5秒内产生了59兆焦耳的净能量输出，而目前世界上很多装置并没有真正采用氘氚运行；日本JT-60SA装置已于2022年完成升级改造，功率为34兆瓦，目前正在运行；美国麻省理工的核聚变反应堆原型（SPARC）装置（由盖茨基金会和意大利埃尼集团联合资助）建设的下一代托卡马克装置，计划在 2025 年建成，最高磁场为 20 特斯拉、功率为 140 兆瓦，2022 年该装置预研的最高磁场 20 特斯拉超导磁体已验证完成，这也是该装置建设历程中的重要里程碑。

1994 年起，中科院等离子体物理研究所的科研人员和俄罗斯科研人员合作，开展了合肥超环装置 HT-7 的建设；2000 年以后，我国的超导托卡马克装置研究走向自主创新。图 5.6 所示是由中科院等离子体物理研究所建成的全世界第一个全超导托卡马克装置——东方超环 EAST 装置，从 2006 年建成并成功放电到目前已稳定运行 15 年，并于 2021 年 5 月 28 日，创造了 101 秒 1.2 亿摄氏度燃烧的新的世界纪录。

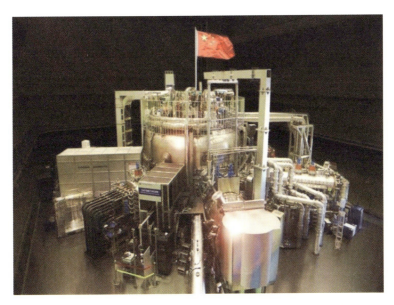

图 5.6　全世界第一个全超导托卡马克装置——东方超环 EAST 装置

东方超环 EAST 装置坐落于等离子体所，是国家"九五"重大基础设施项目。等离子体所目前有多个国家发改委重大基础设施："九五"重大基础设施——EAST 托卡马克东方超环装置，"十一五"重大基础设施——NBI系统,以及"十三五"国家重大基础设施——聚变堆主机关键系统综合研究设施CRAFT。目前EAST已经稳定运行了15年,两次获得国家科技进步一等奖,三次入选中国科技十大进展新闻,2021年更是创造了新的世界纪录,成功实现可重复的1.2亿摄氏度101秒和1.6亿摄氏度20秒等离子体运行以及1056秒的长脉冲高参数等离子体运行。基于EAST大科学装置开展的聚变国际合作也非常开放包容,如与美国、法国、俄罗斯同行常年开展中美、中法、中俄联合研究和实验等国际合作。

东方超环EAST托卡马克中的高温等离子体在装置内部是怎么运行的?东方超环EAST装置内部需要直接面向上亿摄氏度的高温等离子体,因此有很多耐高温石墨瓦结构,这些瓦片在托卡马克装置运行时由于直接面向等离子体,存在高温烧蚀问题和辐射问题,如何确保它们的长期安全运行能力也是巨大的挑战。托卡马克窗口里有很多的智能诊断系统,包括等离子的温度、密度、光谱等相关物理检测系统,还有电子回旋、离子回旋等辅助加热系统等。因此,磁约束聚变托卡马克装置是各学科高度集成的大科学装置。

图5.7所示是预计于2028年建成和正式运行的国际热核聚变实验装置ITER,中国作为主要参与国之一,为国际聚变领域的发展做出了应有的贡献。1985年10月,美、苏两国正式提出ITER计划,我国于2005年12月正式申请加入;2006年11月21日,欧盟、日本、俄罗斯、中国、韩国、印度、美国七方在巴黎正式签约。该计划由占世界人口56%、土地87%的国家共同合作;由七方出资,中国出资10%份额,七方共同享有100%的知识产权。

（a） （b）

图5.7 在建国际热核聚变实验装置ITER

ITER装置的体量有多大？据统计，该装置重约23000吨、高29米、直径28米、功率放大倍数5—10倍，功率40万—70万千瓦，一次放电燃烧维持时间400—3000秒。ITER装置有18个纵场超导磁体，一个纵场超导磁体约380吨、尺寸为18米×12米，相当于一个波音747的重量（波音747客机的重量是377吨）。这个装置产生的约束磁场可以达到多少呢？最高磁场可达约10.8特斯拉（地球磁场约0.5×10^{-4}特斯拉），所以它的磁场非常高，整个装置也比较大。七国在ITER项目中承担着不同部件的研制工作，中国主要承担了超导馈线系统、校正场磁体系统、电源系统、支撑系统以及一部分诊断系统等的研制任务。图5.7（a）所示是位于法国卡达拉奇的国际热核聚变堆ITER的建设现场，目前所有的主机大厅已全部封顶，部件开始正式组装，预计2028年全部组装完成，开始实验运行调试。等离子体所历时6年完成了ITER第6号极向场超导磁体的研制。该磁体储能1.3吉焦、约400吨，为了方便海运，我国研制团队在巢湖边专门建了研发中心，从巢湖到长江，再到东海，最后通过海运将其成功运到了法国。

核聚变工程领域的很多前沿技术包括材料、超导及相关电磁技术等，可以广泛应用于国计民生的各个领域：例如将离子源技术和超导技术应用于医疗健康领域——超导回旋质子治疗系统，相较于 X 光放疗肿瘤，质子对肿瘤剂量可定点爆破，能有效避免传统 X 光放疗对人体的损伤，提高肿瘤患者的治愈率和避免放疗对人体组织的损伤；在轨道交通领域，如何采用核聚变领域较为成熟的超导技术解决高速超导磁悬浮列车的技术瓶颈，以及如何把超导电动机技术（可实现高载流密度运行，减小电动机体积，提高电动机功率密度和运行效率）和氢能源结合成为未来前沿混合动力技术，并应用于民用飞机等领域，也是超导领域未来发展的重要方向。

相信在国内外相关研究领域同行的共同努力下，我们终将实现核聚变能源的有效利用，也期待核聚变能源发电早日实现突破！

绿色能源：
让地球气候更安全[①]

> 如果二氧化碳排放能够下降45%，并且能在2050年完全达到没有排放的状态，地球的温度就有可能控制在1.5摄氏度温升这样更加安全的范围。对于我们现在提出的不超过增温2摄氏度的红线，要达到这个目标，2030年整个减排幅度要达到20%，到2060年左右，我们要达到净零排放，就是二氧化碳人类净排放等于零。唯有如此，地球的气候才能保持在安全的范围，这就是"碳中和"的目标。
>
> ——肖子牛

[①] 本文根据"致未来·C-Talk"公益性科技演讲大会第8期内容整理而成，作者为肖子牛。

肖子牛，中国科学院大气物理研究所大气科学和地球流体力学数值模拟国家重点实验室（LASG）主任，国家重大科学研究计划首席科学家。曾任国家气象中心副主任、国家气候中心主任。长期从事气候与气候变化、日地气候关系、海气相互作用、气象预测预报等领域研究工作。发表和出版学术论文180余篇、学术专著8部。

气候变化影响问题已不仅仅是一个科学问题，而是一个关系到社会经济可持续发展、国家安全和环境外交的重大问题，气候及其变化和影响已经成为人类共同关心的一个热点问题。图为肖子牛在美国科罗拉多州博尔德美国可再生能源实验室考察。

第五章 动力高度：远方已在身旁

在20世纪，气候变化可能是最重要的一个科学话题，同时也是一个社会话题。到了21世纪，气候变化是否依然改变着人类社会的发展？答案是肯定的。

气候变化及其影响是多尺度、全方位、多层次的，正面和负面影响并存，但负面影响更受关注。2019年，全球气候系统变暖加速，物候期提前、冰川消融、海平面上升……多项历史纪录被刷新，气候极端性增强（见图5.8）。这一年，全球平均温度较工业化前水平高出约1.1摄氏度，是有完整气象观测记录以来第二暖的年份。全球变暖对许多地区的自然生态系统已产生了影响，如气候异常、海平面升高、冰川退缩、冻土融化、河（湖）冰迟冻与早融、中高纬生长季节延长、动植物分布范围向极区和高海拔区延伸等。

所以，气候变化依然是未破解的难题，但同时，人类社会已经到了需要刻不容缓采取行动的时候。

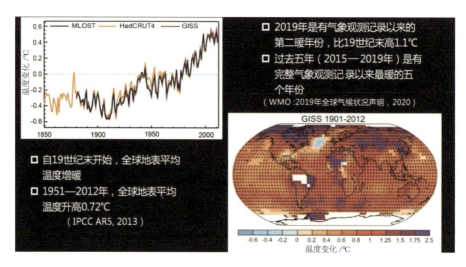

图 5.8 全球气候变化情况

地球是一个气候适合人类居住的美丽星球。这个星球最主要的特点是适宜的温度和液态水的存在，这样才能孕育生命并让生命在这个星球上生存和发展。众多原因使地球成为一个人类宜居的星球，比如它与太阳的距离，它的运行轨道、自转规律等，其中一个重要因素是有大气。地球的大气包括二氧化碳、臭氧、氧化亚氮、甲烷等重要的温室气体，温室气体保存了地球的热量，使地表能够达到适宜人居住的温度。如果没有温室气体的存在，地球将非常严寒，而不是现在非常适宜生物生存的平均温度——15 摄氏度。

温室气体的增加对气候和生态系统的影响是一个更为复杂的问题。二氧化碳的增加引起了气温和降水的变化，会影响气候生产潜力，从而改变生态系统的初级生产力和农业的土地承载力。美国环境保护署认定，二氧化碳等温室气体是空气污染物，"危害公众健康与人类福祉"，人类大规模排放温室气体足以引发全球变暖等气候变化。

只有含量适当的温室气体才能让人类宜居，其含量特别少或者特别多，都会导致地球面目全非，使地球成为像火星一样的寒冷星球，或者像金星一样炙热到人类无法生存。

在一定的时间尺度内，全球气候的平均状态和它的偏差发生了统计学上的显著变动，我们称为气候变化。气候变化的原因可能是自然演变的规律所导致的，也可能是一些外强迫，包括人类生活生产排放的二氧化碳的增多所导致。

工业革命以来，特别是近100年，全球的气候环境发生了非常大的变化，地球表面的温度已经升高了将近1摄氏度，二氧化碳的含量在快速升高，已经达到过去80万年以来地球大气最高的含量，超过了400×10^{-6}（即百万分之一）。

这些显著的变化会给地球环境和气候带来什么样的影响？气候变化会给星球大气带来什么？

最直接的变化就是冰雪的融化（见图5.9），地球的两极是被冰雪覆盖的，全球变暖导致冰雪正在快速融化，北冰洋的冰雪覆盖在急剧减少。北极熊过去在冰面上活动，现在它们的生活已变得日益艰难。由于冰雪融化变成水，原本奔驰在雪地上的雪橇犬已经不知该如何适应这样的变化了。

无论是北极还是南极，冰盖、冰雪都发生了急剧的变化（见图5.10），同时也带来海平面的变化，这是气候变化带来的后果。

过去100年里，全球的海平面已经上升了0.19米，且这个速度还在不断地加快。如果格陵兰的冰川融化，全球的海平面将会升高7米；如果南极的冰盖也全部融化，全球的海平面将会升高57米，这会导致所有沿海城市以及大片人口稠密的地区都被淹没在大洋之下。

图 5.9 气候变化带来的影响之冰雪圈退缩

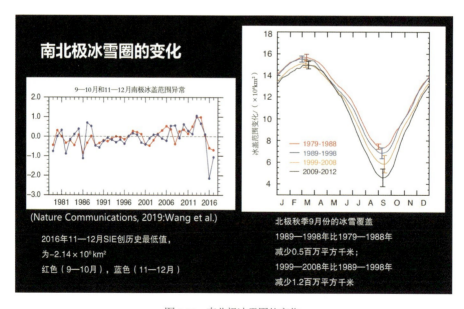

图 5.10 南北极冰雪圈的变化

生态环境也将受到影响，比如全球变暖导致澳大利亚大堡礁珊瑚出现严重的珊瑚白化并大量地死亡，又如中高纬地区大量永久性和半永久性冻土层也出现融化，很多地方甚至出现了大规模的地质塌陷和生态环境的改变。还有另外一种容易被人们忽视的危险：全球变暖唤醒了冰封在冰雪以及冻土中的远古病毒，这将是致命的威胁。而这一切，离人类并不遥远。

气候变化的影响随时随地在发生，"极端天气气候事件"[①]已经是我们生活中的高频词。

2013年7月初，美国多地连续数日最高气温超46摄氏度，其中最热的加州"死亡谷"地区气温甚至高达53.3摄氏度。同一时期，欧洲大部分地区也不断刷新着当地最高气温。2013年，连续的大暴雨导致俄罗斯远东地区出现120年来最大洪灾；在中国南方地区遭受大范围极端高温侵袭的同时，东北的嫩江、松花江干流却发生了自1998年以来的最大洪水……2013极端天气给全球造成的恐怖景象，让联合国世界气象组织专家卡洛琳·艾希勒惊呼："这些镜头看起来犹如电影《2012》中'世界末日'的场景！"

全球气候变暖，无疑是极端天气气候事件频发的大背景。科学家们从未放弃对这些现象的研究。通过计算可知道，气温每增加1摄氏度，大气里的含水量会增加7%；在全球变暖背景之下，大气里会含有更多的水分，大气水分的循环会更加激烈。这样就不难理解，为什么会有那么多的极端天气事件，为什么会有更多的强降水以及更强的台风。

科学家们还发现，全球气候变暖在每个地区的响应也是不一样的，以前干旱的地区会变得更干旱，湿润的地区则会变得更湿润并带来更

---

① 极端天气气候事件是指一定地区在一定时间内出现的历史上罕见的气象事件，其发生概率通常小于5%或小于10%，带来的社会影响巨大。——作者注

多的降水。这种"干越干、湿越湿"的机制就会引发更多的干旱和洪涝灾害。

全球气候变化已经是不争的事实,我们不得不承认,人类活动造成的温室气体增加正在深刻地改变着我们地球的气候。

据预测,到2400年,已存在于大气中的温室气体成分,将使全球平均气温升高至少1摄氏度;新排放的温室气体又将导致全球平均气温额外升高2—6摄氏度。这两个因素还会分别引起海平面每世纪上升10厘米和25厘米。

要遏制气候变暖的趋势,就必须将全球温室气体排放控制在极低的水平,可即使这样,海平面上升的趋势恐怕也难以避免……

1963年,美国气象学家爱德华·洛伦兹在论文中分析了"蝴蝶效应"[①]。对其最常见的阐述是:"一只南美洲亚马孙河流域热带雨林中的蝴蝶,偶尔扇动几下翅膀,可以在两周以后引起美国得克萨斯州的一场龙卷风。"蝴蝶效应发生的原因在于气候系统是由大气圈、水圈、岩石圈、冰雪圈、生物圈5个主要部分所组成的高度复杂的系统。气候系统随时间演变的同时还要受到外部强迫的影响,如火山爆发、太阳活动等的变化,以及人为强迫的影响(人类活动使大气成分和土地利用情况发生变化)。

地球生命的5次灭绝事件,也都伴随着气候巨变。第一次物种大灭绝又称奥陶纪大灭绝,发生于4.4亿年前的奥陶纪末期,导致当时大约85%的物种绝灭,古生物学家认为这次物种灭绝是由全球气候变冷造成的;第二次生物大灭绝又称泥盆纪大灭绝,发生在3.65亿年前的泥盆纪晚期,导致海洋生物遭受了灭顶之灾,其原因也是地球气候变

---

① 蝴蝶效应是指在一个动力系统中,初始条件下微小的变化能带动整个系统的长期的巨大的连锁反应。——作者注

冷和海洋退却；第三次生物大灭绝又称二叠纪大灭绝，发生在2.5亿年前的二叠纪末期，导致当时超过96%的地球生物灭绝，这次大灭绝是由气候突变、沙漠范围扩大、火山爆发等一系列原因造成的；第四次生物大灭绝又称三叠纪大灭绝，发生在2亿年前的三叠纪晚期，爬行类动物遭遇重创，海平面下降之后又上升，产生大面积缺氧的海水；第五次生物大灭绝又称白垩纪大灭绝或恐龙大灭绝，发生在6500万年前的白垩纪末期，导致三叠纪晚期以来长期统治地球的恐龙整体灭绝，其部分原因在于全球生态系统的崩溃。

从上述可见，气候变化影响问题已不仅仅是一个科学问题，还是一个关系到社会经济可持续发展、国家安全和环境外交的重大问题，已经成为人类共同关心的一个热点问题。

气候变化归于两类因子：一类因子是气候系统自然变化，另一类是由于人类活动所造成的温室气体增加所带来的剧变。尤其是19世纪工业革命以后，人类活动导致大气二氧化碳含量剧增，气候系统的非线性作用也许正在逼近某一个临界值。对地球历史而言，也许小小的温度变化微不足道，但对人类文明而言，这样的剧烈变化造成的毁灭性后果是我们无法承受的，将给人类生存和文明的延续造成很大的危机。

人类社会也正在积极地采取行动，联合国政府间气候变化专门委员会（IPCC）就是专门应对气候变化问题的机构。

早在1977年，经济学家威廉·诺德豪斯曾提出设想（后称"2摄氏度预言设想"）：如果地球上的二氧化碳浓度加倍，在工业革命前含量的基础上翻一番，全球平均气温就会上升2摄氏度。后来，科学家们在应对气候变化的整个过程中发现，这确实会给人类带来很大的影响。

1997年12月，也就是在威廉·诺德豪斯提出"2摄氏度预言设想"的20年后，为了使人类免受气候变暖的威胁，联合国气候变化框架公约参加国在日本京都制定了《京都议定书》(《联合国气候变化框架公约》的补充条款)，这标志着人类将在应对气候变化上采取一步步具体的行动。

人类对气候变化及其影响的高度关注，使得人类渴望对气候变化及其影响的事实和成因有更加全面和准确的认识和把握。其实，人类能够直接感知的气候及其变化虽然只是气候系统内很少数要素的分布和演变，却涉及整个气候系统多时空尺度的、复杂的、非线性相互作用过程。所以，即使我们认为气候与环境变化是气候系统自然变化与人类活动共同影响的结果，但要真正掌握气候系统的变化规律，不仅要把握气候系统内各圈层之间复杂的相互作用，还要能掌握外部因素，特别是人类活动产生的复杂影响。这就要求人类找到一种能整体考虑到这些复杂影响过程的方法或手段。目前来看，发展和完善气候系统模式是唯一的、不可替代的途径。

目前，各国的科学家们正在利用各种数值模式系统研究不同的驱动机制对地球气候系统的影响，并用来评估未来气候系统会怎样演变（见图5.11）。

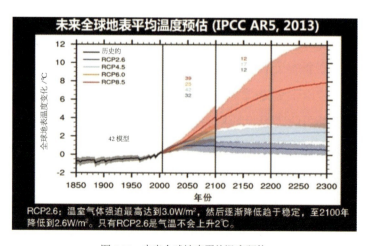

图 5.11　未来全球地表平均温度预估

人类的历史可以说就是能源利用的历史，这是《能源史》所提出的论点。在西方神话中，普罗米修斯从天界盗来火种，让人类成为万物之灵，这也许就是人类利用能源的开始。从此之后，人类利用能源的进步是和利用能源的效率紧密地联系在一起的。能源的问题事关人类生存的根本问题，能源的利用改变了人类的历史，能源的利用也推进了人类文明的发展。

但同时，人类对能源的利用也带来了气候变化的危害效应。我们累计的二氧化碳排放，从工业革命以来已经超过1万多亿吨，现在每年排放量在300亿吨以上。怎样才能把二氧化碳排放比例降下来？利用不排放更多二氧化碳的能源是我们唯一的选择。

如果二氧化碳排放能够下降45%，并且能在2050年完全达到没有排放的状态，地球的温度就有可能控制在1.5摄氏度温升这样更加安全的范围。对于我们现在提出的不超过增温2摄氏度的红线，要达到这个目标，2030年整个减排幅度要达到20%，到2060年左右，我们要达到净零排放，就是二氧化碳人类净排放等于零。唯有如此，地球的气候才能保持在安全的范围内，这就是"碳中和"的目标。

中国已经向世界宣布要实现"碳中和"目标。在2030年之前碳排放要达峰，达峰的意思是我们以后不再增加碳排放，而且还要减少。到2060年，整个中国要争取实现碳中和的目标，也就是整个人类活动所产生的碳净排放等于零。除了降低二氧化碳排放，种植树木增加碳汇，虽然也是使碳对大气的净排放等于零的一个重要抓手，但是发展绿色能源仍然是二氧化碳减排非常重要的途径，也是不可缺位的必然选择。

绿色未来：
国际民航组织的碳减排措施[①]

> 国际民航组织（ICAO）开发和维护了多个环境工具供各国和公众使用，这些工具支持国家行动计划的制订，支持航空碳足迹减少举措以及国际航空碳抵消和减排计划（CORSIA）的实施。同时，绿色复苏也是ICAO关注的重要问题，让我们一起为绿色发展、低碳路径探索出全新道路。
>
> ——杨晓军

[①] 本文根据"致未来·C-Talk"公益性科技演讲大会第8期内容整理而成，作者为杨晓军。

第五章 动力高度：远方已在身旁

杨晓军，中国民航大学教授，国际民航组织航空环境保护委员会（CAEP）工作组专家，SAE航空发动机气态排出物和颗粒物排放测试委员会专家，参与国际民航公约附件16的制定与维护、国际航空长期气候目标的制定以及CCAR-34部的修订工作。主要研究方向：航空环境保护、适航与维修、燃气轮机流动与换热。主持完成1项国家自然科学基金项目、1项天津市自然科学基金项目和4项民航局安全能力建设项目，并参与多项自然科学基金、民航局和工信部的项目。获中国民用航空协会科学技术奖二等奖1项。

杨晓军作为国际民航组织航空环境保护委员会（CAEP）工作组专家，参与国际民航公约附件16的制定与维护、国际航空长期气候目标的制定以及CCAR-34部的修订工作。

国际民航组织（ICAO）是联合国下属的专门机构，主要负责国际航空业的协调和沟通工作，它的成立与《国际民用航空公约》密不可分。1947年《国际民用航空公约》正式生效之后，为促进全世界民用航空安全、有序发展而成立的ICAO也就诞生了。从诞生之日开始，ICAO就一直将环境保护作为自身重要战略目标来看待，环保上相继出台的很多措施有力地支撑了联合国可持续发展目标。据不完全统计，ICAO在环保上支撑了联合国可持续目标17项中的14项。

具体而言，ICAO主要关注3个方面的环保问题，其中对于噪声，应尽可能降低航空器噪声对当地居民的影响；而对于污染物排放，应尽可能降低发动机排放的污染物对空气质量尤其是对机场周围空气质量的影响。在这两个方面，ICAO分别出台了两部规章，分别是《国际民用航空公约》的附件16第Ⅰ卷和第Ⅱ卷，对应我国CCAR的第36部和第34部。航空旅行的增长对环境的影响越来越大，大家对气候变化的担忧也在增加。

在全球努力减少二氧化碳排放的背景下,预计航空业将控制其碳足迹的增长。因此,ICAO 也将气候变化纳入环保目标(见图 5.12)。

图 5.12　航空排放的气变效应

航空器排放的最大特点是高空排放占据了显著比例,高空排放的污染物更易导致温室效应的产生和全球气候的变化。根据最新研究,航空器的排放物中除了硫酸盐可能会略微降低大气温度之外,其他的主要排放物如氮氧化物、二氧化碳、水蒸气都会导致全球气候的升温。由于氮氧化物本身是污染物,其排放量在《国际民用航空公约》的附件 16 卷 Ⅱ 里得到一定的限制;水蒸气在大气中实际存在的时间相对很短,两三天之后就会以雨水的形式落回地面。因此,尽管它在排放占比中相对较高,但人们对水蒸气的关注并不是特别多。在科学家眼中,航空器排放物带来的一个特殊问题是,飞机在天空中飞行时,水蒸气凝结所形成的尾迹会对全球气候变暖产生非常大的影响,但这种不确定性还有待科学研究去证实。

二氧化碳是最重要的温室气体，二氧化碳实际是航空燃料经过充分燃烧之后的产物。理论上来讲，要想控制二氧化碳就需要控制燃油消耗；控制住了燃油消耗，水蒸气也可以控制住，因为水蒸气是氢原子充分燃烧的产物。此外，控制住燃油消耗，污染物也能够控制住。所以，目前应对气候变化实际就是在控制温室气体二氧化碳的排放，也就是主要在控制航空燃油的消耗。

2010年，ICAO启动飞机二氧化碳排放标准制定工作。这一标准是技术性标准，也纳入航空器适航审定要求，遵循了ICAO制定环保标准的基本原则，统筹考虑技术可行性、经济可行性，同时也考虑到二氧化碳排放和噪声、污染物排放的相关性。2012年，ICAO完成了二氧化碳排放标准度量体系的确定，并在2016年CAEP第10次会议上最终通过了这一二氧化碳排放标准。

通过这个排放标准后，接下来就是符合性表明程序的实施，即航空器制造商如何表明二氧化碳排放标准的符合性。这就需要制造商在其产品所声称的最佳飞行高度于巡航阶段的初始、中间、结束遴选符合稳定性条件的飞行数据，通过数据处理得出3个阶段代表性的飞机SAR（单位空中航程）值并进行计算平均后代入度量体系，最终通过与监管值比较来表明其符合性。

2017年全新的二氧化碳排放标准正式对外公布，标准的达成是包括国际民航组织成员政府在内的多方共同努力的结果。其目的是通过鼓励在飞机设计和开发过程中多采用节油新技术，确保老旧飞机尽快被更新、更高效的飞机取代，从而降低整个航空业的二氧化碳排放量。新的标准被载入《国际民用航空公约》有关保护环境内容的附件16卷Ⅲ，代表着世界上第一个关于任何工业部门管理二氧化碳排放的全球性设计认证标准。新标准从2020年开始适用于所有的新型飞机设计。根据ICAO的决议规定，民用飞机的碳排放量如果在2028年后仍不能符合标准,将必须被淘汰;已经投产的飞机将不能再继续生产,除非其设计得到充分的技术改造。

2016—2019 年间,CAEP 组织了 15 个独立专家完成了对未来技术独立的评估,预计截至 2037 年,结合现有的技术成熟度,航空器二氧化碳排放还可以继续严格 20% 左右(见图 5.13)。中国在 2020 年 11 月,正式将 CCAR34 部修订出来,准备纳入《国际民用航空公约》附件 16 卷 Ⅲ 飞机二氧化碳排放标准。整个制定过程从 2010 年开始,到 2016 年正式通过,再到国内规章的更新,大概持续了 10 年的时间。

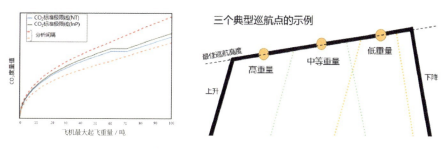

图 5.13 飞机二氧化碳排放标准

基于对模型分析,从 2020 年 1 月 1 日开始,二氧化碳排放标准生效之后,排放数据会逐步公开,并纳入 ICAO 的排放数据库里供大众查阅和参考。之后,数据库随审定机型丰富,并且,二氧化碳排放标准会得到进一步改进与提升。

航空二氧化碳排放量在全球占比虽然不足 2%,但由于增长较快,一直备受全球瞩目。2010 年,ICAO 第 37 届大会在加拿大蒙特利尔召开,大会通过审议,ICAO 的 190 个缔约国同意签署第一个全球性政府协定,通过各方努力以稳定碳排放。协定号召,截至 2050 年,燃油效率每年提升 2%;且努力达成中期统一目标,即自 2020 年起航空碳排放量不再上升。为促进实现这些目标,ICAO 制定了一揽子减排措施,包括飞机技术、运行改进和可持续航空燃料的使用。

作为对这些旨在实现碳中性增长目标的航空部门内二氧化碳减排措施的补充，ICAO 在 2016 年国际民航组织大会第 39 届会议上通过了一项针对国际航空的全球性市场措施，国际航空碳抵消和减排计划（CORSIA）。根据 CORSIA，所有运营国际航班的运营商都必须监测和核实这些航班的二氧化碳排放量，并向其注册国报告相关信息。该机制主要明确了航空公司碳抵消的要求，航空公司要以 2019—2020 年间平均碳排放作为基准，如果 2020 年之后超出这个基准，超出部分就要进行抵消，2030 年之前，可以使用行业增长率去抵消，但 2030 年之后要逐渐过渡到以个体增长率抵消减排责任。

CORSIA 设计过程分为 3 个阶段：2021—2023 年是试点阶段；2024—2026 年是第一阶段，自愿参与；从 2027 开始就是强制参与阶段，这种强制性进一步体现为 ICAO 把 CORSIA 作为《国际民用航空公约》的一部分写入附件 16 的卷 Ⅳ 里加以贯彻执行。CORSIA 的推出有更重要的意义，它明确了航空业的减排责任，促使航空公司遴选出更节油的机队、机型以满足减排的要求。实际上单纯依靠机队、机型和运行的改变很难达到这个目标，只能从外部碳市场购买一些排放单元，去抵消排放责任，但这样在无形中会给航空公司带来非常大的成本，直接影响航空公司的效益和盈利。

2018 年 7 月 ICAO 首次推出国际航空碳抵消和减排计划的援助、能力建设和培训（ACT-CORSIA）方案。ACT-CORSIA 方案的核心是伙伴关系，在这种关系中，成员国相互帮助准备 CORSIA 的实施，"支持国"提供 CORSIA 的技术专家，与"请求国"的 CORSIA 协调中心合作，以协调一致且符合请求国需求的方式，准备和实施请求国的 CORSIA 二氧化碳监测、报告和核查（MRV）系统。通常，援助的形式是由支持国的 CORSIA 技术专家提供现场培训，并与民航组织秘书处密切协调，根据需要对请求国采取额外的后续行动。可持续航空燃料（SAF）是符合可持续性标准的由可再生资源或废物炼制的航空燃料。如果要实现脱碳目标，特别是航空业承诺到 2050 年将排放量减少到 2005 年水平的 50%，SAF 是唯一的中短期选择。CORSIA 允许飞机运营商通过使用 CORSIA 合格燃料（包括 SAF 和低碳航空燃料）来降低其抵消要求。为此 2021 年 11 月 12 日，国际民航组织理事会批准了 CORSIA 之下 SAF 的可持续性标准，应用在 2021—2023 年试点阶段：第一，航煤的全生命周期排放要比传统航煤低 10% 以上；第二，不能在高碳汇土地上种植，例如不能在森林和湿地上种植原材料。2023 年之后，对 SAF 的可持续性标准又增加了 10 条，涉及土壤、水、空气以及劳工、经济与社会发展的可持续方面的议题。所以，随着可持续性标准的推出，各国航空公司有了另外的选择，可以遴选符合 SAF 可持续性标准的航煤应用到机队中履行减排责任。

ICAO 定期邀请各国和各组织表明它们有兴趣支持或受益于未来可能的 SAF 可行性研究。在这方面，国际民航组织最近启动了 ACT-SAF 方案（SAF 的援助、能力建设和培训），这是 ICAO 促进发展和部署可持续航空燃料的举措。ACT-SAF 将为各国提供量身定制的支持并促进国际民航组织协调下的合作。

在对 ICAO 减少二氧化碳排放的一揽子措施进行分析时，空中交通管理（ATM）和运行通常被认为是支持脱碳过程的主要措施之一。空中交通管理的创新是 ICAO 关注全球空中航行计划的领域之一，ATM 参与者认识到不仅需要对任何新机型或运行类型的潜在环境影响进行仔细评估，还需要评估这些运行在何种程度上可以被认为是可持续的。ICAO 在运行效率上也做了沟通协调工作，推出了 GANP《全球空中航行计划》，将各区域、各地区的航行计划，例如单一欧洲天空空中交通管理研究项目（SESAR）和美国新一代空中交通管理系统（NextGen），在全球范围进行相应的统一、协调，其中最主要的是航空系统组块升级（ASBU）在全球范围内推广成熟的解决方案。

航空技术不断发展，从发动机到机身，再到空气动力学。这些都是渐进式的进步，比如更省油的喷气发动机，或者改装飞机的翼梢小翼。也可能有全新的概念和技术突破。从短期和中期来看，随着机体和推进方面的传统技术不断发展，目前的机队正在升级，以实现更清洁、更环保的运行。从中长期的角度来看，制造商和研究人员正在采用新的飞机设计和推进装置来减少二氧化碳排放，并在 SAF 和清洁能源方面有广泛的选择，如氢气和电动。在提升过程中，要不断跟踪未来可能出现的新型技术。2035 年之后，会出现一些具有变革性、革命性的技术，这些技术有可能进入民航机队，比如开式转子发动机或混合式机翼；2040 年之后的液氢或混合动力的时代都需要持续跟踪，当有确切数据出现之后，可以指导标准进一步严格或进一步改进。

为了鼓励各国切实地履行上述这些标准，ICAO 还推出了国家行动计划（见图 5.14），敦促各国向 ICAO 提交本国内航空减排计划，使用可持续航煤、辅助动力装置（APU）替代或节油计划，并在 ICAO 官网进行公示。自 2010 年制定以来，二氧化碳减排国家行动计划一直是

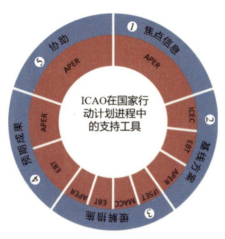

图 5.14　ICAO 推出的国家行动计划

ICAO 最成功的方案之一。这是一项自愿倡议，是向各国提供能力和工具以制定和实施自身减少二氧化碳排放的国家行动计划。该方案是为了"不让一个国家掉队"而设立的，以确保所有国家都有人力、技术和财政能力来制定和实施自己的国家行动计划。

国家行动计划是一份活文件，根据 A37-19 号决议每 3 年更新一次，是国家一级的中长期气候变化战略，涉及所有利益方，以减少温室气体排放。制定或更新国家行动计划的第一步是建立一个综合团队，共同规划、制定和实施国家行动计划，并与所有相关方合作，确定量化基准，从 ICAO 的一揽子措施中选择适当的缓解措施，量化每项选定措施产生的减排量，并量化预期结果。国家行动计划也是一个监测和交流工具。它使 ICAO 能够通过汇编各国提供的基准和预期结果的量化数据，来衡量在实现 ICAO 的国际航空全球理想环境目标方面取得的进展。

ICAO 的国际航空业 2020 年碳中性增长目标以及一揽子措施推出后，人们发现气候变化的问题实际比以前想象中的更为严重，因此 ICAO 开展制定面向 2050 年的国际航空减排目标。2019 年 10 月，ICAO 第 40 届大会要求探讨国际航空二氧化碳减排长期理想目标[①]（LTAG）的可行性，并在第 41 届大会上审议。针对这一要求，CAEP 成立了 LTAG 工作组，为探索 LTAG 的可行性提供技术支持。在过去两年中，CAEP 开展了关于 LTAG 可行性研究的技术工作，侧重于行业内二氧化碳减排措施的可获得性和技术成熟度，主要从技术、燃油和运行 3 个层面收集相应的数据，评估行业内措施的二氧化碳减排潜力，再分析未来可能出现的情景以及所需成本和投资，自上而下、自

---

① 2022 年 10 月 ICAO 第 41 届大会已经正式通过国际航空 2505 净零排放的长期理想目标。——作者注

下而上相结合，通过建模和数据库，最终制定出长期气候变化目标。

ICAO还开发和维护许多环境工具，供各国和公众使用。这些工具支持国家行动计划的制定，支持航空碳足迹减少举措以及CORSIA的实施。同时，绿色复苏也是ICAO关注的重要问题，让我们一起为绿色发展、低碳路径探索出全新道路。

"大气层卫星"：
驭光飞行的太阳能无人机[1]

> 太阳能飞行器进入了飞机设计师的视野，如果引入无人飞行器的设计理念，就可以像卫星那样，持久飞行、永不着陆，日出相伴、日落相随。太阳能无人机的应运而生，点亮了飞机设计师们心中的梦想，开启了新能源绿色超长航时飞行的伟大时代！
>
> ——李军府

---

[1] 本文作者为李军府。

李军府，航空工业第一飞机设计研究院研究员，副所长。个人研究领域主要涉及飞机总体设计、新概念飞行器设计等。参加过多个飞机型号的研制工作，承担过多项预研课题。曾获得省部级科技成果奖励和科研立功表彰。

太阳能无人机利用取之不尽的太阳能作为飞行所需的唯一能量来源，白天储存多余的能量，夜晚释放加以利用，就可以实现跨昼夜不间断飞行，真正做到绿色、环保、超长续航。图为李军府在"启明星50"太阳能无人机首飞成功后留影。

第五章 动力高度：远方已在身旁

星辰更替，万物向阳而生，永恒不变的是太阳带给地球的光与热。作为太阳系的"家长"，太阳每天通过内部连续不断的核聚变反应产生能量，并不停地向宇宙空间辐射。对地球而言，万物生长都靠太阳，没有太阳能就没有地球上风姿多彩的生命形式，当然也就不会有人类。

太阳每秒释放出的能量约为 3.865×10^{26} 焦，大约有 22 亿分之一辐射到地球上，其中约 19% 被大气层吸收，约 30% 被大气层、尘粒、地面反射回宇宙空间，最终穿过大气到达地球表面的太阳能辐射功率约占 51%（8.1×10^5 亿千瓦）。然而，人类目前所利用的太阳能与太阳照射到地球上的能量相比，仅是沧海一粟，所以用现代化方法开发利用太阳能，已成为摆在人们面前的一项重要任务。随着科技的不断进步，如今太阳能的利用已经扩展到科学研究、航空航天和人们生活的各个方面，"太阳能新时代"已经来临！

对飞机设计师而言，利用取之不尽的太阳能作为飞机飞行所需的唯一能源来源，白天存储多余的能量,夜晚释放加以利用,就可以实现飞机的跨昼夜不间断飞行,真正做到绿色、环保、超长续航,具有非常大的诱惑力。于是太阳能飞行器就进入了飞机设计师的视野,如果引入无人飞行器的设计理念,就可以像卫星那样,持久飞行、永不着陆、日出相伴、日落相随。太阳能无人机的应运而生,点亮了飞机设计师们心中的梦想,开启了新能源绿色超长航时飞行的伟大时代!

太阳能无人机在白天飞行时,铺设在飞机表面的太阳能电池板通过光电转换将太阳辐射的光能转换为电能,部分电能通过电动机驱动螺旋桨为飞机提供飞行动力,另有部分电能满足机载用电设备和任务载荷的用电需求,剩余的电能则为蓄电池充电存储起来。在夜间飞行时,蓄电池释放白天存储的电能,为飞机正常飞行和机载用电设备正常工作提供能量。当蓄电池储存的电能可维持飞机飞行至重新获得充足的太阳辐射时,太阳能无人机就可以实现持续不断地留空飞行。太阳能无人机飞行过程中,太阳能电池、蓄电池、电动机和机载用电设备的用电特性由能量管理系统进行统一管理,如图 5.15 所示。

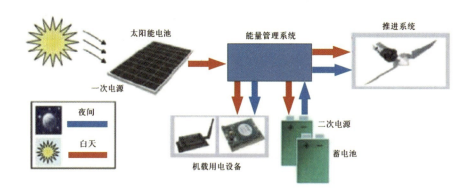

图 5.15　太阳能无人机能量流动原理示意图

太阳能无人机具有如下几个典型特点。

绿色环保。太阳能无人机在飞行中不消耗各种化学燃料,没有造成大气污染的排放物,环保特性优异,符合未来航空器的发展潮流。

低速飞行。由于太阳能提供的功率有限,太阳能无人机的飞行速度一般都较低,只能达到每小时 100 千米左右。

飞行高度高。为了提高光电转换效率以及避免对流层大气剧烈扰动的不利影响,太阳能无人机一般在平流层飞行,巡航高度可达 20000 米以上的临近空间(传统航空飞行器运行所覆盖的主要空域范围称为航空空间或天空,传统轨道式航天飞行器运行所达到的空域范围称为航天空间或太空,临近空间则是指介于航空空间和航天空间之间的空域范围)。

超长续航时间。与需要消耗各种液体或气体燃料的飞机相比,太阳能无人机以太阳辐射为能量来源,不存在燃料耗尽的问题。仅从能量平衡角度考虑,只要具备跨昼夜飞行能力,太阳能无人机理论上将具有无限的续航时间,但由于受机体结构、机载设备等的使用寿命及维护周期影响,其实际留空时间预计可持续数月乃至数年。

全电飞机。太阳能无人机以太阳能为一次能源,通过太阳能电池将其转化为电能,支持机载设备和任务载荷工作,并通过电动机驱动螺旋桨提供飞行动力;以蓄电池存储的电能作为机载二次能源,供应飞机夜间飞行和执行任务所需的能量,因此是典型的全电飞机。

和绕轨道飞行的卫星相比,在临近空间飞行的太阳能无人机不需要高昂的发射费用,飞行路线机动灵活,使用维护简单方便,但可以完成卫星的大部分任务,因此也被称作"大气层卫星"。由临近空间太阳能无人机群构成的伪星座可以取代卫星用于构建无线通信网络。此外,太阳能无人机在导航定位、侦察监视、广播电视转播、交通流量监控、对地/海监测、气象预报、大气环境监测等军民用领域也有广阔的应用前景。

无线通信互联网覆盖。随着移动互联网技术的快速发展和智能终端的日益普及，人民对无处不在的互联网体验需求也越来越高。太阳能无人机可以在高空连续飞行，特别适合在一些山区、沙漠、草原等地广人稀的地区（人口稀少、业务量小，光纤网络和地面基站等基础设施建设周期长、投入成本高），提供空中互联网信息服务。

区域导航定位。数架太阳能无人机部署在局部区域上空，形成导航定位星座，通过实时修正确认每架太阳能无人机的位置，可以形成区域导航星座，对区域内船只、车辆、飞行器等进行导航定位。特别是当卫星导航受到干扰之后，还可以作为区域应急导航使用。

持久侦察监视。利用太阳能无人机留空时间长、飞行高度高等优势，可对重点区域开展持久化侦察监视。通过远距离侦收雷达信号、通信信号、塔康导航信号、图像信息等，完成对目标的识别和确认，并将结果迅速回传。地面情报处理中心接收侦察无人机回传数据，快速处理形成任务区态势，从而实现对目标的跟踪，并获得各种雷达、通信、导航信号等信息。

应急通信。地震、洪水等自然灾害，容易导致灾区通信中断，灾区也会失去与外界之间的联系。太阳能无人机可以通过搭载通信设备，如卫星通信设备、4G/5G 机载端等，在地震、洪水等灾区上空长时间盘旋，对灾区进行持久网络覆盖，可以打通灾区与外界之间的联系，支撑保障救灾指挥通信畅通和公众通信服务，具有及时、快速、持久、高效联动等特点。

大气环境监测。太阳能无人机可以在对流层上空持续飞行，长时间不间断地对飞行区域内的大气环境进行监测，例如监测空气对流情况、短时雷雨天气、积雨云信息、台风发展情况等。

生态环境保护。在无人区的动物迁徙等活动具有距离远、迁徙时间久、迁徙区域环境基础设施差等特点，给环境保护工作者的监测保护工作带来较大的难度。太阳能无人机可以在空中持久飞行，跟踪监视动物种群的迁徙活动等，环境保护工作者就可以远距离实时观测动物活动规律等。这为生态环境监测带来了新的高效解决方案。

虽然太阳能无人机应用前景广阔，然而要实现工程应用，还需要突破以下多项关键技术。

高效柔性太阳能电池板技术。作为太阳能无人机的唯一能量来源，满足机翼表面曲面铺设要求、平流层巡航飞行要求和跨昼夜飞行要求的太阳能电池板是发展太阳能无人机的基本条件。要求太阳能电池板具有面密度低、光电转换效率高、正常工作温度区间宽、柔韧性好（可贴敷于靠近机翼前缘位置）、抗拉压强度高以及安装特性好（易安装且紧固件或黏结剂的重量、温度特性好）等特点。

高比能蓄电池技术。蓄电池作为储能设备，需要把白天太阳能电池板所转换的多余电能存储起来，从而为太阳能无人机夜间飞行提供能源。这就要求蓄电池的能量密度要尽可能高，以减轻所携带蓄电池的重量，从而有利于实现跨昼夜长航时飞行。

能源系统综合管理技术。太阳能无人机在跨昼夜长航时飞行中，需要实现太阳能的充分利用，保证太阳能电池板、蓄电池和负载的匹配，提高能源系统的整体效率，这就需要一个高效的能源综合管理系统。

多学科协同总体综合设计技术。由于从太阳辐射获得的能量受到可用的太阳能电池板面积的影响，而太阳能电池板的铺设面积又与机翼面积密切相关；同时，维持夜间飞行所需要的能量将决定蓄电池重量，进而又会影响飞机总重，这些因素最终都会影响到飞机的翼载荷和推重比，因此在太阳能无人机总体设计过程中必须采用基于能量平衡的方法来确定飞机的总体设计参数。此外，太阳能飞机的总体与气动、结构、动力、能源等学科之间互相影响，紧密耦合，应基于多学科协同设计的理念来开展方案设计，以便缩短设计周期，并寻找到整体最优的可行解。

低雷诺数高效气动力设计技术。太阳能无人机的飞行雷诺数为30万—50万，虽然具备形成稳定层流的条件，但偏低的雷诺数也容易带来翼型表面分离气泡堆积、降低气动效率、诱导失速提前等问题。层流翼型设计需对起飞、爬升、巡航、着陆以及层流提前转捩等各种情况全面考虑，最终设计方案既能保证飞行安全性，还可保持可观的气动效率。需要采用高效的气动布局，匹配先进的低雷诺数翼型，以尽可能地提高全机升阻特性。

超轻质结构设计技术。太阳能无人机在安全飞行的同时，结构面密度要做到每平方米1—2千克，对结构设计和材料选择都提出了极大的挑战。用于太阳能无人机的复合材料结构需要具备以下几个特点：首先，必须以很轻的重量实现大尺度结构；其次，机体结构应满足相应的强度、刚度要求；最后，机体结构应有较长的使用寿命，满足一定的起降次数要求和持续飞行时间要求。太阳能飞机取得成功的重要保证不仅仅是材料技术上的突破，还需要设计制造出高效率的全新结构。通过应用新型高强度轻质材料，如各种先进复合材料、高强度柔性薄膜，设计出比强度非常高的薄壁盒形梁/管形梁、桁架结构、蜂窝/泡沫夹芯等结构，不断地突破结构设计极限，实现超长、超薄、超轻结构，满足太阳能飞机特殊承载要求。

柔性飞机飞行控制技术。飞行控制与管理系统（简称"飞管系统"）是直接影响飞机飞行安全与任务完成的关键系统。针对太阳能飞机需要执行超长航时飞行任务的特点，飞管系统的任务可靠性要求远高于一般飞机。太阳能飞机一般采用超大展弦比的飞机布局，其横航向交叉导数强，使飞机进行横航向控制时，出现严重的交叉干扰，横航向飞行品质较差。同时由于太阳能飞机对结构重量的极端要求，飞机多采用柔性结构，使传统操纵方法难以完成对飞机的控制。

高效直驱电动机设计技术。太阳能无人机采用分布式电动机－螺旋桨动力，要求驱动电动机具有高效率（高驱动效率和低发热量）、低转速大力矩、大功率比（指电动机最大功率和巡航功率之比）、较大的功重比、较小的横截面积等特性。

轻质高效螺旋桨设计技术。太阳能无人机飞行高度高、速度低，不仅导致螺旋桨的雷诺数非常低，而且对螺旋桨效率也产生了诸多不利影响。太阳能无人机的平飞速度一般在每秒 10—40 米，为了产生足够的拉力（推力），螺旋桨转速常常不能设计得过小，这使得螺旋桨平飞速度与桨叶转速不匹配，造成桨叶绕流的气流角偏小，特别是在桨尖区气流偏角更小，导致翼型绕流效率显著下降，造成螺旋桨效率降低。

临近空间环境适应性设计技术。太阳能无人机飞行在 20 千米以上的临近空间，该高度上的大气环境具有温度低、气压低、臭氧含量高、太阳紫外辐射和空间粒子辐射强度大等特点，要求太阳能无人机的机载系统、机体结构等能够承受严酷的临近空间环境考验。

鉴于太阳能无人机的广阔应用前景，在太阳能光伏电池出现 10 多年后，飞机设计师就尝试着把它和无人机相结合。1974 年 11 月 4 日，人类历史上第一架太阳能无人机——"Sunrise Ⅰ"太阳能无人机在美国加利福尼亚州实现首飞。无人机重 27.5 磅（1 磅 =0.4536 千克），翼展 32 英尺，机翼安装了 4096 块太阳能电池板，发电功率只有 450 瓦。"Sunrise Ⅰ"虽然只在 100 米左右的高度飞行了约 20 分钟，却初步验证了依靠太阳能实现飞行的可行性，开启了人类研究太阳能无人机的先河。

进入 21 世纪，随着二次电池储能技术的发展、太阳能电池板转换效率的进一步提高，以及微电子和新材料技术的飞速发展，太阳能飞机逐渐驶入迅速发展的快车道。根据技术基础和飞行能力，太阳能无人机的发展可概括为 5 个阶段，如图 5.16 所示。

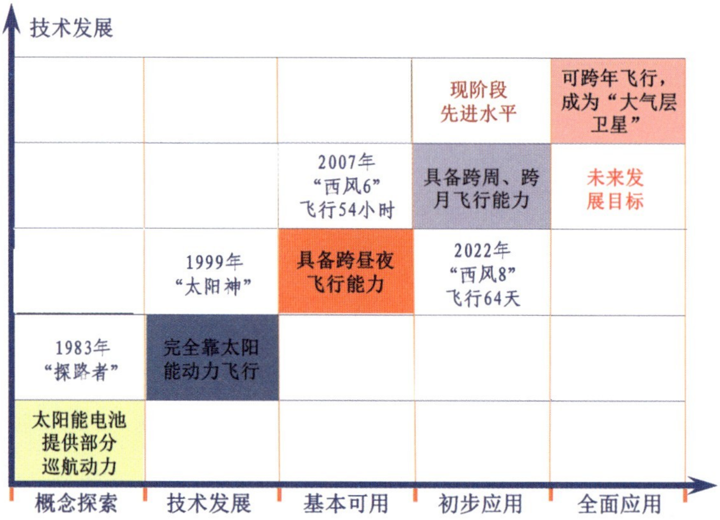

图 5.16　太阳能无人机发展阶段示意图

第一阶段为概念探索阶段，主要验证太阳能作为飞行器能源的可用性，太阳能电池能够为巡航飞行提供部分能源。美国在 20 世纪 70—80 年代开展这一阶段的研究，主要代表机型有航空环境公司于 1983 年首飞的"探路者"太阳能无人机。

第二阶段为技术发展阶段，验证太阳能作为飞行器主要能源的可行性，即能够完全依靠太阳能进行巡航飞行。在概念可行性获得验证后，美国航空环境公司发展的"探路者+"和"太阳神"太阳能无人机基本实现了完全依靠太阳能进行巡航飞行，这两架飞机分别于 1998 年、1999 年首飞。由于超大展弦比柔性飞翼布局机体的一系列技术问题，"太阳神"于 2003 年在试飞中解体坠毁。

第三阶段为基本可用阶段，太阳能无人机实现了跨昼夜飞行能力，太阳能电池有足够的功率裕度为蓄电池充电并满足夜间飞行的需要，至此太阳能无人机初步展示了投入工程应用的潜力。英国奎奈蒂克公司利用太阳能电池和蓄电池领域的最新研究成果，在太阳能无人机跨昼夜飞行能力方面率先取得了突破，该公司研制的"西风6"太阳能无人机在 2007 年首先实现了跨昼夜飞行，最大续航时间超过 54 小时。

第四阶段为初步应用阶段，太阳能无人机实现了跨周飞行，续航时间和载荷能力初步满足工程应用的需要。英国奎奈蒂克公司仍然保持领先地位，"西风7"太阳能无人机在 2010 年 7 月创造了长达 14 天的无人机续航时间记录，为太阳能无人机走向工程应用打下了良好的基础。

第五阶段为全面应用阶段，机体、能源系统、动力系统、任务载荷都能实现很长的使用寿命，太阳能无人机将拥有长达数月乃至数年的留空能力，成为真正的"大气层卫星"。

近年来，随着太阳能电池和蓄电池技术的进一步发展，多个国家的太阳能无人机研究团队不断传出新的研究进展。韩国"EAV-3"太阳能无人机自从 2016 年首次飞上平流层高度之后，开始不断刷新自己创造的韩国无人机续航时间纪录。自 2018 年起，我国西北工业大学的"魅影"太阳能无人机多次参加藏羚羊等野生动物科考活动，助力生态环境保护。日本 HAPS Mobile 公司研制了翼展为 78 米的"Sunglider"太阳能无人机，于 2020 年 9 月对其通信基站功能进行了测试。2022 年印度航展上，印度国家航空航天实验室展示了"HAP"太阳能无人机的缩比验证机。2022 年 8 月 19 日，由空客公司收购后的"西风8"在美国陆军的测试中完成了 64 天 18 小时 26 分钟的连续飞行，验证了其平流层超长续航能力。英国贝宜系统公司（即 BAE 系统公司）的团队研制了"西风"系列的竞争机型"PHASA-35"（35 表示翼展）太阳能无人机，于 2020 年 2 月完成首飞，正向着在 20000 米高空持续飞行 12 个月的目标迈进。中国航空工业集团在"启明星 10"和"启明星 20"

之后，于2022年9月3日实现了"启明星50"（见图5.17）的首飞，未来将持续推进太阳能无人机研究工作。

图5.17 "启明星50"太阳能无人机

"路虽远，行则将至；事虽难，做则必成。"相信在不久的将来，随着各项关键技术不断取得突破，太阳能无人机将成为跨时代的新产品，用环保科技的力量服务于国家建设和人类生活。

第六章
Chapter 6

安全高度：
为生命护航

安全是民航永恒的主题，守卫安全是适航的责任。适航性是按人民（公众）批准的最低安全要求持续飞行的航空器的固有品质，需要主制造商保证飞机符合最低安全要求，并向局方表明其符合性。适航标准是没有知识产权限制的宝贵知识。适航性审查不是为了"过关"，而是为了确认是否满足人民（公众）批准的最低安全要求，这也是产业成功最基本的条件。保证飞机的适航性需要工业方、局方、运营人三方的共同努力。适航工作在民机研制中的深度参与、对新技术的不断研究、对适航本质的孜孜探索，推动着国产民机安全性的进一步提升。

十的负九次方：
航空安全与人为因素[①]

> 人为因素是研究系统中人与其他部分交互行为的科学学科。具体内容包括应用理论、规则、数据和其他的设计方法使得人的绩效水平和整个系统的性能最优。将人为因素编入规章的目的是通过前期介入，减少由人为因素导致事故发生的概率，把人为因素导致的差错降至最低。
>
> ——揭裕文

[①] 本文根据"致未来·C-Talk"公益性科技演讲大会第2期内容整理而成，作者为揭裕文。

揭裕文，研究员级高级工程师，享受国务院政府特殊津贴。主要研究方向为飞机总体气动设计、性能操稳、试飞及适航审定、人为因素等。现任中国民用航空上海航空器适航审定中心副主任、中国民航TA600型号合格审定委员会成员和型号合格审查大组组长、大型客机型号合格审定委员会成员和型号合格审查大组组长。曾在洪都航空工业集团飞机设计研究所先后担任飞机设计工程师、副主任、型号副总设计师、专业副总设计师；担任ARJ21-700飞机试飞性能组副组长；担任庞巴迪C系列飞机同步认可审查大组组长。多次获得省部级奖，获航空重点型号研制个人二等奖、民航中青年技术带头人、上海市五一劳动奖章等。

揭裕文进行大型客机操稳科目试飞测试。2022年9月29日，中国民用航空局向中国商用飞机有限责任公司颁发大型客机型号合格证，标志着我国按照国际通行适航标准研制、具有自主知识产权的大型客机通过适航审定。

第六章 安全高度：为生命护航

最近几年发生的两起空难引发了公众的高度关注，其中一起发生在2018年10月29日，印尼狮航一架飞机在印度尼西亚海岸坠毁；另一起发生在2019年3月10日，埃塞俄比亚航空一架飞机在起飞不久后坠毁。这两起由波音737 MAX飞机坠毁引发的灾难性事故共导致346人死亡，中国民航局在事故发生后的第一时间暂停了国内所有波音737 MAX飞机的商业运行。

事故发生以后，媒体的报道也引起了社会关注。但在实际生活中，空难发生的概率是非常低的。经常有人问，坐飞机有多大的风险？其实，乘坐飞机最大的风险不是在飞机上，而是在你去机场的路上。相关统计数据显示（见图6.1），美国某年因空难死亡的人数是110人，与雷电、蜜蜂叮咬导致死亡的量级相当，而每年由汽车、摩托车事故导致死亡的人数则高达4万多人。国外的其他统计数据也表明，1946—2017年，航空事故发生得比较少，而且这一数字还在不断下降。所以，飞机是一种相对安全的交通工具。

图 6.1　美国某年各项风险的数据比较

为了确保航空器达到适航状态，飞机要在多种预期环境中开展试飞试验，例如：针对雷电天气要对飞机做闪电防护；航路上有结冰，需要开展结冰实验和冰风洞实验；溅水试验则是为了应对机场积水进入发动机的情况，因为溅水的冲击力可以冲坏一把舱门门锁，这样类似的试验举不胜举。在 ARJ21-700 飞机的自然结冰试飞中，我们曾经四进新疆，只为寻找到能够满足自然结冰的气象条件。由于新疆的结冰条件没有达到规章规定的液态水的含量、直径和温度等条件，我们便转向国外寻找，最终在加拿大的五大湖的上空，找到了合适的结冰条件，完成了自然结冰试验。

此外，我们还要满足适航规章的其他要求。比如大侧风试飞，我们曾在嘉峪关试飞，但风大时，嘉峪关会形成沙尘暴，既不满足规章的要求，也满足不了试飞的条件。直到 2018 年初，我们在冰岛某个十字交叉的跑道上捕捉到了合适的侧风，完成了大侧风试飞。

那么何为适航呢？航空器的适航源于船舶中适海的概念。为了确保海上航行安全，人们在早期的船舶制造中就制定了许多航海规则，适航就是借鉴适海的理念发展而来。

适航是指航空器能在预期的环境中安全飞行的固有品质，这种品质可以通过系统设计和制造获得，并通过合适的维修来继续保持。政府适航部门代表公众，依据相关适航法规和管理文件对航空器的设计、制造、使用和维修等环节进行系统审查和监督，以确保航空器达到适航规章要求的安全性水平。

民用航空器的适航管理是以保障民用航空器的安全性为目标的技术管理，是政府适航部门在指定各种最低安全标准的基础上，对民用航空器的设计、制造、使用和维修等环节进行科学统一的审查、鉴定、监督和管理。

为了规范地进行适航管理，各国政府和适航当局都建立了相应的适航法规体系，包括一套完整的适航法规、程序和文件。我国与适航相关的法律体系包括以下几个层次：民航法、行政法规、民航规章及规范性文件。

民航法属于国家法律，是制定民航法规、规章的依据；行政法规根据宪法和法律制定，是对某一方面行政工作的规定，具有法律效力；民航规章涉及民用航空活动，是具有法律效力的专业性管理规定或标准；规范性文件包括管理程序、咨询通告、管理文件和工作手册等，是具体的职能部门颁布的关于民航规章的具体实施办法或管理程序、规章条文的相关政策或解释等，规范性文件不具备强制法律效力。

美国在适航方面的法规体系成熟、完备，FAA一直是国际适航标准和程序制定方面的领军者。FAA依据联邦航空法，构建了包括适航审定法规文件和用于指导具体工作的政策指南性文件的完整体系。FAA的适航法规文件包括联邦航空条例、特殊联邦航空条例、技术标准规定等，政策指南性文件包括咨询通告、指令、通知、政策，备忘录、手册和指南等。

适航的安全水平一定要是公众、乘客，包括飞机设计制造商、运营商都能接受的安全水平。历史统计数据表明，由运行和飞机本体造成的灾难性事故的概率约是百万分之一。百万分之一意味着在 100 万飞行小时中只会发生一次事故。100 万飞行小时是多久呢？假如我今天从北京去上海，明天从上海回北京，如此往返一年也就只有 500 飞行小时，如此计算，100 万飞行小时需要 2000 年。而这百万分之一的概率，仅是适航规章的最低要求。

实际上，全球平均运行的安全水平是百万分之零点三，如果按照这个概率来换算，约 6000 年才会出现一次灾难性事故，而中国民航的安全水平已经达到了百万之 0.018，是目前国际最先进的安全水平。国内运输类飞机安全运行了 6836 万飞行小时，从这个角度来看，民航是非常安全的交通工具。

在日常生活中，人类不断与仪器、机器和其他无生命的系统进行交互。这种交互包括通过开关的方式打开和关上一个台灯；对家用电器的操作，例如操作电炉和电子计算机；对复杂系统的控制，例如控制飞机和航天飞船等。在简单的台灯开关的例子中，用户与开关的交互以及开关控制组件组成了一个系统。每个系统都有一个具体的目标，台灯系统的目标在于照亮一间黑暗的房间，或者当不需要时关掉台灯。这个系统中的无生命部分的效力决定了系统的目标能否实现。例如如果没有灯泡，那么台灯永远不会亮。台灯系统和其他系统能否实现它们的目标也依赖于系统中操作者的部分。例如如果一个孩童不能碰到台灯的开关，或者一个长者很虚弱不能按动开关，那么台灯也不会被点亮。因此，系统的总效力依赖于系统中无生命部分的性能和操作者的绩效水平，两者任一的失效都会造成整个系统的瘫痪。

人为因素是一门研究系统中人与其他部分交互行为的科学学科。具体内容包括应用理论、规则、数据和其他的设计方法使得人的绩效水平和整个系统的性能最优。

人为因素涉及的领域取决于相关支持科学的基础研究、针对该领域的应用性研究、数据的分析以及特定设计问题的规则等方面。因此，人为因素专家应该参与系统开发和评价的各个阶段。

人为因素的定义强调了人类基础能力的重要性，例如感知能力、注意力范围、记忆跨度以及身体上的限制等。人为因素专家应当知晓这些能力并能够将其应用到系统的设计，例如将台灯的开关设计在一个最优的高度需要具备目标人群的人体测量限制的知识。对汽车、计算机软件包、微波炉等设计信息显示和控制器件时，人为因素专家需要充分考虑人的感知、认知和移动能力。只有当设计能够适应并使系统用户能力最优时，系统的性能才能最大化。

尽管航空发生灾难的概率比较低，我们仍要做大量的分析。空难的发生不是仅由一个原因触发的，而是多种原因叠加的结果。经过分析，导致空难发生的因素主要有机场因素、空中交通因素、维修因素和发动机本体因素等，其中很重要的一个诱因是人为因素（见图6.2）。

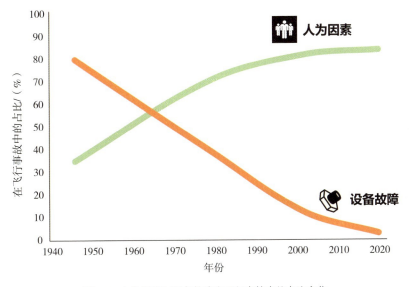

图 6.2　人为因素与设备故障在飞行事故中的占比变化

据统计，航空事故中，有超过 80% 的概率是由人为因素导致。比如，某个系统发生故障，导致人员操作失误，进而引发空难事件。飞行早期，飞机制造比较简单，人员操作也相对简单，所以更多时候是设备出问题。然而现在，随着科技和自动化程度不断提高，设备出错的概率越来越低，但是人机交互越来越复杂，因此人为因素导致的事故发生率也就相对提高，例如：

1992年1月，因特航空148号航班机组误将下滑角3.3度设置成每分钟3300英尺的下降率，导致飞机失速坠毁，造成87人遇难；

1994年4月，台湾地区的中华航空140号航班，因机组误碰复飞开关，导致飞机失速，造成264人遇难；

2009年6月，法航447号航班，空速管结冰，产生告警，飞行机组缺乏情景意识，无从准备，无法操作，导致228人遇难；

2015年2月，台湾地区的复兴航空235号航班，单发停车，飞行员因误判情况而错误地关闭了没有故障的发动机，致使飞机失去动力坠毁，造成43人遇难。

人首先是通过听觉、视觉、触觉来获得感知，然后再反馈到大脑，大脑将信号传递给系统（比如前面的显示系统），系统将信息反馈给操作者，这样就形成了一个人为因素闭环（见图6.3）。

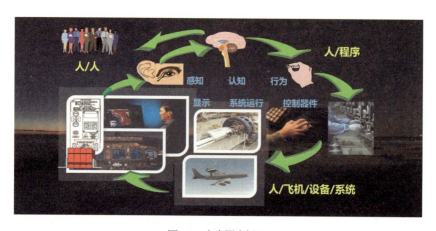

图6.3 人为因素闭环

早在工业革命时期，就有人为因素的相关研究（见图6.4）。因为那时蒸汽机、纺织机等机器投入生产使用，人们开始考虑机器负荷给人带来的伤害。人为因素研究的快速发展主要是在第一次世界大战和第二次世界大战之后，武器系统变得越发复杂，自动化系统、复杂系统的频繁使用给人类操作带来了很多困难。技术进步使得对人为因素的需求从学术研究领域转变到更加实际的应用领域。此外，之前专注于基础研究的心理学家也越来越多地与工业工程师和通信工程师相互合作，将研究领域扩展到实际应用。到战争结束时，心理学家和工程师的合作范围涉及飞机驾驶舱、雷达显示器和水声探测设备等。

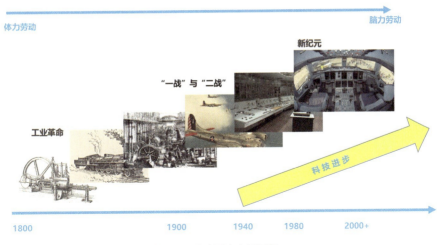

图6.4 人为因素发展历程

人为因素学科建立的最重要标志是1944年英国成立的医学研究委员会应用心理学协会，以及1945年在美国赖特·菲尔德基地成立的航空医学实验室心理学分部。上述应用心理学协会的第一任主席是肯尼思·克雷克，他是使用计算机进行人的信息处理模型建模的先驱。保罗·M.菲茨是人为因素学科建立的关键人物，他在很多研究领域做出了大量的贡献，以他的名字命名的菲茨人类工程实验室是人为因素研究的顶尖实验室。1946年，麦克法兰出版了《航空运输设计中的人因问题》一书，这是第一本使用了"人为因素"一词的专著。在这一时期，工业领域也开展了人为因素的研究，贝尔实验室就在20世纪40年代建立了一个专门研究人为因素的实验室。在"二战"期间和战后初期，各领域之间的努力为人为因素专业的建立提供了坚实的基础。

1957年，英国人机工程研究协会发行了第一个与人为因素相关的专业会刊：《人机工效学》；同年，美国人因学会（1992年更名为"人因与工效学学会"）创立了另一个与人为因素有关的专业期刊：《人的因素学》。此外，美国心理学协会建立了第21个分部：工程心理学。1959年，全球性的人为因素和人机工效学会——国际工效学联合会成立。

1960—2000年，人为因素专业飞速发展。20世纪50年代，专业重点关注军事应用，反映了人为因素和人机工效建立的主要动力；60年代，工业人机工效越来越受重视；70年代，随着用户问题的不断出现，用户产品设备逐渐成为关注焦点；个人计算机的热潮，使得人机交互成为80年代的重点；90年代，关注点转变到认知人机工效以及团队和组织结构和交互问题。现在，这些人为因素方面仍然非常重要，此外还包含老年化和跨文化交流等全新问题的出现。

就民航来讲，人为因素主要表现在哪里？

CCAR-25部中有关人为因素的相关条款分布在各部分，最终通过最小飞行机组条款25.1523集中体现。相关条款包含系统特定的飞机驾驶舱设备设计规章，例如25.777，1321，1329，1543等；一般适用规章，例如25.1301（a），1309（c），771（a）以及25.1523和附录D的确定最小飞行机组人员的条款要求。

在前期研究中，我们发现这些条款的要求过于零散，不具备系统性。因此，决定将人为因素，特别是差错管理的要求单独提炼出来，集中体现，以示其重要性。1996年，FAA和JAA（欧洲各国民航当局的联合组织，EASA的前身）提出要组建一个人为因素研究工作组，把相关要求提炼出来，做成更人性化、更专业的规章。

经过10年的研究，2007年，EASA率先发布了25.1302条款；2013年，FAA正式接纳了EASA的25.1302条款，放在25-137修正案中。虽然中国民用航空局（CAAC）还没有正式发布，但是未来很快就会进行修订。我们在做大型飞机审查时也借鉴了EASA、FAA的条款要求，并将相关的符合性方法的问题纪要纳入大型客机的审查。

人为因素是一门以心理学、生理学、解剖学、人体测量学、统计学等学科为基础的交叉学科，研究任何使"人—机—环境"系统的设计符合人的生理和心理的特点，从而实现人、机和环境的最佳匹配，使系统中的人能够高效、安全、健康和舒适地工作。为达到这个目的，从产品的概念设计阶段开始，人为因素工作小组就会参与系统开发，关注人的绩效问题，确保人为因素设计要求合理地被安排到整个设计中。驾驶舱的"人—机"系统设计也就必须关注飞行员的生理和认知能力及局限性、飞行环境的限制和所执行的任务。

驾驶舱人为因素设计时用到的基础知识和关注点也是人为因素适航审定时需要关注的要点。民用飞机驾驶舱人为因素的适航验证是保证驾驶舱人为因素设计理念、设计原则、设计标准等的有效贯彻与实施。

就人为因素审查而言，我们的飞行员与人为因素专家在前期研发中就会进行介入，参与图文静态评估、系统级评估、飞机级评估，以及模拟器试验与飞行试验。将人为因素编入规章的目的是通过前期介入，减少由人为因素导致事故发生的概率，把人为因素导致的差错降至最低。

目前，中国民用航空局对人为因素的研究还不够深入，正在筹建的人为因素实验室包括全动模拟平台、工程模拟平台以及相关生理参数设备。全动模拟平台和工程模拟平台研究的领域各有所长，全动模拟平台对适航的要求、符合性方法进行试飞准备和演练；工程模拟平台则侧重于标准和判据、构型变化、敏感性分析、人机界面优化等。将全动模拟平台和工程模拟平台两者的试验结果结合起来进行对比分析，可以获取较为全面的数据。

人为因素是一门应用性科学。它依赖于从实验环境到"人—机"系统范围内，对行为和物理变量的测量。人为因素研究人员必须了解科学研究的通常方法以及具体的人为因素研究方法。同样，应用型的人为因素专家也必须理解这些方法以及它们的优、缺点，这样才能在系统开发过程的各个阶段做出明智的决策。

通过人为因素实验室开展研究，首先要考虑在不同场景任务下人的认知状态的改变（见图 6.5），如在疲劳状态下会发生什么操作错误，在大工作负荷下会对飞机产生什么影响等，这些因素会导致人对情景的意识产生误判。

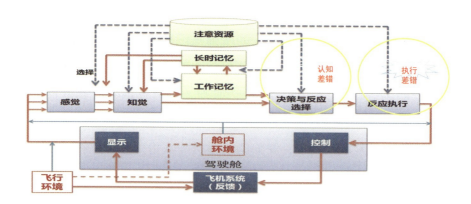

即使有经验的飞行员也会犯错

图 6.5　人为因素规章的理论基础

这些信息可以通过飞行员的主观评述得知，也可以通过脑电、心电、肌电、眼动等来判断。

脑电图（EEG）利用现代电子放大技术，将脑部微弱的生物电放大记录成一种曲线图，因其能够直接反映脑部活动的变化，目前已经成为脑力疲劳研究中广泛采用的评定中枢神经系统变化的重要依据。在飞行过程中，通过测量飞行员左右脑各频段脑波的波幅，可以了解飞行员在飞行过程中脑力疲劳的产生及恢复状况。此外，对飞行员脑电图的研究还有助于对飞行员的决策进行分析以及对飞行员进行选拔等。

研究发现，当一个人的脑力负荷变化时，与之相关的心理生理量指标也会有所变化。对操作者的认知活动进行心理、生理量测量是一个实时、客观的方式，其优势在于能在从低脑力负荷到脑力超负荷的较宽范围内提供高敏感性的总体评价。例如对心率和心率变异性（HRV）的测量被用于空中交通管制的模拟进行研究，发现其在脑力超负荷水平的评定中具有较高的敏感性。典型的方法如心电图（ECG）、心率、心率变异性的测量。心率变异是指窦性心律在一定时间内周期性改变的现象，主要受自主神经调节，同时亦受呼吸、血压、皮肤温度、肾素－血管紧张素等多种因素影响。HRV指标可以用于飞行行为对自主神经活性影响的研究，评价飞行员的应激反应水平和脑力负荷的变化等。

肌电信号可以用来表征飞行员在操作飞机过程中体力上的努力程度。飞行员在做不同动作的时候需要用到不同的肌肉，肌肉上的力的大小也是不同的。飞行员在操作飞机过程中所需测量的肌肉包括腰部的两块肌肉，即竖脊肌和多裂肌，以及胳膊上的6块肌肉，即右手三角肌、右手肱二头肌、右手肱肌、右手肱骨旋后肌、右手肩胛下肌和左手肱三头肌。通过对肌电信号的分析以及肌力（MVC）参数的分析，可以获得飞行员在进行任务时的体力消耗。

眼动数据采集主要包括了扫视信息用时、注视时间、扫视频率、眨眼间隔、眨眼频率和瞳孔直径等参数。这些信息可用于精细地分析各种不同的眼动模式，进而揭示各种不同的信息加工过程和加工模式。此外，注视点感兴趣区域分析能够提供最具体、直观和全面地反映眼动的时空特征。根据这些数据的数值和变化，可以估算出在完成任务过程中认知的需求和努力程度。这些参数都可以作为飞行机组工作量测量的基础数据。

未来，实验室还会在新的研究方向上进行探索，例如：触屏，在飞机振动的情况下可以更精准地触摸；语音，识别驾驶舱里的噪声、告警语音、飞行的操控语音等；人工智能，人与人工智能有机结合，实现对驾驶舱的设计研究。

人为因素研究的核心目的是提升安全水平。守卫人民安全是我们航空人的职责所在，也是激励我们不断前行的动力。

安全之桥：
航空器适航评审[①]

> 航空器评审从飞机的制造开始，一直贯穿飞机的全寿命过程。ARJ 的发展才刚刚起步，制造厂家要特别重视航空器评审并把这个理念贯穿始终。如此，才能确保航空器在未来运行中满足要求并顺利地交付航空公司运行，从而确保整个飞机在全寿命运行过程中是持续安全的。
>
> ——陈利平

[①] 本文根据"致未来·C-Talk"公益性科技演讲大会第 5 期内容整理而成，作者为陈利平。

陈利平，原中国民航科学技术研究院副院长，一级飞行员，A340/330、B747、CE-750的机长、教员，安全飞行18000多小时，国家重大专项072工程联合试飞技术专家组成员。长期从事民航安全、运行方面的研究和管理工作，主持和参与了多项民航局科技创新重大专项和项目研究，获中国民航科学技术进步奖一等奖4项、二等奖1项、三等奖1项。

图为陈利平在"致未来·C-Talk"公益性科技演讲大会上演讲。

第六章 安全高度：为生命护航

飞机从研制、制造，到交付航空公司，再到投入运行，为什么要经过审定呢？因为局方经过授权，要代表公众对航空器是否满足安全要求进行审定。

什么是审定？

审定包括适航审定和航空器审定。中国民用航空适航审定主要依托4部规章，也就是CCAR-23部、25部、27部、29部来开展。航空器交付航空公司后，航空公司要对其进行运行合格审定：对航空公司和航空器提出要求，航空器评审（AEG）把在运行过程中与航空器有关的要求交给制造厂家评审，看能否满足航空公司的运行合格审定要求。航空器评审主要包括以下3个方面内容：

第一，飞行员需要进行的专业训练。一架新的飞机研制成功后，需要什么样的飞行员来驾驶？飞行员需要具备哪些专业技能？飞行员如何确保飞机安全，以免再次发生波音737MAX事故？波音737MAX本身有设计缺陷，波音却没有针对该缺陷给驾驶舱设计任何保护程序及告知飞行员。所以一旦出现问题，飞行员没有经过专业训练和知识储备，就会导致空难发生。由此可见，一个新型航空器研制出来后，对飞行员进行专业训练是多么重要。

第二，关于维修。飞机由很多系统组成，每个系统由上千个部件组成，各个部件的寿命也各不相同，如果维修间隔时间太长，则机体安全得不到保证；反之，维修间隔缩短则会提高运行成本。怎样确定维修间隔？这就需要在飞机出厂的时候一项项地进行评审，甚至细到确定每个部件的寿命是多长。这样，在其寿命即将到期时及时更换，才能确保系统安全，进而保证整个航空器的运行安全。同时，这也大大降低维修成本，符合现在所倡导的"可靠性维修"理念。

第三，飞机有很多系统，如果某个系统出现故障，能不能放行？答案是灵活的，对于有些故障，绝对不能放行，因为会影响安全；而有些故障得根据运行条件来确定，例如晴朗天空下飞机和汽车的雨刷出现故障时。安全规定里有一个规定，飞机如果违反最低放行设备清单的规定，带故障起飞，就是事故征候。所以，在保障安全的前提下，需要灵活地保证航空公司的经济和效益。

航空器评审即在制造过程中就确认飞机是否能够符合运行要求。另外，航空器评审是横跨适航到运行、制造厂家到运营人的一座桥梁。

航空器评审背景

美国航空业非常发达，根据运行的经验，美国在1971年就提出要把航空器评审机构放到飞行标准部门，当时共设立了5个地方：西雅图、长滩、堪萨斯城、波士顿和沃斯堡。其中之一设立在西雅图主要是为了波音公司。长滩当时有麦道，但长滩的评审机构现在已经弱化了；堪萨斯城的评审机构主要是在威奇塔，那里有比奇空中国王、塞斯纳两款小型飞机；波士顿的评审机构主要负责螺旋桨和发动机的审定；沃斯堡的评审机构主要是针对旋翼机，共有1600多人从事航空器评审工作。欧洲联合航空当局没有专门的航空器评审机构，而是将航空器的评审工作分散在民航当局各个部门，且唯独对维修评审予以重点加强。

中国的航空器评审起源于1992年，当时是对运-12进行合格证审定。2003年，为了国家民机制造业的发展，时任领导提出一定要建立中国民用航空局（简称"民航局"）自己的航空器评审系统，以促进和帮助提高国产民机的发展。2005年，中国第一批相关人员赴西雅图进行培训，培训之后，加入了波音787的过程审定，这项工作一直持续到2011年10月的终审。

2007年，民航局飞行标准司（简称"飞标司"）设立了航空器评审室，在中国民航科学技术研究院（简称"航科院"）也设立了航空器评审室，为飞标司提供支持，同时，上海和沈阳的审定中心也设立了评审室。尽管已经设立了机构、管理体系和框架，但我们的航空器评审还处于起步阶段。

航空器评审和适航审定的区别

航空器评审和适航审定的区别在于，适航审定主要是审定飞机能不能飞起来，能不能满足飞行安全的最低标准；而航空器评审则包含了两个阶段：

第一阶段，在航空器投入运行之前，需要根据其运行选择增加相应的机载设备以及更改布局、制定运行和维修文件、确定驾驶员和其他运行人员训练标准等一系列工作，并分三个阶段来确认未来它能不能满足运行的要求，以确保未来飞机制成后，能从制造厂家顺利移交给航空公司。

第二阶段，在航空器投入运行之后，发现并改正飞机的缺陷。由于飞机整个系统和运行环境都非常复杂,因此有些缺陷难以被及时发现,有些缺陷可能会在事故中被发现,或在安全事件中被发现。发现这些缺陷以后,怎样改进它,如何不断提高安全水平?从适航角度来看,常以补充型号合格证或适航指令、批准服务通告的方式来解决。在这些流程结束以后,对飞行训练的影响、应该执行怎样的维修、设备故障以后是不是能够运行……这些都是航空器评审还要持续跟踪的后续改进过程。

举例来说,美国人花了28年时间来研制空中交通告警和防撞系统(TCAS)。从1966年科罗拉多大峡谷两架飞机相撞开始,美国人就提出要研制TCAS,直到1994年,美国要求飞入美国境内的30座以上的飞机必须安装这套系统。同时,美国提出一套规章标准,咨询通告120-55ATCAS的运行合格审定。安装这个新设备时就要经过航空器的评审,评审要做的事情有:确定对飞行员要进行哪些训练,维修部门要进行哪些维修,故障在什么条件下可以飞、在什么条件下不能飞……

航空器评审机构及其职责

中国民航局飞标司在航科院设立的AEG室,为飞标司提供技术支持,也参与航空器具体型号的评审工作。上海航空器适航审定中心和沈阳航空器适航审定中心各自设立了AEG室。上海航空器适航审定中心主要是负责大飞机ARJ21和C919以及未来的C929、C939的审定;沈阳航空器适航审定中心主要负责小飞机的审定,包括旋翼机的审定。

根据专业的划分,配合飞行训练、最低放行设备清单和维修3个部分,中国民航局飞标司共设了3个委员会:飞行标准化委员会(FSB)、飞行运行评审委员会(FOEB)和维修审查委员会(MRB)。

飞行标准化委员会

飞行标准化委员会主要围绕飞行员新型别等级训练、衍生型号的差异训练来开展工作，为的是既能保证安全又可以节省成本。

该委员会主要职责是评审航空器怎么去飞，飞行员要经过哪些训练。特殊情况下，对于包括机型资格、资格规范、运行文件、机组睡眠区、电子飞行包（EFB）以及客舱应急撤离演示等在内的所有飞行手册、训练手册、检查单、训练模拟设备，飞行标准化委员会都要关注，因为这些都和训练有关，要逐一进行评审。

所以，飞行标准化委员会的工作实际上是由运营人、局方和制造厂家三方按照制造程序按步骤完成的。

飞行运行评审委员会

飞行运行评审委员会确定最低放行设备清单。首先由厂家提议，然后飞行运行评审委员会按照提议制定和批准一系列程序并逐条审定，最后，航空公司据此制定最低放行设备清单，局方监察员批准该清单。

维修审查委员会

维修审查委员会主要是确认维修间隔。在保证安全的前提下，如何确认维修间隔？维修人员要进行什么样的训练才能满足维修要求？MRB要对每个系统、每个零部件逐项评审，以确认其寿命和维修间隔。这样在保证可靠性的同时，将航空公司的运行成本控制在合理范围内。此外，技术委员会、维修工作组与制造厂家、设备供应商、局方一道，按照程序制订合理的维修任务和编制流程。最终，MRB将据此形成一份报告，航空公司根据该报告制订维修大纲，局方维修监察员也可以批准航空公司的维修大纲，如此一来，批准维修大纲就有了法律依据。

航空器评审组的持续支援

航空器评审从飞机的制造开始，一直贯穿飞机的全寿命过程。ARJ的发展才刚刚起步，制造厂家要特别重视航空器评审并把这个理念贯穿始终。如此，才能确保航空器在未来运行中满足要求并顺利地交付航空公司运行，从而确保整个飞机在全寿命运行过程中是持续安全的。

让我们共同努力，期待航空器安全高效运行，飞向世界！

安全与效率：
适航管理展望[①]

> 从适航管理的角度来看，ARJ21-700飞机已经走过了从管理到技术的全路径。从一开始，我们就掌握了国际上通行的适航审定的方法、流程，并且编制了审定计划用以管理所有的试验、试飞活动。接下来，我们将重点关注适航标准后安全实质的要求，并要掌握大批重要的试验、试飞的方法，包括自然结冰、溅水、危险等级非常高的最小离地速度试飞等。
>
> ——路遥

---

① 本文根据"致未来·C-Talk"公益性科技演讲大会第3期内容整理而成，作者为路遥。

路遥，高级工程师，中国商飞上海飞机设计研究院大型客机基本型副总设计师兼适航工程中心主任，主要从事大型客机适航取证的组织和管理工作。曾任民航科学技术研究院航空器适航所所长，参与 CCAR-25 等多部适航规章编写工作；担任 ARJ21-700 国产新支线飞机型号合格审定委员会秘书和结构强度专业组审查代表；担任大型客机型号合格审定委员会委员，承担多项适航审定验证技术研究。发表国际国内论文 10 余篇，参与航空安全课题研究，获中国民用航空科学技术一等奖（2次）、三等奖（1次）。

为了适应发展趋势，中国商飞更加注重自身应具有的明确适航要求的能力、设计分解适航要求的能力、符合性自我确认的能力以及表明符合性的能力。图为路遥担任大型客机型号合格审定委员会委员。

适航是一个舶来词，英文原名是 Airworthiness。业界对"适航"有一个被广为接受的定义：航空器能在预期的环境中安全飞行的固有品质，这种品质能够通过合适的维修来持续地保持。

在这个定义里有两个关键的词语，一个是"安全"，一个是"预期的环境"。在接下来的讨论里，我将会围绕这两个关键词给出理解和认识。

适航管理的要素

适航管理的要素主要包括以下3个方面：适航标准、组织机构和人员以及审定程序。

适航标准是适航管理工作的基石，是一种定量的、可清晰辨别的、民用航空产品所必须满足的、最低的安全水平，这个安全水平需要得到证明。

我们需要通过预先设定的分析、计算、试验、试飞等方法，产生证据，表明民用航空产品对适航标准的符合性，这些工作我们统称为适航符合性验证活动。符合性验证活动需要相关的人员来执行，这些人员也需要一定的组织机构加以组织和管理，所以适航的组织机构和人员是适航管理工作的第 2 个要素。

第 3 个要素是审定程序，所有的证据需要遵循严格的程序来产生，并且需要得到监管。

适航管理"三要素"之适航标准

适航标准是民用航空产品所必须满足的、最低的安全水平，有时候我们也把适航标准称为适航规章或适航法规。为什么有这样的说法？因为它的英文表述为 Airworthiness Standard，有时候也叫 Airworthiness Regulation。根据国际民航组织的要求，适航标准必须通过国家的立法来发布，成为从事民用航空活动的人必须满足的法律要求。所以，我们常常也将适航标准称为适航规章或者适航法规。在我国，适航标准是由交通运输部来颁布的，属于我国法律的第三层级。

中国法律分了 3 个层级：第一个层级是由人大颁布的，和航空相关的有《中华人民共和国民用航空法》；第二个层级是由国务院发布的，和适航相关的有《中华人民共和国民用航空器适航管理条例》；适航标准属于第三层级，是由国家部委或者省一级人民政府颁发的规章。

美国是三权分立的政治制度，美国的适航标准是由其行政部门颁发的。美国联邦航空局发出的规章属于联邦规章汇编第 14 集。联邦规章汇编第 14 集中的规章是关于航空航天领域的，除了美国联邦航空局制定的规章之外，美国国家航空航天局颁布的规章也在其中。

欧洲的情况稍有特殊，欧洲把适航标准分为管理类和技术类两类标准。适航管理的规章是由欧盟议会颁布，具有法律的强制地位。而它的技术标准，我们称为审定规范，是由欧盟航空安全局来颁发。

这些都体现了适航标准强制性的特点。

适航标准的第 2 个特点是完备性。各种产品的类别可以覆盖我们现在所有民用航空活动中的航空产品，比如我们常说的CCAR-25部，适用于最大起飞重量超过5700千克的固定翼飞机；CCAR-23部则适用于最大起飞重量小于5700千克的小飞机。当然，适航标准还涵盖航空发动机、螺旋桨、旋翼航空器等。可以说，适航标准是一套很完备的技术标准规范。

适航标准的第3个特点是聚焦安全性。适航标准所确定的安全水平必须要考虑预期的运行环境。运行环境不仅要包含飞机自身的飞行环境，还有其需要承担的载荷和包线的限制，如高度、速度和温度等。还有一些外部的环境要求飞机能够抵御，例如顺风、侧风、降水、低温、高原气候等。这些都构成了适航标准考虑的预期运行环境，而且这个环境会随着认识的不断变化而不断扩展。

2009年，法航AF447航班起飞后不久便坠毁。事故调查发现，整个事故发生的直接原因是由结冰导致的空速管堵塞。尽管结冰条件是适航标准预期内的环境，但是经过对这次事故原因的深入分析，我们发现适航标准并不能完整覆盖飞机运行所能预期到的、所有的结冰环境。因此，我们把高空的冰晶结冰，以及更加极端的结冰环境也纳入了适航的标准。

2010年冰岛火山爆发之后，整个欧洲航空业近乎停摆。原因就是当时所有的飞机在进行适航审定的时候，没有考虑到火山灰这一环境因素。在这样的环境中，飞机能否安全运行是不确定的。在这之后，通过修订适航标准，火山灰也逐步纳入了适航标准所考虑的预期运行环境。

适航标准的第4个特点是源自航空实践，适航标准是对航空实践总结的高度概括，它只是冰山的一角。例如CCAR-25部，整个规章只有300多个条款来管理如此复杂的大型飞机。在它的背后，是一整套的咨询通告，还有业界的规范以及航空制造业厂家、供应商企业的规范。例如所有飞机都有各自的压调和空调的系统，具体到适航标准里一共只有4个条款来规定整个飞机通风的能力以及对空调压力控制的方法。另外，还有对于一氧化碳、二氧化碳、臭氧浓度的控制等，一共只涉及4个条款，但其背后还有大量关于咨询通告、行业规范、企业自身的技术规范来进行约定。

适航标准的第5个特点是动态性。我们对预期环境认识的不断更新，通常都体现在动态修订适航标准里。

1996年7月，环球航空800号班机（TWA800）的一架波音747飞机在纽约起飞后不久坠毁，事故调查原因直指油箱爆炸。油箱爆炸最直接的原因有两条：一是油箱中累积了危险的可燃蒸气量，燃油的蒸气与氧气的混合达到了危险的程度；二是由于一个不明原因的点火源点燃了蒸气，导致事故发生。

随着事故调查的不断深入，到2001年，美国联邦航空局发布了FAR-25部的第102号修正案，提出要控制油箱内危险的蒸气含量以及控制点火源。到2008年，又进一步发布了第125号修正案，对燃油箱燃油蒸气含量给予更加准确、定量的要求，并且要求引入全新的油箱惰性系统，用来分离空气中的氧气和氮气，将氮气充入油箱，抑制油箱中的可燃蒸气含量。

另一个例子发生在2001年的"9·11"恐怖袭击事件中，恐怖分子进入飞机驾驶舱，制造了这起举世震惊的事件。几个月之后，美国联邦航空局发布了第106号修正案，要求飞机的驾驶舱门需设计成能够抵御暴力冲击的形式，而不能从客舱的一侧暴力进入。2008年，第127号修正案进一步强化了此类要求，要求驾驶舱门能够抵御炸弹和燃烧装置的影响。考虑到恐怖主义发展的趋势，美国联邦航空局还要求在飞机上设计一个最小风险炸弹位置，发现炸弹以后，将炸弹置于这个位置，一旦爆炸，该位置对飞机结构完整性影响是最小的。

由此可见，适航标准随着环境的不断变化而不断得到动态修订。

适航管理"三要素"之组织机构和人员

通过对美国联邦航空局、欧盟航空安全局以及中国民航局的组织架构的介绍，可以了解到组织结构和人员对适航管理的影响。

在适航工作中主要有两方：一方是工业方，作为适航证件的申请人；另外一方是执行适航管理的政府部门，我们称之为适航当局，简称"局方"。双方在这里各自承担不同的职责，工业方会按照适航标准的要求，将其作为设计方法纳入航空器飞机的设计制造；局方首要的要求是制定标准，要解决适航标准是什么。同时，工业方需要通过符合性验证活动产生的证据，向局方表明这种符合性，局方的责任就是评审这些证据来确认符合性。因此，双方都在适航组织的架构里开展工作。

美国联邦航空局发展至今已有八九十年的历程，可以说是当今最强大的、经验最丰富的适航管理当局。

美国联邦航空局的适航审定司总部设在首都华盛顿特区，但其最主要的执行机构是4个审定中心。其中，运输类飞机适航审定中心的位置就设在波音公司的所在地西雅图；考虑到通用电气公司和普惠公司的布局，发动机和螺旋桨审定中心设在波士顿。当时，这4个审定中心构成了美国联邦航空局最主要的执行部门，按照产品类别分为运输类飞机、小飞机、旋翼机、发动机和螺旋桨4个审定中心。

在2017年之前，美国联邦航空局的组织架构具有鲜明的产品特征。2017年之后，美国联邦航空局组织机构进行重组，不再将重点放在仅仅关注产品的审定上，而是更多关注申请人系统的运行以及整个系统的表现。从美国联邦航空局每年公布的预算案中可以发现，从事适航审定工作的人员一共有1300余名，这个数字几年来都没有变化。

千余人的队伍不仅要管理美国庞大的航空工业、评审海量的证据,还要对证据产生的过程进行严格监管。这些人员是远远不够的。因此,美国从20世纪40年代起便开始采取委任的政策,委任美国联邦航空局雇员之外的人从事相关的适航管理工作。最开始是对个人进行委任,到20世纪80年代开始对机构进行委任,作为人力资源的补充。

2002年之前,适航管理是欧洲各国民航局的权力。随着欧洲民航业和美国民航业的竞争,特别是空客公司与波音公司之间的竞争,欧洲各国开始呼唤由一个强大的、欧洲范围内的统一适航当局来开展适航管理工作。2002年6月,欧盟航空安全局应运而生,它是欧盟一体化进程的产物,发展至今,逐步壮大,已有31个成员国。成员国根据协议,将国家适航管理的主权让渡给欧盟航空安全局进行统一管理。

最初,欧盟航空安全局的组织架构跟美国联邦航空局很相似,具有产品审定的显著特点,包括大飞机的审定部门以及各种通航的小飞机、旋翼机的管理部门。但是由于欧洲自身的特点,它还有3个有别于美国联邦航空局组织机构的特点:

第一,强化标准化的工作,标准化是指要求各国民航局能够统一执行欧盟航空安全局所发出的各种标准程序;

第二,规章立法注重技术,欧盟航空安全局没有独立的立法部门,因为它把制定适航标准的权力放在了审定部门本身;

第三,面临人员短缺的问题,800余名雇员如何管理如此庞大的欧洲航空工业,它给出的答案是:机构——要求对设计机构进行批准,关注航空企业自身的能力,要求航空企业编制并且贯彻设计保证手册来履行设计保证的职能,并对这样的设计机构进行批准,这是欧洲人给出的有别于美国人的答案。

中国民航适航的发展起步于20世纪70年代。中国民用航空局下属有7个地区管理局进行地域管理,在适航管理上也有鲜明的产品审定的特色。中国民用航空局共有 8 个适航审定中心，既考虑了我国航空工业地理的布局，也考虑了适合产品发展的地理需求。例如上海适航审定中心设立在中国商飞公司总部的所在地，主要开展大飞机的审定。

适航管理"三要素"之审定程序

适航的审定程序有两个特点。第一个特点是具有鲜明的项目管理的特点。围绕审定计划来开展工作需要分为 5 个阶段：前两个阶段是熟悉民用航空产品的设计，了解产品特点并为其制定相关要求；到第 3 个阶段就需要确定相关的审定计划，也就是将分析、计算、试验、试飞的活动进行规划，并落实在审定计划中；第 4、5 个阶段主要是执行阶段，按审定计划实施符合性验证工作。

第二个特点是适航审定程序非常注重过程的监管。以开展某项试验为例，最典型的步骤需包含以下内容。

首先，要编制相应的试验大纲并提交至局方批准，试验大纲中要规定详细的试验步骤以及明确的通过和失败的准则。

其次，在试验开始之前，还要进行制造符合性检查。制造符合性检查，这一专有名词的英文是 Conformity Inspection，主要是对试验装置是否满足试验大纲的要求进行检查，对试验件和试验飞机是否能够代表未来在市场上运营的航空产品的构型进行确认。换种说法更好理解：当你准备向客户交付苹果的时候，你要确保在此之前所做的所有试验试飞工作都是在苹果上而不是在香蕉上进行的，制造符合性检查的目的是要证明这一点。在整个试验过程中最关键的环节，还需要局方到现场参与，并最终批准试验报告。

最后，试验流程对试飞又有更加特殊的要求。中国民用航空局和美国联邦航空局都会颁发一份型号检查核准书的文件，简称"TIA"。

颁发之后，将由中国民用航空局的试飞员和申请人的试飞员一起登机飞行，并将获取的飞行数据和申请人自身的飞行数据进行比对，确认一致性之后，中国民用航空局才能接受申请人的试飞数据，以表明对适航标准的符合性。

适航审定中心对试飞数据产生的全过程都进行了严格监管，整个流程却会给民用航空产品的研制施加额外的时间成本。这些年，无论是中国还是西方各国，都对此进行了很多探讨。美国联邦航空局和工业方的审定指南首次明确提出了及时审定的需求，希望适航管理工作能够以一种更为及时、有效的方式促进航空发展，并由此衍生出"申请人自我表明符合性"这一新概念。欧盟航空安全局也意识到局方介入监管会带来额外的时间成本，并据此提出对介入原则做出调整，希望基于安全风险的等级调整局方对民用航空研制活动的介入程度。同样，中国民用航空局也提出了基于风险评估的适航新流程。

中国商飞为了适应发展趋势，对适航管理工作也做出了相应调整，更加注重自身应具有的明确适航要求的能力、设计分解适航要求的能力、符合性自我确认的能力以及表明符合性的能力。

为此，中国商飞组建了3支队伍：由适航工程管理队伍来获取适航标准；考虑到适航项目管理的特点，交由适航管理队伍进行整个适航取证活动的策划和管理；建设适航独立核查队伍，希望能够逐步培养自我确认适航符合性的能力。

适航管理的挑战与展望

从适航管理的角度来看，ARJ21-700飞机已经走过了从管理到技术的全路径。从一开始，我们就掌握了国际上通行的适航审定的方法和流程，并且编制了审定计划用以管理所有的试验、试飞活动。接下来，我们将重点关注适航标准后安全实质的要求，并掌握大批重要的试验、试飞的方法,包括自然结冰、溅水、危险等级非常高的最小离地速度试飞等。

适航标准一直在动态发展。图6.6所示以美国的FAR-25部为例,在20世纪,正好到100号修正案,对应空客的A380飞机,和我们的ARJ21飞机的修正案的水平是相当的;从2001年开始,到今天又修正了46次,是第146号修正案。而大型客机则要满足到132号修正案的适航标准。在ARJ21飞机的基础上,为了满足这些新的32个适航标准修正案,大型客机的适航取证迎接了挑战,在ARJ21飞机的基础上积累了更多的实践经验。

适航标准的不断变化会产生更多的验证需求,同样会对效率产生非常大的压力。

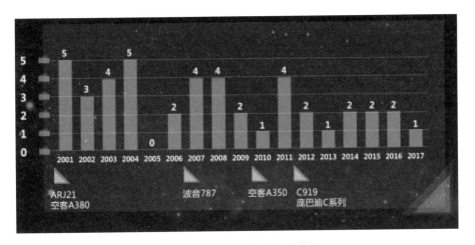

图6.6　FAA历年发布的修正案数量

经过12年的工作,我们顺利完成了大型客机的适航取证,按照适航标准的要求,遵循取证的程序,充分验证了大型客机的适航性、安全性。希望在不久的将来,大家都能坐上国产大飞机!

向险而生：
试飞工程师与适航高标准[①]

随着AI技术的进步和大数据处理能力的提升，包括试飞前的故障场景分析、航后数据分析等都可以借助AI技术来减轻试飞人员的负担。我们应当把工作重点放在AI技术无法替代的方面，比如每个审定试飞人员都应当更注重人为因素的研究。此外，5G、6G通信手段带来数据传输能力的提升，在今后的试飞过程中，相关的数据监控、采集，包括舱内/外高清视频影像都能够实时在地面呈现。

——张海涛

---

① 本文根据"致未来·C-Talk"公益性科技演讲大会第7期内容整理而成，作者为张海涛。

张海涛，中国民航局试飞工程师，民航局上海审定中心动力装置室副主任，民航局青联二届常务委员会委员。作为民航局首个审定试飞团队成员，全程参与了国产ARJ21-700飞机的审定试飞，承担了大量如失速、高高原、大侧风等高风险试飞科目，为ARJ21-700飞机取得型号合格证做出了突出贡献。曾荣获团中央"全国青年岗位能手"和民航局"全国民航工人先锋号"等荣誉称号。

试飞工程师是一个负责协调、管理、实施所有涉及飞行试验相关活动的专业技术和科研人员。他们不仅为中国民航把好航空器引进的安全关，也为世界航空安全贡献自己的力量。图为张海涛在试飞工作现场。

适航的概念有些抽象，它是一种固有品质，是在预期的环境和使用限制下，确保航空器的安全性和物理完整性。

20世纪60年代，美国《联邦航空条例》（Federal Aviation Regulations，简称"FAR"）25部规章制定之初，基于学界研究，参考人自然意外死亡的概率，并结合当时航空工业实际能达到的水平，确定了将十的负六次方作为飞机安全运营的最低标准，即在单个飞行小时发生灾难性失效的概率应该控制在十的负六次方以下，亦即每百万飞行小时发生小于一次灾难性的失效。

适航要求是门槛，而不是天花板。有很多民机或航空产品厂商认为，一旦取得适航批准就万事大吉了，但事实并非如此。目前西方主流的飞机制造商，其航空产品实际表征出来的安全水平已大大超出适航规章的要求，也就是说适航性只是航空产品成为商品、走向商业成功的一个门槛，是最基本的要求。现在飞机主机厂提升其产品的商业竞争力靠的是适航性以外的其他方面，如经济性、环保性和舒适性等（见图6.7）。

图 6.7　航空产品的商业成功——适航要求是门槛，不是天花板

为什么公众对航空安全或者对空难这么关注呢？虽然空难发生的概率很低，公众的关注度却与航空器实际的安全水平呈反比。以川航"5·14"事件为例，当天超过 30% 的媒体报道都在聚焦这件事情。有心理学研究表明：当看到大量人员在瞬间被空难夺走生命时，人在心理上会产生一种震慑的效果；再加之媒体高密度、集中的宣传，公众会对航空安全产生过度的焦虑，以及认知上的偏差。

民用航空安全是基于航空产品全生命周期开展管理的。立法定标、设计批准、生产批准，以及航空产品进入运营阶段的人员资质管理，还有运行批准、维修批准，是一个全生命周期的闭环管理过程。正是各位航空从业者，尤其是民航局相应监管部门在各自的岗位上各司其职、辛勤努力工作，才创造了中国民航远远优于适航规章要求的安全水平和优良的安全纪录。

适航审定主要的工作范围和流程主要有以下几点。首先，我们要根据航空产品的特点确定适用的法规，也就是我们俗称的审定基础。接下来，申请人（主机厂）要表明它的型号设计符合审定基础要求——在英文里有一个专有的词，叫 Compliance，特指设计对法规的符合。接下来是生产批准，航空产品制造人要确保它制造的航空产品符合经批准的设计，这有另外一个专有名词，叫 Conformity，特指航空产品对型号设计的符合。

是不是航空产品在完成了设计批准、取得了生产批准之后就可以运行呢？并不是这样的。大家对设计批准比较熟悉，就是我们经常听到的"取证"，它的表达形式是型号合格证（TC证）。在生产/制造阶段，航空产品制造人要表明它的体系能始终如一地生产出满足型号设计的航空产品，就要取得生产设计生产许可证（PC证）。我们还有相关部门来对每一架飞机进行必要检查，确定每一架单机的制造符合性，并颁发单机适航证。即使有了单机适航证也并不意味着这架飞机就能够投入运营，还需要通过民航局相关部门的运行合格审定。

为了表明航空器型号设计对审定基础的符合性，我们一般采取以下10种表明符合性的方法，以运输类飞机为例：MC0 符合性声明、MC1 说明性文件、MC2 分析/计算、MC3 安全评估、MC4 实验室试验、MC5 地面试验、MC6 飞行试验、MC7 航空器检查，MC8 模拟器试验和 MC9 设备合格性。

我们为什么要试飞呢？把一杯颜料倒入清水，如果我们目前掌握的理论和仿真技术能够精准预测出颜料在清水中的扩散轨迹，可能就不需要真机试飞了。但现状并不是如此，由于我们对湍流等物理机理还没有完全掌握，仍需在真实的大气条件下进行物理试飞。通过试飞可以产生试飞数据，帮助申请人确定设计。试飞也是型号取证重要的表明符合性手段，还会用于保持试飞人员资质。最后，通过试飞相关的新闻报道，一方面可以展示航空制造企业的形象，另一方面也可以向公众传递一个明确的信息，即飞机在这么严苛的高寒、高温、高原等条件下都能通过试验。这在向公众普及航空知识的同时，也进一步建立了公众对航空安全的信心。

再谈一谈局方审定试飞。研发试飞的主要目的是确认设计，表明符合性试飞是为了表明符合性，局方审定试飞则是为了确定符合性。

审定试飞主要有以下 5 个特点。

权威性：局方审定试飞人员代表的是国家和公众的利益，无论是国内的主审型号，还是国外的进口飞机，想取得型号合格证都要通过审定试飞，并得到符合性确认。

独立性：局方审定试飞人员属于民航局管理，不会和申请人产生利益关联，其所开展的审定试飞工作具有独立性。

严苛性：由于审定试飞不可能覆盖所有表明符合性试飞大纲的试飞点，我们需要在有限的试飞点内构建相对严苛的飞机构型和飞行状态开展试飞，以确保申请人表明符合性试飞的有效性。

风险性：审定试飞并不是简单重复申请人的试飞，出于特殊气象（如自然结冰、侧风等）和试飞风险（如最小离地速度）的考虑，还存在并行试飞科目，审定试飞一样具备试飞风险性。

代表性：虽然审定试飞员都是经过高标准选拔，具有较强的业务能力，但由于代表公众，需要代表一般航线飞行员的驾驶技巧和业务水平，所以在开展审定试飞过程中，尤其是开展人为因素相关科目试飞 / 评估或非正常程序试飞 / 评估时，审定试飞员要站在一般航线飞行员的角度来开展试飞和相关评估工作。

试飞工程师是做什么的呢？打个简单的比方，试飞工程师可以看作"试飞活动"的编剧和导演。试飞工程师是一个负责协调、管理、实施所有涉及飞行试验相关活动的专业技术和科研人员（见图 6.8）。我们参与审定试飞大纲的制定（作为局方审查代表，我们负责批准申请人提交的试飞大纲）和试飞风险评估。我们会将工程验证需求转化为试飞机组可操作试飞任务单；试飞机组会依据试飞任务单，上机执行试飞任务。航前，我们还要确认试验飞机构型，确认前置试验有没有完成等。航后，我们还要负责数据处理和审定试飞报告编写。

图 6.8　试飞工程师的工作

试飞工程师负责与设计人员、制造和测试改装人员、机务、场务、项目管理等众多人员和组织进行对接，以顺利地完成试飞任务。这要求试飞工程师具有全面的专业技术水平与协调管理能力，在试飞团队中，在试飞员和试飞活动相关外部组织间起到沟通桥梁的作用。

在团队成立之前，CAAC没有能力开展系统性的针对进口航空器的认可审定试飞活动。随着近几年我们审定试飞团队在多个重大进口型号认可审查过程中开展了审定试飞活动（见图6.9），我国成为为数不多的能独立开展审定试飞的国家之一。

在认可审查和审定试飞过程中，CAAC的审定试飞团队识别出进口航空器的设计缺陷和不安全设计特征，并要求国外申请人开展设计更改以满足CAAC审定要求。因此，有的主机厂补充了试验验证工作，有的主机厂开展了相应的设计更改项目。我们不仅为中国民航把好航空器引进的安全关，也为世界航空安全贡献着自己的力量。

"他山之石，可以攻玉。"作为主机厂，有时难以跳出思维定式，工程人员总会觉得自己的设计是完美无缺的，或者处于项目压力之下，在设计活动中难以有效地识别出设计风险。这时，就需要独立的第三方监管机构从法规要求角度来审视飞机的设计，我们局方的审定试飞活动就是独立监管的重要体现。

图 6.9　国外进口型号认可审定试飞

2015 年，我们的试飞团队到美国湾流宇航公司总部开展针对湾流 G650 的认可审定试飞工作。由于这款型号是近些年来为数不多的在试飞过程中发生机毁人亡事故的运输类飞机，我们对这起事故与湾流宇航公司进行了复盘和讨论。让我感触颇深的一点是看到事故调查报告中，从试飞机长意识到这个飞机已经不可控了，到飞机坠地只有短短七八秒时间，他在生命的最后一刻，说了一句："Sorry guys（对不起，伙计们）。"这句话饱含了他对家人、项目和同事的愧疚。这件事情给试飞从业人员敲响了警钟——我们该如何看待进度和试飞安全之间的关系。

随着 AI 技术的进步和大数据处理能力的提升，包括试飞前的故障场景分析、航后数据分析等都可以借助 AI 技术来减轻试飞人员的负担。我们应当把工作重点放在 AI 技术无法替代的方面，比如每个审定试飞人员都应当更注重人为因素的研究。此外，5G、6G 通信手段带来数据传输能力的提升，在今后的试飞过程中，相关的数据监控、采集，包括舱内／外高清的视频影像都能够实时在地面呈现。针对中高风险的试飞科目，我们也可以考虑最小化试飞机组。

由于试飞工程师是一个对专业要求非常综合的岗位，我们也应当加强试飞工程师和设计人员之间的交流以及人员流动，甚至可以考虑把具备条件的优秀试飞工程师往试飞员的方向去培养。

百炼成钢：
航空发动机适航验证[①]

> 　　民用航空适航规章是全球机队运行的体现，每条法规背后都蕴含着航空事故的血泪教训，完整表明适航规章的符合性是保证民用航空产品安全的最低要求。适航审定是国家和人民所赋予的神圣职责，航空安全同样是民用航空工业发展最重要的基础前提。
>
> ——吴晶峰

[①] 本文根据"致未来·C-Talk"公益性科技演讲大会第5期内容整理而成，作者为吴晶峰。

吴晶峰，中国民用航空适航审定中心集成审定室副主任，WZ16型发动机型号审查组组长。长期从事民用航空发动机适航审定工作。承担WZ16型发动机、CJ1000A型涡扇发动机、AES100型涡轴发动机等发动机型号审查任务，担任审查组组长或集成专业组组长。带领审查组完成WZ16发动机适航审定工作。

吴晶峰在发动机喘振失速特性、吸雨吸雹、持久试验、发动机防火、工作试验等条款符合性验证方面具有丰富的工作经验。

第六章 安全高度：为生命护航

随着国产ARJ21飞机、WZ16发动机完成适航验证并获得中国民用航空局颁发的型号合格证，以及大型客机及AC352直升机等越来越多的国产民机产品进入公众的视野，公众对于适航的关注与好奇越来越多。究竟什么是适航？经过了适航取证的航空产品就能保证安全吗？

航空发动机

在航空发动机业内有一句非常经典的话，航空发动机和燃气轮机专业的许多从业人员在学术期刊或者硕士、博士论文中都会引用："航空发动机是现代工业皇冠上的明珠。"

这颗明珠有多亮呢？一组数据能给读者最直观的展示：

民航运输类飞机涡扇发动机第5代产品，涵道比达到10—15，总增压比达到50—75，涡轮前温度达到接近1800摄氏度。这个温度是什么概念？碳素钢的熔点是1420摄氏度，涡轮前温度比它高300摄氏度。压气机和涡轮的转速范围达到

10000—50000 转/分钟，涡轮叶片要在比材料承受温度还高 500—600 摄氏度的条件下工作，其冷却技术难度可想而知。另外，航空发动机从进气道、风扇/压气机、燃烧室到尾喷管，几个重大部件之间的相互干扰大，具有强三维、强耦合的特征。同时，民航运输发动机还具有高可靠性、持久性、低空停率、低油耗、低排放的预期特性。

对广大公众来说，上面这些概念都有点虚无缥缈，毕竟在公众眼中，航空器的运行安全才是第一位的。航空发动机的安全性通过什么来实现？答案是通过航空发动机的适航符合性验证来实现。

航空发动机适航性

航空发动机适航性是航空器包括其部件及子系统整体性能和操纵特性，在预期环境和使用限制下的安全性和物理完整性的一种品质。

航空产品的适航性体现在两个方面，一是航空产品本身的设计是否符合适航规章要求，二是能否通过合理的符合性验证表明对条款的符合性。

适航审定是伴随着民用航空工业的进步而产生和发展的。最初适航审定的出发点是禁止那些不安全的飞机飞行，从而避免威胁到公众的安全。现在大家常提的适航审定是指局方代表公众依据适用的适航法规标准，在全寿命周期内对民用航空器（包括其部件及子系统）设计、生产、维修活动进行的审查、监督和管理，其目的是确保民用航空产品具有适航规章规定的最低安全水平。

在民用航空器的安全性、经济性、舒适性和环保性这 4 个关键指标中，安全性是第一位的，保障安全性是民用航空工业发展最重要的基础性前提。为保证航空器安全性，民用航空主管部门通过建立适航法规、标准和程序，对民用航空产品开展适航审定。民用航空适航规章、标准是全球机队运行经验的体现，每条规章背后都蕴含着航空事故的血泪教训，完整表明对适航规章符合性是保证民用航空产品安全的最低要求。

发动机安全性的目标为危害性发动机后果的发生概率不超过极小可能，也就是 10^{-9}—10^{-7} 次／发动机飞行小时。

危害性发动机后果包括非包容高能碎片、不可控火情、大量的有毒物质导致机组和乘客失去能力、发动机脱落、无法停车等情况。

航空发动机适航取证

航空发动机适航不是一个空洞、虚拟的概念，它是与发动机设计和预期使用息息相关的符合性验证活动。

典型的发动机适航验证包括：发动机超转，机匣包容、振动，发动机 15 分钟防火和 5 分钟耐火，发动机喘振和失速特性，发动机持久特性，发动机吸入外物以及在特定环境下的工作特性等验证项目。

具体来说，除了特定的使用限制手册类，发动机适航符合性验证具体可分为 3 类：结构审定类、系统审定类和集成审定类。集成审定类主要包括喘振失速特性、进气系统结冰、发动机推力响应、工作试验、外物吸入、持久试验、反推力装置、延程运行（ETOPS）等。

喘振失速

喘振和失速会严重影响发动机的安全工作，尽管二者通常一起被提及，但二者其实是不同的气动失稳现象。喘振是发动机整体的响应，是压缩系统与下游部件不能稳定匹配的一个表征；失速是压气机叶片表面发生的一种流动分离现象。喘振和失速最大的不同在于，发生旋转失速时，整个压缩系统仍能稳定在某一个工作点，与下游部件能够稳定匹配，但代价是流量、压比和效率都有所下降。喘振发生时，压缩系统无法与下游部件稳定匹配，会导致流量和压力大幅震荡甚至出现倒流。正是因为喘振和失速所带来的危害，航空发动机适航规章要求在全包线范围内，在发动机功率变化以及进气畸变的情况下，发动机不能出现严重的喘振或失速。

在适航验证中，首要解决的问题就是查找影响裕度的主要因素。影响裕度的因素可以从两个方向来梳理，一个方向是影响稳定边界，另一个是影响工作线。影响稳定边界的因素包括发动机制造公差有误、可调静子叶片失灵、发动机恶化等；影响工作线的因素包括功率杆瞬态变化、功率提取、进气畸变和燃油控制单元的容差等。适航验证过程中，针对这些因素开展适应性的验证，从而验证全包线、全工况下发动机的喘振和失速特性。

结冰条件

飞机在飞行包线内运行时，会遇到一些对运行安全有较大危害的大气条件，结冰条件就是其中的典型气候条件。1982年，美国佛罗里达航空一架波音737-200地面长时间等待，起飞后发动机转速探测系统被冰雪覆盖，信号显示错误，飞机起飞后失速，掉进冰封的波托马克河中，造成78人死亡。

结冰可分为明冰、霜冰、过冷大液滴、冰晶结冰，分别在CCAR-25部规章和CCAR-33部规章中予以了气候条件定义。航空发动机进气系统结冰的验证除了验证规章固定的试验点外，最重要的就是通过关键点（CPA）分析，找到除这些点之外的关键结冰点，开展结冰试验验证。CPA分析需要考虑的典型要素包括脱冰损伤、压气机损伤、发动机工作特性和再匹配特性、核心机和增压级结冰堵塞以及传感器故障。

推力响应

发动机的推力是一项重要指标，大发动机的推力最高可达到115000磅力（GE90-115B，1磅力=4.448牛顿），相当于5万多千克力（1千克力=9.8牛顿）。其实，发动机的推力响应更是一项重要的性能特征，并且是直接关系到飞行安全的性能指征。首先，发动机从慢车加速至起飞推力时不能出现喘振、超温等情况；其次，对发动机从慢车加速到起飞的响应时间有特定的要求，一般不超过 5 秒。这一要求源于飞机的着陆复飞要求，即飞机在将油门操纵杆从最小飞行慢车位置开始移向复飞设置位置后 8 秒时的发动机可用功率（推力），须保证着陆形态的定常爬升梯度不得小于 3.2%。

航空公司在保证安全的基础上，对燃油经济性提出了越来越高的要求。经济性的目标促使发动机向着大涵道比、低油耗的方向发展，这对发动机的操纵性和快速响应来说是对立面，需要折中考虑。GE90 发动机从慢车到起飞的响应时间就超过了 5 秒，最后申请了豁免。但是豁免不代表安全水平的降低，CE90 发动机从慢车到起飞的实际响应时间能够满足配装飞机复飞的要求，因此从安全的角度来说是符合要求的。

工作试验

发动机工作试验的目的是针对发动机在实际使用过程中可能遭遇的各种工况变化（包括慢车、起飞、加减速、超转等），验证其在全起飞包线、全工作包线内正常起动和工作的能力。

工作试验条款的符合性方法通常为采用整机试验的方式表明，试验方法包括地面试验或高空台整机试验。工作试验考核发动机整机和系统及部件特性，包括起动、慢车、加速、超转、点火、功率或推力响应等，涉及压气机、燃烧室、燃气涡轮、动力涡轮（涡轴发动机）、点火系统等系统和部件特性。对于新研发动机以及上述系统和部件发生更改的发动机来说，对该条款的符合性通常采用试验的方式予以表明。

外物吸入

飞机在大气运行条件下除了结冰，还可能会吸入各种各样的外来物，包括吸鸟、吸雨、吸雹和吸冰等，航空运行史上也发生了多起因为吸入外物导致的航空事件。

发动机的典型外物吸入包括吸鸟（见图 6.10）、吸雨、吸雹和吸冰。2009年1月15日，全美航空公司一架空客A320客机在纽约机场起飞后不久遭遇加拿大黑雁撞击，双发失效，迫降坠入哈德逊河，该事件被称为"哈德逊河迫降事件"；2002年，波音737-300客机（装配2台CFM56-3发动机）的飞行高度约5400米，进入暴雨区90秒后双发熄火停车，3次起动失败，迫降造成1名空乘死亡；1991年12月27日，瑞典的一架麦道81型飞机在起飞后不久，由于发动机吸入机翼上掉落的冰块，造成发动机停车，紧急迫降在机场之外，机身断成3截。正是因为外物吸入会对发动机带来危害，发动机适航规章需要对外物吸入提出要求。

图6.10　发动机吸鸟事故细节放大图

发动机吸鸟可以分为单只大鸟、中鸟群、小鸟群和大鸟群。据统计，飞机鸟撞的位置分布比例为风挡玻璃13%、机翼31%，而发动机吸鸟占到44%。吸鸟的关键审定要素包括鸟的数量、重量、吸鸟速度、撞击位置、发动机状态和符合性判据，其中，对单只大鸟来说，最大的鸟重为8.03磅，约为3.65千克，要求撞击后不会出现危害发动机后果。据统计，200英尺（约60米）以下到地面吸鸟的概率占全部的

70%，200 英尺到 2500 英尺的占 25%，2500 英尺到 1 万英尺的占 5%。

发动机在全包线范围内工作时，不可避免地会遇到吸雨和吸雹。适航规章将其划分为吸大冰雹（hailstone）、吸雨和吸雹（hailstorm）。吸雨会对发动机的压气机、燃烧室和传感器带来影响，影响压气机的压比、效率、扭矩，燃烧室的温升、效率等。按照规章要求，对特定发动机吸雨吸雹的水含量进行对比可以发现，吸入大冰雹的水含量为 1.2 千克，3 分钟吸雨的水含量为 835 千克，30 秒吸雹的水含量约 42 千克。因此，从吸入水导致发动机熄火的角度来看，吸雨的考核完全可以覆盖吸雹。之所以还需要对两种吸雹进行验证，是因为二者对发动机的影响不同，例如在喘振和机械损伤程度方面的影响就不同。

这就要求我们在开展吸雨、吸雹试验之前，对关键的试验点进行分析。分析要素包括喘振裕度、熄火裕度、降转裕度和机械损伤等，试验过程中，发动机不喘振、不熄火、不降转、没有不可接受的机械损伤，试验后持续功率或推力损失应小于 3%，功率或推力退化应小于 10%。

持久试验

150 小时持久试验是航空发动机适航验证中一项非常重要的试验，它代表了发动机在预期使用限制下的操作性和持久性的最低水平，验证了发动机初始的工作能力和寿命，也验证了发动机的额定值和使用限制。

为什么通过 150 小时的试验就能验证发动机的操作性和持久性？从持久试验的严苛性可以看出来：持久试验要求发动机的功率、温度、转速、扭矩等同时达到 100%；要求燃、滑油的压力和温度达到限制值；要求最大的引气量和最大的功率提取；要求验证瞬态超温、超转和超扭。

并且，相较于真实运行的工作谱，持久试验谱加严考核了起飞和慢车、长时间的起飞状态、重复加减速等。这样，我们就有信心证明发动机是可靠的。

适航规章不仅对发动机的工作能力进行验证，还对发动机维修检查间隔予以验证。通过初始维修检查试验，发动机结构化检查方案或固定翻修周期的合理性得到验证。

ETOPS

针对跨洋运行，航空发动机适航规章还针对发动机早期ETOPS能力提出了要求。对以两台涡轮发动机为动力的飞机来说，ETOPS是指在飞机计划运行的航路上，至少存在一点到任一延程运行可选备降机场的距离超过飞机在标准条件下、静止大气中已经批准的一台发动机不工作时的巡航速度飞行60分钟对应的飞行距离的运行。

针对ETOPS，适航规章要求开展3003个循环的验证，包括至少3000次代表使用中起动—停车任务循环和3次以最大连续功率或推力进行的模拟改航飞行循环，以获得最长改航飞行时间的ETOPS资格。同时，还需要在试验中进行转子不平衡试验，达到至少90%的建议外场使用维修的振动值。

正是通过上述系统的适航验证，航空发动机的适航性才得以验证，适航审定人员才会郑重地在条款符合性报告上签字。

适航审定是民用航空产品商业成功的法定前提。一个民机型号获得成功的标志是其安全性得到公众的认可。世界民航发展的历史已充分证明一个国家的适航审定能力是决定该国民用航空器成败的重要因素。建立强有力的适航审定能力，能为民用航空产品实现商业成功、在国内国际航空市场上获得一席之地奠定良好的安全性基础。

适航审定能力提升与航空工业高质量发展相辅相成。一方面，局方通过依法开展适航审定工作，保障航空安全，为航空工业发展创造良好的环境，同时局方还通过制定与世界接轨的适航法规，促进航空工业设计、制造水平的提升。另一方面,适航审定的话语权还依赖于航空工业的强大,航空工业的技术创新、成功经验促进了适航审定的标准和管理方式的不断完善,为世界民用航空安全贡献了中国智慧和中国方案。在这一过程中,适航审定起着民航业各部分协同、融合发展的桥梁作用。

借用一位适航前辈的话作为结尾:"适航审定,往大了说是代表公众利益保障民用航空安全,往小了说是保障你自己、你的家人和你的朋友所乘坐的航空产品是安全的,任重而道远。"

飞行员 + 工程师：
试飞员与试飞技能[1]

> 面对未来的航空发展，要切合未来的环境来研究试飞。未来的环境将会非常复杂：有人机和无人机的多机协同，不同系统的信息融合，空中、陆地、海洋甚至太空组成的体系应用；同时要求航空装备的研发借鉴、参照民机适航理念及管理方法。
>
> ——张景亭

---

[1] 本文根据"致未来·C-Talk"公益性科技演讲大会第 5 期内容整理而成，作者为张景亭。

张景亭，国家特级试飞员。陆基斜板滑跃及"猎鹰"教练机首飞试飞员；参加了"猛龙"、ARJ21、双20、太行发动机等20多种飞机、发动机的试飞鉴定工作。所飞机型45种，时间5000多小时。获国家科技进步特等奖2次、一等奖1次，国防科技进步特等奖1次、一等奖2次；获其他各种奖项多次。

试飞员的任务就是追求客观真理。试飞员们虽然尊重科技，尊重科研人员，却不盲从，而是要在实际试飞中去验证新机。图为张景亭驾驶歼轰-7。

中国高度

1909 年9月21日,"冯如1号"首飞成功。这是中国人首次驾驶自制的飞机飞上蓝天,中华民族由此开启了中国航空事业的伟大征程。

回顾百年,中国航空的先行者们在不同时代里,不懈探究、奋勇前行,奠定了中国航空事业的基石,激励着全体航空人勇担重任、振奋精神、报效祖国、履行使命。

对很多人来说,飞行员群体并不陌生,但试飞员却是一个充满神秘感的群体。在我看来,试飞员是"飞行员+工程师"的完美结合,是科学的探险家,是理论的探索者,是设计的参与者,是飞行的先行者。

"祖国终将选择那些忠诚于祖国的人,祖国终将记住那些奉献于祖国的人。"这句话表达了我们这代航空人的价值追求,每次看到这句熟悉的话语,我都会感慨万分。想起30多年前,我刚进入试飞行业,第一次成为"猛龙"试飞员小组成员时看到的那句话:"我为型号做贡献,型号培养我成才。"这句话一直激励着我几十年的试飞生涯。

试飞中，试飞员的能力、素养以及安全观念都将直接影响试飞的结果。

成为"设计的参与者"，这是我在实际试飞以外最有兴趣、也是体会最深的一项工作。从20世纪90年代至今，我们积极参与到多型先进飞机的控制律开发之中。众所周知，对电传飞机来说，飞控系统控制律的好坏直接影响飞机的飞行品质，而飞机的飞行品质也直接影响飞机性能的发挥和飞机的安全性。

对试飞员来说，参与新机试飞是技术水平的体现，而参与飞机设计更是对试飞员能力的严苛考验。

例如在飞机控制律的开发和优化过程中，试飞员通过模拟器飞行进行特定的试验动作，再采用国际通用的库伯－哈伯方法评定试飞等级，引入驾驶员诱发震荡（PIO）敏感等级等方法，将模拟器飞行中的感受和模糊的印象进行量化，以方便、有效地和工程师交流，同时将发现的问题准确描述，并尽可能给出解决问题的办法或方向……

这个过程看似简单，实则非常复杂。因为能够准确发现问题并给出解决问题的适当方法，不是每个试飞员都能做得到的，这和试飞员的经验、敏感性及知识结构等都有密切关系。另外，试飞员对飞机的评价主要是以完成任务的难易程度和安全性来作为依据，也是一种感知的评价，而工程师主要是依据数据标准来评价。这两者之间有时也可能出现不一致的情况，这个时候要判断到底谁是正确的、合适的就会有一定难度，这就需要试飞员和工程师进行充分甚至艰难的沟通，双方都会尽可能极力想要说服对方，来证明自己观点的正确性。作为试飞员，在这个时候不能仅仅谈感受，而必须把问题的关键点、影响因素以及相关参数对该飞行状态的影响程度等都说清楚，这样才能说服工程师去做改动。这个过程对于成熟的和有影响力的试飞员来说相对容易一些，但是对于年轻的试飞员来说要更加困难，因为工程师们对年轻试飞员还不是特别地信任。

国际试飞员协会（SETP）在20世纪七八十年代把试飞员的价值描述为：客观、正确、诚信、能力。的确，这也是合格试飞员所必备的素质，在实际工作中要做到这4点却非常不容易。

试飞员的任务就是追求客观真理。试飞员们虽然尊重科技，尊重科研人员，却不盲从，而是要在实际试飞中去验证新机。试飞员的意见对千万人的劳动成果具有法律上和经济上的重大影响。一旦他们的判断有重大错误，轻则带来经济损失，重则影响一代航空新产品的命运。试飞员要忠诚地履行他们的神圣职责，要能够胜任他们的神圣使命。试飞员的职业要求使得他们只能说真话，以赢得所有业内人士的信任和尊重。

在图–204飞机的试飞过程中，试飞员发现飞机有振动，虽然振动不是很大，但试飞员认为长时间的振动存在飞行安全的隐患，针对这一问题，试飞员与飞机设计师存在不同的技术观点。当试飞员拒绝为存在安全隐患的飞机签字时，则与飞机设计师产生了激烈的碰撞。但是，也正是在试飞员的坚持下，最终找到了振动问题的关键点，并对此进行了改进。飞机改进之后，在是否要进行试飞验证这个问题上又发生了争执，好在这个试飞员在业界很有权威，而且他认定的事也会非常坚持，最后也严格按程序进行了试飞，保障了该型新机定型的质量。除了那些激动人心、挑战极限的试飞动作，与存在不同技术路线的飞机设计师进行有价值的争论，也是试飞员工作的常态，在某种程度上更被视为试飞员职业素养的真实体现，"为客户负责，为产品负责"。

类似的问题在实际的试飞过程中经常出现。我的朋友，试飞员哈德力曾讲过一件事，在某次会议上，包括他在内的3名试飞员和其他所有的参会代表在某个问题上意见对立，尽管感到孤立无援，但是他们始终没有妥协，而是据理力争、坚持到底，最终说服了大多数代表。这是诚信，也是能力的表现。

试飞员除了具有上述素质外，还应该具备良好的策划能力、执行能力和评估能力。有了高水平的能力，才能真正做到客观、正确。

作为一名从事了30多年试飞工作的试飞员，我看中的试飞员能力体现在3个方面：策划能力、执行能力和评估能力。

什么是策划能力？试飞员必须要有制定试飞大纲、试飞方案以及试飞任务书的能力——试飞员不一定亲自去做，但是要懂得怎样做，并且会做。只有你把所有的方法、过程和标准熟悉清楚了，最后才能做到心中有数。执行能力则是试飞员最基本的素质。评估能力是试飞员进行现代飞机试飞所必须具备的能力。作为试飞员，必须拥有按照任务单把相应的地面和空中试飞科目全部完成的能力，能够完成诸如最小离地速度、最小操纵速度以及尾旋试飞等科目，这是一种试飞能力的体现；但是飞机是否满足场景应用需求、是否适航、是否能完成相应的任务，如何对其进行系统的评价，则又是另外一些能力的体现。

过去飞机定型时只有试飞总师做的试飞总报告，而从"猛龙"飞机定型开始，试飞员的评述报告也成为定型审查诸多文件中一份重要的报告。这是一项非常有意义的改变，其价值不仅在于对试飞员工作的重视，更重要的是代表着科学的试飞体系的建立。

对任何一个航空大国来说，试飞员的培养始终都是一个难题。试飞员通常是在成熟的飞行员中进行选拔，然后送到试飞员学校进行培训。

试飞员学校会对试飞员进行3个方面的培训：理论技能的训练，思维方式的改变，机型经验的增加。通常试飞员在试飞员学校至少要飞11个以上的机型。针对不同的飞机学校会设置不同的科目，使试飞学员对好的飞机、坏的飞机、先进的飞机、老旧的飞机等所有类型的飞机都有一个直接的认识，增加不同机型的飞行经验，这样面对今后的飞机问题就可以一眼看穿，准确发现问题。试飞员需要通过学习试飞理论和试飞驾驶技能，掌握试飞技能。

实现飞行员到试飞员的转变需要一个过程，排在第一的就是观念的转变。飞行员要学会如何适应飞机，通过改变自己把飞机飞得更好；而试飞员则要尽量找出飞机的问题，改变飞机使其符合设计需求。飞行员在飞机规定的安全区域内飞行，不能越雷池半步；而试飞员则要探索飞机边界，为了确定飞机边界，常常要去边界周围甚至边界外看看飞机的性能状态到底是怎样的。飞行员所飞的飞机是成熟的飞机，稳定性、安全性都比较好；而试飞员所飞的都是还不成熟的试验新机，此类飞机此时基本都处于问题密集、故障多发的状态，因此，试飞员需要把处置异常情况作为飞行的常态。

除了基本技能之外，试飞员还需要具备良好的工作作风。勇敢、敬业和严谨的工作作风是试飞安全的直接保障。

试飞员的工作性质是探索未知，一生选择与死神对阵，因此试飞员必须要勇敢。某型飞机试飞时发生严重的振动，若不解决振动问题，该型飞机就无法定型，无法开展跨声速飞行。而振动对飞机来说是一种非常危险的现象，可能使局部的结构损坏，进而损毁飞机。为了找到振动的根源，该型飞机的试飞员明知危险还是选择勇敢上机进行试飞。当飞到跨声速区的时候，飞机振动非常强烈，直到感觉飞机快要散架了，试飞员才向地面报告称飞机振动很厉害，地面指挥根据情况让其继续坚持。稍后振动突然消失，随即飞机操纵出现异常，试飞员凭借超强的心理素质和高超的驾驶技能最终操纵飞机成功返场着陆，落地之后才发现飞机方向舵已经不见了，由此判断振动源为方向舵。

试飞技术包含很多内容，可以分为试飞设计、试飞测试改装、试飞动作及试飞结果分析等，最终都是为了完成对飞机的评价。而就飞机评价来说，整个过程也经历了数据评价、飞行员主观评价及任务相关性评价等阶段。

最初，试飞成为一个独立的专业时，评价飞机的好坏主要看数据。无论是飞行性能、飞行品质，还是结构、系统等方面无一不是靠数据说话。但是后来我们发现，这些数据有时并不能完全覆盖飞机所有的性能指标，某些方面还与飞行员的直观感受有差异，特别是对三代飞机而言，这种现象更为明显。可以预料的是，对今后的新型飞机和推力矢量飞机来说，这种差异将会越来越大、越来越明显。为了解决该问题，飞行员主观评价被引入，这种评价方式在三代机的研发和试验中发挥了很大的作用，今后也还会继续使用。

不论是参数符合性评价还是主观感受评价，大多都是在设定的典型的飞行状态之下进行，和真正的飞行场景相比，还有较大差异。

曾经有航空领域的专家这样描述试飞员的"代差"："第一代试飞员是勇气型的，具有'蓝天拼刺刀'的勇敢；第二代试飞员是技术型的，试飞经验非常丰富；第三代试飞员是科研型的，他们不仅是新型战机的试飞者，也是设计研制的主要参与者。"

经过30多年的试飞，我国的基本试飞技能也有了飞跃式的发展，比如对电传飞机的评价、大迎角的试飞、颤振激励技术的试飞、舰载机试飞以及飞/推综合技术的试飞等，这些方法经过不断实践、改进，都已经达到或接近国际水平。

近十几年来，我国民机的试飞技术也在加速成长，并且已经掌握了一些关键的试飞方法。在经过了"新舟"60飞机、运-12飞机以及ARJ21飞机、大型运输机、C919、AG600飞机的试飞之后，我国已基本形成一套完整的试飞方法体系，中国飞行试验研究院的民机试飞已完全实现自主和可控。

安全是试飞永恒的主题。"猛龙"试飞是一个精品工程，因为世界上其他所有的三代机都曾在试飞的过程中坠毁，但"猛龙"飞机在试飞过程中创造了0架飞机坠毁的记录。这是迄今为止令国人最为骄傲的工程之一，也是全世界的奇迹，是集设计、制造和试飞人员共同努力的成果。

通过分析影响试飞安全的因素，特别是管理方面的因素，我们建立了一套完整的试飞安全管理体系，这套体系已经应用于整个试飞行业。其中试飞员良好的心理素质、灵敏的应变能力、风险的识别与规避、过硬的驾驶技术及严格遵守规定，都是保证安全的重要因素。

业界越来越重视影响试飞安全的因素，包括人为因素、飞机本体、新技术、气候、环境等，但是分析起来还是人为因素占主要地位。当然，在试飞当中，虽然人为因素差错多，但人为化解的风险更多。

所以，在任何时候人和飞行安全都是紧密相关的，特别是在遇到异常紧急情况时，试飞员的心理素质对能否正常处置异常情况、化险为夷起着至关重要的作用。

在某次试飞中，刚起飞4分钟发动机停车了，此时，要么实施迫降，要么选择跳伞。而当时飞机不具备迫降条件，按常理只能跳伞，指挥员也指挥试飞员跳伞。可是试飞员很镇定地告诉指挥员自己可以尝试操纵飞机进行迫降。经过指挥员同意，试飞员按照手册中的数据建立迫降航线，然而手册中的数据是在飞机没有外挂、重量比较轻的情况下给出的，和当前的飞机状态完全不符。于是试飞员又根据实际情况目视跑道进行调整和修正，最终凭借高超的驾驶技术和良好的心理素质，成功将飞机迫降至跑道。虽然起落架受到了损伤，但是这起迫降案例在飞行界创造了奇迹。重点在于，此次迫降中飞机的状态及重量和以往几起场内成功迫降完全不同，手册内也没有相应数据。

曾经有一次高空试飞，因为部件问题使得飞机的两台发动机都出现了严重超温，不得已的情况下，试飞员只能关闭两台发动机，等待温度降低。当温度降低、准备重启发动机时，却发现高度还是非常高，超出了空中起动包线。如果等待高度进一步降低，进入起动包线内，则发动机的自转转速会下降非常多，从而造成空中起动困难或者无法起动。对双发飞机而言，设计师几乎很少考虑双发同时失效的情况，手册中也没有合适的解决办法。根据当时的情况，试飞员经过判断决定在包线外逐台启动发动机，利用起动机带转的功能尽量不让发动机自转转速下降过多，在带转过程中严密监控发动机温度，如果有超温趋势则及时关车，启动另一台。就这样，双发轮流起动带转，直到飞机高度下降至空中起动包线内，双发起动成功。后来这一成功经验被写入飞行手册，作为该型机双发停车后的操作指南。由上述案例可以看出，试飞员不仅要成功处置意想不到的异常情况，更重要的是要总结经验，完善手册，给客户更好的指导。

未来的试飞要切合未来的环境，而未来的试飞环境将会非常复杂：有人机和无人机的多机协同，不同系统的信息融合，空中、陆地、海洋甚至太空组成的体系应用；同时要求航空装备的研发借鉴、参照民机适航理念及管理方法。这些都是未来试飞所要考虑的因素。

试飞测试也进入了5G时代，通过5G技术可以获取海量的数据采集，进行海量数据传输和大数据处理，高效地获得结果并减轻工程师的负担。由此还可以进行虚拟试飞，通过模型计算和数字仿真等进行模拟飞行。通过模拟试飞，可以做到提高效率、降低风险、补充扩展以及演示验证。

正所谓"百年飞行，百年试飞"，在对未来试飞充满期待的同时，我们也不能忘记，正是早期的试飞员们以无畏的勇气砥砺前行，才铸就了今天试飞事业的辉煌。

局方试飞员：
筑造飞行安全基石[①]

> 2022年2月17日，大型客机在阎良上空圆满完成全部自然结冰试飞任务。这是继A350、MC21后，全球第3款按照最新的中国和美国适航规章121修正案要求完成自然结冰试飞的机型；是首次完全由中国机组，驾驶着中国人设计的大飞机，按照中国人预测的结冰条件，在中国的领空内，完成的满足全球标准的自然结冰试飞，创造了自然结冰试飞中国速度。
>
> ——赵志强

[①] 本文根据"致未来·C-Talk"公益性科技演讲大会第3期内容整理而成，作者为赵志强。

赵志强，毕业于中国民航飞行大学运输机驾驶专业，民航上海适航审定中心试飞室主任，国际试飞员协会会员。自2012年2月29日某支线飞机首次局方试飞以来，作为某支线飞机局方试飞员，承担了某支线飞机局方审定试飞工作，参与了失速速度、失速特性、大侧风、负过载、高高原、自然结冰等多个高风险科目的试飞任务，累积参与某支线飞机审定试飞300多小时，为某支线飞机最终取得中国民航CCAR-25部型号合格证做出了较大贡献。

某大型客机共进行了近30个架次上百个实验点与失速相关的审定试飞，在其所有与失速相关的审定试飞过程中，没有发生超乎预期的情况，更没有可能影响安全的情况发生。图为赵志强某次失速试飞的场景。

作为试飞员,我们的任务就是在驾驶舱体验"十的负九次方",保证飞行安全,这也是对试飞员最基本的要求。

在机组成员飞行制服的肩章上,有的是"三道杠",也有的是"四道杠"。在航空业内,每一道杠都代表着不同的意义和要求:

第一道杠代表专业、职业,这要求机组成员要有专业素养,职业精神;第二道杠代表知识,机组成员需要掌握飞机本体的知识、运行飞机的各个系统以及与运行相关的知识,比如气象条件、基本的航空医学等;第三道杠代表飞行技能,对现在先进的大型飞机来说,飞行技术基本驾驶技能所占比例越来越小,但它往往决定了飞行安全。如果遇上特殊的情况,如大侧风或者系统故障降级,就必须要通过机组成员的操作来完成起降;最后这第四道杠代表安全责任,中国民航一直把安全作为行业基石,我们的责任就是在安全的基础上,把旅客舒适、准时送达目的地。

就航空运行来说,飞行机组是把控安全的最后一个关口,所肩负的责任重大。但是如果把所有的安全压力都放到飞行机组身上，从合理性和安全裕度方面考虑并不适宜、科学。因此我们要把安全关口前移，甚至前移到飞行设计之初。在飞机设计、制造和审查阶段，试飞员也大有可为，他们可以在人机交互、设计制造，以及试飞大纲编制评审、风险评估评审和最后的试飞实施中发挥更大的作用。让试飞员提前介入的目的，就是要把一款有更高安全性和更大容差、容错性的飞机交给航空公司运营，保障公众安全。

除此之外，局方试飞员还要承担中国民航局的适航审查，承担国内民机完整的型号合格审定的审查试飞、型号合格证（TC）取证试飞，以及外方飞机要进入国内市场所需完成的型号认可证（VTC）审查试飞。同时，还要协助工程人员、研发人员进行人为因素评估、驾驶舱评审等工作。

其实，在某支线飞机项目成立之初，中国民航还没有自己的局方适航审查的专业队伍。美国联邦航空局当时除了对某支线飞机的设计问题、符合性验证方法，以及试飞管理等提出疑问之外，还专门针对这些问题对中国民航局提出了一些质疑。他们认为，中国民航连自己局方专业的试飞团队都没有，就不具备准确判断某支线飞机试飞数据的能力。我们的队伍也就是在这种形势下开始逐渐建立起来的。

审定试飞队伍的建立

审定试飞队伍自建立之初就承担着打破技术壁垒和外界质疑、拓展适航双边、迅速与国际最高的试飞技术水平相接轨的重任。2011年，队伍成立之后，完全自主地打破技术壁垒，完成了某支线飞机所有审定试飞科目，包括大量高风险科目也实现了零的突破。与此同时，我们还对进入中国市场的国外航空器进行了认可审查，结束了长期以来，对于国外航空器进入中国市场，不能进行审查试飞的短板；并在审定过程当中，发现了国外航空器某机型的锂电池、操稳品质、操纵器件等存在问题，为中国公众飞行之旅把好了第一道关。

试飞队伍最主要的工作是开展某支线飞机型号合格审定试飞工作。局方介入后，一共执行了700余架次的飞行，1200左右飞行时长的试飞工作，完成了涵盖高温、高湿、高寒、高原等相关环境要求的试验，以及大量高风险试验，比如大侧风、自然结冰等。

高风险试飞科目：结冰飞行实验

作为有着20多年飞行经验和1万多小时飞行时长的试飞员，我印象最深的还是某支线飞机自然结冰的试验。

结冰会影响飞机的气动特性，使发动机降低工作效能，甚至出现故障，导致空中停车。其他系统也可能在结冰条件下发生故障，比如空速管冻结、迎角探测器冻结等，从而导致仪表不准确，带来危及飞行安全的后果。

在整个民航的运行历史上，因为结冰条件造成的灾难性事件有很多，这也是为什么FAA、EASA、CAAC等适航局对结冰的条件都做出了要求。

那么，这一科目对试飞员来说有哪些挑战呢？第一，能否找到规章要求的天气条件？我们曾多次进入乌鲁木齐进行自然结冰的试飞尝试，但实际上我们只取得了很少的一些试验点，难度很大。第二，即使找到了这种自然结冰条件，该如何判断我们飞机的防冰能力、除冰能力以及发动机能否正常工作？第三，结冰对飞机的性能操稳有哪些影响？结冰条件下的飞机还是不是我们熟悉的飞机，能不能继续安全飞行？这些都是我们要面对的挑战和要解答的疑问。

经过调研，最终我们选择了北美五大湖区，因为这里是制定自然结冰条款的发源地。2014年3—4月，我们执行了很多架次的试飞，但只完成了包括飞机系统、发动机、辅助动力装置（APU）等科目。最重要的、安全风险最大的、带冰条件下的操稳科目依然没有完成，因为我们没有找到相应的、符合规章要求的结冰条件。在现场的参试人员都很焦急，因为随着气温的逐渐升高，找到适宜结冰天气的可能性也越来越低。现场的气象专家告诉我们，当年可能没有机会了。如果2015年再重新来过，将会是对人力、物力的极大浪费，也会为飞机取证带来更多不利的影响。

我们没有放弃任何一次机会，继续执行了两个架次的飞行。因为按照气象专家的预测，可能会有结冰条件的区域。但是很遗憾，经过两个架次、近4个小时的努力，燃油逐渐消耗殆尽，越来越接近我们要返航的油量点。不过，就在回程路上，我们突然注意到在航路右侧有块区域，云顶高度和我们的飞机高度差不多，温度正好在零下10至零下15摄氏度，云顶上面经阳光照射以后产生了炫光，看起来水汽很足。大家都觉得这是一个机会，无论如何都要再做一次尝试。

经过机组的讨论，我们决定在确保安全的情况下，放手一搏。如果天气不满足要求，我们继续返航；如果符合要求，我们就在里面完成相应的自然结冰的科目；如果时间来不及，我们则就近找机场备降，待加完油以后再返航。

跟机组达成一致意见以后，我们迅速飞向这块云体。刚刚进入云体，我们就发现在飞机风挡玻璃的非加热部分，迅速发生了冰集聚的现象。我耳边传来试飞工程师激动的声音，他说："机长，我们发现机载设备显示，不管是温度、水汽颗粒含量、水汽颗粒的直径大小，都满足我们规章的要求！"听到这番话后，我们来不及多想，立即开始申请相关的高度区域以及空域。我们开始在云体里面盘旋，努力让冰集聚符合规章的要求。很快，冰就积起来了，满足3英寸的要求。和航班运行不同，航班运行要求避免结冰条件，有冰要尽快脱冰；我们试验的要求则是尽快结冰，而且还得让冰集聚起来，不要脱落。我们迅速爬升，到更冷的地方把冰冻结实，以确保我们在随后的飞行中，不至于因为冰脱落超过 1/3 而造成实验的失败。达到高度以后，我们迅速在大高度盘旋、带冰等条件下进行了各个构型的失速试飞。我们在试验过程当中还要密切关注两个问题：第一，冰会不会脱落，导致冰失效？第二，在带冰条件下，飞机会不会出现不正常的飞行，危及飞行安全？

事后也有人问我："你紧张吗？"我的答案是：没有时间紧张。因为让人紧张的环节已经在地面起飞前完成了。我们做了大量的准备工作，就等着这一刻。完成试验以后，由于油量紧张，我们迅速开始下高度、脱冰，准备落地。落地后，当我们收拾完行李、飞行装备、打开舱门时忽然发现，在场的几十号人都激动地向飞机涌来。大家呐喊着、拥抱着，情不自禁地流下了激动的泪水。也正是在这个时候我们才意识到，4 年来我们一直苦苦追寻的天气条件、一直想要完成的试飞，终于做到了。

这张照片（见图 6.11）是我们很多参与试飞人员都珍藏的一张照片。照片中，很多人做了同样一个手势，意思是我们在带着 3 英寸冰的条件下，完成了相应的试飞。

图 6.11 某支线飞机参与试飞人员合照

大侧风飞行试验

在试飞当中，还有一个科目让我的记忆特别深刻，那就是大侧风飞行试验。在侧风条件下，要想保持飞机的稳定状态，就需要做一些修正，比如若风来自左侧，可以通过小的修正角来保持飞机的运行轨迹和跑道中心线平行，从而能够安全落地。用方向舵蹬正主轮，防止接地以后迅速冲出跑道，这是一种方法；另一种方法是在接地以前向左侧压坡度，使机身的纵轴与跑道中心线平行，保持落地。

如果是在小侧风条件下，这些都很好实现。但在大侧风条件下，任何一种方法都可能带来安全隐患。我们用纯粹的偏流法来修正，因为大侧风有更大的夹角，会有一个更大的侧向扭矩，有可能对主起落架造成损伤甚至是损坏，从而需要更大的坡度抵御侧风的影响，对大飞机来说，这可能造成翼擦地、发动机擦地，危及飞行的情况。开展大侧风试飞，需要试飞员有更好的操控技能来保证飞行安全。

一名试飞员应该在飞机状态偏差发生之后，能够迅速把飞机修正到正常的轨迹上。但这还远远不够，一名好的试飞员应该在偏差发生之前，就要有预判动作，在偏差继续扩大之前，把状况抑制住。

我们在嘉峪关进行了 3 年追风，但受制于各种条件，我们最终选择在冰岛开展试飞。冰岛的机场常年有 30 节（1 节 =1.852 千米 / 小时）以上的大风，特别是有一个十字跑道，当正常航班在一个跑道运行的时候，我们可以使用另外一条跑道，以便获得最大的侧风来进行试验。

为了圆满完成这个试验，所有的参试人员都很努力。我们也为了迎接这个风，一直在进行高强度的训练，确保飞行状态。我们一共完成了 10 余架次、30 多小时的飞行，最终顺利完成了大侧风试验。最终获得的数据显示，平均正常风量在将近 40 节，阵风达到 48 节，已经远高于很多机型的侧风限制。

在今后，我们将围绕更多型号的航空器展开试飞工作。对我们来说，这又将是新的挑战，但是我将和团队以及飞机设计师一起，努力使我们的飞机更加完美，在安全的基础上适合航行。

后记：我心澎湃

黑格尔说："一个民族，要有一群仰望星空的人，这个民族才有希望。"

科学研究与技术创新，在人类经济发展和社会进步历程中发挥的作用也许有所不同，但都是运用人类智慧认识世界、改造世界的创造性活动。回顾人类历史上发生的科技革命与工业革命，标志性的科学成果和主导技术，无一不对解放生产力、推动文明演进产生革命性的影响。

近些年来，发达国家重振制造业战略，加大对前沿技术的投入力度，在新一代信息技术、人工智能、新能源、新材料、生命科学等前沿科技领域加紧布局，并相继在硬件和软件两个层面取得突破。这些重大创新成果同样显示出颠覆性的力量，正在催生一批新兴产业，引领新的产业革命。

从近年来科学与技术的发展态势看，科学家和工程师从未停止探索的脚步，我们欣喜地看到，大数据、深度学习、量子通信、精准医疗等一批前沿科技成果纷纷走出实验室，相继步入产业化阶段，而且科技改变产业形态和要素组织方式的趋势也日益明朗。

面对着这样的变化，2019年7月，我们开始筹办"致未来·C-Talk"公益性科技演讲大会。在当时，我们只是希望能够用一种更为创新的方式，提供一个让未来技术与航空产业应用能够开展对话的平台。

大家经过讨论，决定将第一期命名为"新的序章"。第一期12位科技主讲人讲述了机器人学、量子物理、数据科学、人工智能等领域的最新进展。演讲结束后，一位在航空领域从业多年的老工程师对我们说："探索未知，接纳新知识需要勇气，对传统的航空业来说也不是一件容易的事。但中国航空业要想在下一个航空百年为世界留下中国方案，就必须有工程人员愿意跨越这个鸿沟。"

在党的百年华诞，我们回望着"恰百年风华"，为科技工作者铸就新时代的国家脊梁欢呼振奋；在"'疯狂'实验室"里，我们共同探寻未来科技的每一次创新与突破；于"云程发轫"，描绘深海探测、空天科技、数字孪生等多个前瞻性行业发展的蓝图；科技发展"动力无限"，我们关注人类的共同命运，也在亘古流转的宇宙间探索未知；听见"先声"，"致未来·C-Talk"在推进跨界认知、促进多域融合上更进一步……

4年来，在很多人的推动与贡献中，我们举办了13期科技公益演讲。"致未来·C-Talk"与147位国内著名科学家与工程师，从不同角度与层面阐述与展望新技术发展的现状与迫切的产业需求，帮助我们重新认知新技术新产业的概念与价值。正是无数这样的科学家和工程师永不退缩的探索精神与携手创新，为中国工业文明的进一步升华提供了有利的契机。即便"致未来·C-Talk"还只是呈现了一个小规模的样本，也让我们有理由相信，曾经在近现代科技史上屡屡缺席的中国，将会在21世纪的"科技云图"中留下更多精彩记录，而今天的我们，则有幸成为这张"科技云图"的创造者！

"科学的定义就是不断拓宽人类知识的边界，每拓宽一个边界就是照亮一个领域，使人类从黑暗中走出来。"循着英国科学家尤因曾经规划的途径，我们的初心与使命感也更加明确：对跨界新技术进行辨析与预判，及时发现具有价值潜力的新技术，促进多学科跨领域技术深度融合创新，助力中国航空制造业创新发展。

唯有创新的思想才能激发创新的技术、产品和服务，正如伟大的法国科幻作家儒勒·凡尔纳所说：凡是人能想到者，必有人能实现之。事实上，实现这个美好的愿望，已经超越了我们这个团队各自所从事的专业领域，需要团队成员不断拓展已有的知识体系，用更多的精力去学习、探索、理解新知识与新技术，不断产生新的产业视角。对这样一个开放性的创新团队来说，这无疑是一个巨大的挑战。

"进窄门，走远路，见微光。"所幸的是，在这个过程中，我们得到了科技主讲人非常多的帮助与指导，他们不断分享自己的专业知识与最新研究。此外，越来越多的、融合创新的价值共识，也让我们有勇气将这些演讲实录结集成书，力图为新技术在航空产业的应用提供有价值的参考。

2022年9月30日，习近平在会见大型客机项目团队代表并参观项目成果展览时强调："在实现中华民族伟大复兴的征程上，我们要着眼长远战略，根据实际情况制定切实目标，选择正确技术路线，一茬接着一茬干，一件事接着一件事办好。要有雄心壮志，世界科技巅峰我们都要奋勇攀登。"

正是基于这样的使命感，中译出版社社长乔卫兵为本书起名《中国高度》。对国家来说，这是前所未有的中国创新的历史新高度；对我们每个人来说，这是科技探索的认知高度，是择一业终一生的拼搏高度！

本书共收录了35位嘉宾的演讲实录，涵盖民机产品、基础技术、民机材料、飞机系统、能源与动力、试验试飞、适航审定等多个领域。我们相信，这个时代将是中国航空产业最有希望的时代，因为她给我们的未来以最新的期许，她让我们每一天都能感知科技创新的喜悦。

我们追逐着时代前进的方向，不是为了抵达终点，而是要去遇见路上的风景。"致未来·C-Talk"也将与所有科研人员一起乘着风云，蹚过烈火，留下属于这个时代的科技智慧。

2023年，致你我，致时代，致未来！

刘济美　马静华
2023 年 5 月 1 日

致　谢

人类脚踩大地，梦想却是从天空开始的。

始于对鸟类飞行的渴望，人类从古文明时期起便不断探索飞行的奥义。飞翔的梦做了几千年，莱特兄弟划时代的 12 秒、36.6 米的飞行，终于张开了人类的双翼。进入航天时代，人类生命的刻度也在不断刷新，载人火箭、人造卫星、登月飞船、火星探测……我们总想飞得更高，但也深知，梦想"立地"才能"顶天"。

秉持着这样的初心，"致未来·C-Talk"公益性科技演讲大会携手 147 位国内著名科学家与工程师，一同攀登中国科技的新高度，探索跨界认知的多维度。以他们为代表的广大科技工作者勇于挑战最前沿的科学问题，在攻坚克难中不断追求卓越，让我国的一些关键核心技术实现突破，战略性新兴产业发展壮大，载人航天、探月探火、深海深地探测、超级计算机、卫星导航、量子信息、核电技术、大飞机制造、生物医药等取得重大成果，中国由此进入创新型国家行列。感谢他们将各自深耕的专业知识与最新的研究成果在本书中与读者分享，让我们有幸一览大国重器背后的科技创新历程：

感谢激波风洞团队的带头人姜宗林，他数易其稿，将凝聚几代人心血的研究成果呈现在读者面前，从他身上，我们深刻感受到老一辈科学家的坚韧与风骨；

感谢王中林，是他在纳米能源领域实现的"从 0 到 1"的突破，让我们看到微澜之间所蕴藏的改变未来的力量；感谢长期从事先进无人机研制工作的李屹东，让我们对无人机这一多领域的新质力量有了更多了解；感谢国家特级试飞员张景亭，为我们描绘了"百年飞行、百年试飞"的飞跃式发展……感谢他们作为科技创新的中坚力量，为我国实现高水平科技自立自强奠定的坚实基础；

感谢郑金星，让我们对从地球升起的"人造太阳"有了更多期待；感谢工程师胡悦，让我们看到借助石墨烯陶瓷这一神奇的材料，飞行将会更加超乎想象；感谢带领团队完成大型客机控制律的适航取证工作的郑晓辉，让我们更加期待商用飞机控制律技术的全新亮相……感谢这些新生力量，让数百年前勇敢的人们所梦想翱翔的天空，在他们的接力拼搏中变得更富魅力。

时代际遇塑造了每个人的人生，每个人的变化也累积出时代的变化。因为有无数的科技工作者乘着时代的波浪冲锋陷阵，因为这些平凡而伟大的人们挺起了民族的脊梁，因为这些永不消逝的青春力量生生不息，中国得以在下一个航空百年中继续熠熠生光。

感谢中国商飞公司北京民用飞机技术研究中心、中国航空研究院、中国民航科学技术研究院、上海适航审定中心、中国科学技术发展战略研究院对"致未来·C-Talk"公益性科技演讲大会和本书的大力支持，让"论以致行、论以致用"以这样一种方式呈现在读者面前。

本书的成功出版也离不开中译出版社乔卫兵社长和郭宇佳、马雨晨、邓薇三位编辑的倾力付出。中译出版社致力于通过出版传媒及其他方式，帮助读者更好地理解所处的时代与未来。从他们身上，我们深刻感受到出版人把握时代热点、传播前沿观点的敏锐感与责任感。

感谢以王肇宇、高志强为代表的专家团队，他们将自己的学识和情怀倾注在本书中，让我们看到了中国科技工作者的凝聚力与想象力。

最后，我们也要感谢"致未来·C-Talk"公益性科技演讲大会的主创团队以及为这项公益活动提供支持的上海瀚海检测技术股份有限公司的张庆先生，感谢你们选择做这样一件有意义的事情。与科技同行，与有荣焉。

书籍完稿时，正是北京天空最美的季节。待她在你手中展开的时候，中国科技也将展开新的序章。